第１部　船と海運の歴史を知ろう

1 葦船（写真提供：石川仁（カムナ葦船プロジェクト））
2 ガレオン「ゴールデン・ハインド」（復元）（写真提供：The Golden Hinde Education Trust）
3 PCC（Pure Car Carrier）（写真提供：商船三井）
4 MOL ウィンドチャレンジャー計画（写真提供：商船三井）

第2部　船について知ろう

1 クルーズ船「飛鳥 II」（写真提供：郵船クルーズ）

2 VLCC（写真提供：日本郵船）

3 重量物運搬船（写真提供:NYK バルク・プロジェクト貨物輸送）

4 FPSO（浮体式海洋石油・ガス生産貯蔵積出設備）（写真提供：商船三井）

5 曳船によるはしけ輸送

新訂　ビジュアルでわかる

船と海運のはなし

（増補２訂版）

拓海広志

株式会社
成山堂書店

増補2訂版発行にあたって

2006年5月に本書を世に送り出してから16年近い歳月が過ぎました。その間に2度にわたって部分的な改訂を行い、2017年2月には新訂版を、2020年7月には増補改訂版を出しましたが、今回はさらに幾つかの箇所を改訂することにしました。この16年の間に海運と物流、貿易、SCM（Supply chain management：供給連鎖管理）とロジスティクスの世界は大きく変化していますので、それらを本書にも反映させています。

ところで，昨今日本の大学や企業で「グローバル人材」育成の必要性がよく唱えられており，私もその要件について考えることがあります（注1）。グローバルな仕事を通して他者と社会に価値を提供するためには，多様な人と社会への対応能力，特に言語・宗教・文化的な差異をマネジメントする能力が必要で，ハイコンテクストなコミュニケーション文化に慣れ親しんできた日本人はそれを強く意識しておくべきだということがしばしば指摘されます。これはもっともなことでしょう（注2）。

しかし，政治・経済の世界においてパクス・アメリカーナの延長だと揶揄されがちなアメリカンスタンダードのグローバリズムではなく（注3），これからの人類が築いていく地球規模の生態系的な共同体としてグローバル社会を捉える

（注1）同志社大学「グローバル人材育成推進事業・西日本第1ブロック共同ワークショップ『「グローバル」の普遍性について」』（https://www.doshisha.ac.jp/news/2013/1213/news-detail-1291.html）などを参照してください。

（注2）いずれも30年以上前に書かれたものですが，N.J.アドラー著『異文化組織のマネジメント』，ゲーリー・フェラーロ著『異文化マネジメント』は，今でも参考になる点があります。

（注3）グローバル化（Globalization）とは，地球上に現在のヒト（ホモ・サピエンス）が登場し，あらゆる土地への移動拡散を進める中でずっと緩やかに続いてきた事象だと，筆者は考えています（第1章1項参照）。大航海時代から産業革命の時期においてそれはヨーロッパ主導の形で急激に加速，拡大しましたが，その背景には当時の交通・物流の技術革新とエネルギー革命がありました。20～21世紀においては，交通・物流のさらなる技術革新と新たなエネルギー革命に通信の技術革新が加わり，グローバル化がさらに加速，拡大しましたが，それがもたらす問題も大きくなっています。

ならば，単に文化相対主義的な観点に立って差異をマネジメントしていくだけでは不十分でしょう。さまざまな言語，宗教，文化の差異を超えた人類のコモンセンス（共通感覚）(注4)を認識することや，それを参照しながらグローバル社会の普遍的なプリンシプル（原理原則）を築いていくことが，これからの「グローバル人材」には求められるだろうと私は思います。

私は，近代の航海術が登場する以前の太平洋諸島民の伝統的な航海術，すなわち身体知を用いて星の動きや自然のメッセージを読み解くことで自分の位置と目指すべき方向を見出し，イメージの力を用いて海を渡るという航海術に注目してきました。彼らの空間認知の知識と技術は砂漠や大草原を移動する遊牧民のそれとも通ずるものですが，これは人類のコモンセンスについて考える際のヒントにもなります。また，世界のさまざまな海で生きる海人（かいじん）たちの多くは国や地域，人種や民族を越えた海人のプリンシプルとも言える海とのつきあい方を共有しており，私はそのことからも思索のヒントを得ています。

前回の増補改訂版の校正作業を行っていた2020年の春に、私は以下のように書きました。

「本書の校正作業を行っている本日現在，世界中でCOVID-19（新型コロナウイルス）が蔓延しており，感染の拡大を防ぐために各国・都市があたかも鎖国を競い合うかのような状況となっています。グローバリズムの進展とテクノロジーの進化によって世界は狭くなりましたが，一地域で発生した感染症があっという間に世界中に拡散してしまうのもその結果だと言えます(注5)。しかし

(注4) コモンセンス（Common sense。ラテン語ではセンスス・コムーニス（Sensus communis））には，常識（社会的な共通性）という意味の他に，共通感覚（諸感覚にわたって共通し，かつそれらを統合する根源的感覚）という意味があります。中村雄二郎はその著書『共通感覚論』において，アリストテレス以降の哲学が扱ってきた共通感覚の問題を編集し再統合しています。本書を，吉本隆明著『共同幻想論』と対比しながら読むのも興味深いです。

(注5) 人類はこれまでもさまざまな感染症との闘い，そして共生を繰り返してきました。ジャレド・ダイアモンド著『銃・病原菌・鉄』，石弘之著『感染症の世界史』はそうした歴史を知る上で参考になります。秋道智彌・角南篤編著『疫病と海』は，疫病をめぐる海洋人類史です。また，2010年に出版された高島哲夫の小説『首都感染』はCOVID-19（新型コロナウイルス）のパンデミックを予言したかのような内容で興味深いです。

21世紀に入ってからの世界は，むしろナショナリズム色の強い政治リーダーに率いられる国家が増えており，グローバル人材の真価が問われているように思います。COVID-19はやがて人類と共生するようになり事態は収束していくでしょうが，私はむしろその後の世界のあり方について思いを馳せています」。

それからの2年間、人類はCOVID-19との戦いに明け暮れながらも徐々にウイルスとの共生の仕方を学んできました。コロナ禍は私たちの社会と生活・仕事に対して様々な不便や困難を惹き起こしており、この状況は正しく「危機」と呼べるでしょう。しかし、他方ではそうした不便を補い困難を乗り越えるべく新しいビジネスも生まれており、この機にデジタルトランスフォーメーション（DX）を加速する政府や企業も増えました。また、その必要性が大いに語られてきたにもかかわらず、これまでなかなか変えることができなかった社会と組織の硬直的な制度や慣習、人々の働き方といったことが、いとも簡単に変わっていく様も私たちは目の当たりにしました。後世から振り返ると、2020～2021年はCOVID-19によって社会の然るべき変化が加速した、とても重要な時期だったということになるのではないでしょうか。

「危機」という語は「危険の認識」＝「変化の機会」とも読めます。つまり、従来の当たり前が通用しない新しい環境に適応するための変化が求められる時機だということです。そして、私たちはコロナ禍と呼ばれる表層の混乱の下で加速した社会の然るべき変化という底流もよく見ておく必要があるでしょう。

2020年代に入ってからのグローバル・サプライチェーンと国際物流は、コロナ禍による大きな混乱に見舞われています。ロジスティクスを組み立てる際にしばしば求められるのはJIT（Just in time）ですが（第19章（注12）参照）、同時にBCP（Business Continuity Plan：事業継続計画）としてのJIC（Just in case（もしもの時のため））も重要です（第20章1項参照）。コロナ禍によって生じた港湾機能不全、海上コンテナ不足、航空輸送キャパシティ不足などによる混乱は、日々JIC対応のロジスティクスが求められる状況を生み出しています。SCMの3Aは、Agility（俊敏性）、Adaptability（適応力）、Alignment（整合性）

だと言われていますが、今ほど俊敏性に富んだ臨機応変なロジスティクスが強く求められる時代はありません（第18章5項参照）。

とは言え，COVID-19による社会とサプライチェーンの混乱は短期的な問題として捉えることができます。他方では，ポピュリズムの横行によって劣化する欧米由来の民主主義と自由主義の弱点を衝く形で権威主義と覇権主義を強める中国とロシアの政権に対する懸念から，米欧や日本では国の安全保障と生産に携わる人の人権を意識することによるサプライチェーンの変化が起こっています。2022年2月24日に開始されたロシアによるウクライナ侵攻を契機としてこの変化はさらに進みそうです。世界には欧米由来の民主主義と自由主義を歓迎しない為政者が率いる国も少なくないため，今後政治・経済・サプライチェーンのブロック化が進む可能性もあり，それへの対処が世界とサプライチェーンの中期的な課題となるでしょう。しかし，長期的には気候変動によって引き起こされる地球環境問題こそが，地球社会と人類，経済とサプライチェーンにおける最も大きな課題になると私は思います（第20章7項参照）。

海への愛，船への思い，船で運ばれる人やモノが紡ぐ物語への関心そして海と関わる多くの人々との繋がりが私に本書を書かせました。海人たちが有するコモンセンスとプリンシプルに示唆を受けながら，私はこれからもヒトと海の関係性についての探求を続けていきたいと思います。

2022年5月

著者しるす

はじめに

太平洋に浮かぶ小さな島々からなる国・ミクロネシア連邦（注1）にヤップと呼ばれる島々があります。ヤップでは昔から男たちがシングル・アウトリガー・カヌーに乗って南西約500キロのところに浮かぶパラオ諸島まで渡り，そこにあるライムストーン（結晶石灰岩）を円形に切り出して持ち帰るという航海をしていました。持ち帰った石はヤップでは貨幣（石貨）として流通するのですが，石貨の価値は往復の航海の苦労や，その後のヤップでの使われ方など，島民の間で共有できる物語によって決まったといいます。

この石貨を取りに行く航海は過去100年ほど行われていなかったのですが，私と数名の仲間がヤップの人たちと共に立ち上げたアルバトロス・プロジェクト・チームは，ヤップの森で切り倒した巨木を用い，昔ながらの方法によってカヌーを建造しました。そして，近代的な航海計器や海図のなかった時代の外洋航海術を今に伝えるヤップ離島サタワルの航海者マウ・ピアイルック（1932～2010）を船長として招き（注2），石貨を運ぶためにパラオとの間を往復する航海を再現したのです。このアルバトロス・プロジェクトに参加したヤップの若者たちにとって，それは失われつつあった島のアイデンティティと石貨の物語，古来の航海術を再確認する機会になったことでしょう（注3）。

それにしても，パラオ諸島では珍しくもない結晶石灰岩が，それを産しない

（注1）ミクロネシア連邦憲法の前文は，多数の島嶼から成る国家の多様性を尊重する名文として有名です。「我々の差異は我々を豊かにしてくれる。海は，我々を結びつけるものであって，我々を隔てるものではない」「ミクロネシアは，人間が筏やカヌーで海を拓いた時代に始まった。ミクロネシア国家は，人々が星を見て航海した時代に生まれている。我々の世界そのものが一つの島である」など…。

（注2）マウ・ピアイルックは，1976年にアメリカ合衆国建国200周年記念事業として行われた，ダブルカヌー「ホクレア」によるハワイ～タヒチ間航海に参加し，近代的な航海計器を使用せずに船をタヒチまで導きました。その後も，ポリネシア航海協会のナイノア・トンプソンをはじめとするハワイの若者たちにスター・ナビゲーションと通称される太平洋諸島古来の航海術を指導しました。

（注3）アルバトロス・プロジェクトは，ヤップから伝統文化が急速に失われていた状況を危惧した同島マープ地区の総酋長ベルナルド・ガアヤンの発案を筆者が受けて始まりました。ガアヤンは1986年に「ペサウ」という名のカヌーでヤップから小笠原までの航海を行っていますが，大内青琥はそれを『おじいさんのはじめての航海』という小説にしています。

ヤップの石貨　石貨は島内の決まった場所に安置され，あたかも不動産のような形で流通しますが，使われるたびに新たな物語（何に使われたか？）が加わることでその価値はさらに変化します。石貨については牛島巖著『ヤップ島の社会と交換』などを参照してください。(写真提供：森拓也)

「ムソウマル」の建造（ヤップ島マープのバチュアル村にて）「ムソウマル」の船体には，ヤップの森で切り出したタマナ（テリハボク）の巨木が使われました。原木は根から切り倒され，カヌーは手斧(ちょうな)を使った昔ながらの方法でゆっくりと削られながら造られていきます。「ムソウマル」の建造記録については、田中拓弥が『アルバトロス・クラブ会報』第14号〜第15号で発表しています。

「ムソウマル」のアウトリガー　アウトリガーの先に付ける浮き木は浮きとしてではなく，風上舷側の錘（おもり）としての役割を果たします。「ムソウマル」の浮き木にはパンノキが使われました。

「ムソウマル」の帆走　ミクロネシアのシングル・アウトリガー・カヌーは船首尾同型で，進む向きを変えるときはマストを前後付け替えます。また，船首尾先端のプルールと呼ばれるY字部分で水平線に出没する星を捉えることにより，カヌーの進路を見出していきます。

「ムソウマル」の踏み舵　ミクロネシアのシングル・アウトリガー・カヌーは通常風下舷側に舵を取り付けますが，完全には固定されておらず，舵取役は足で舵板を踏んでおかねばなりません。

「ムソウマル」が運んだ石貨　「ムソウマル」のクルーたちがパラオの離島・ウロン島に滞在し，島のライムストーン（結晶石灰岩）から切り出してヤップに持ち帰った3つの石貨。現在でもヤップの首都コローニアに蔵置されています。

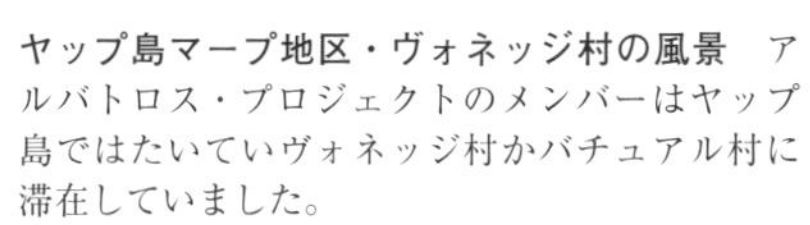

ヤップ島マープ地区・ヴォネッジ村の風景　アルバトロス・プロジェクトのメンバーはヤップ島ではたいていヴォネッジ村かバチュアル村に滞在していました。

夕焼けの中を航行する「ムソウマル」

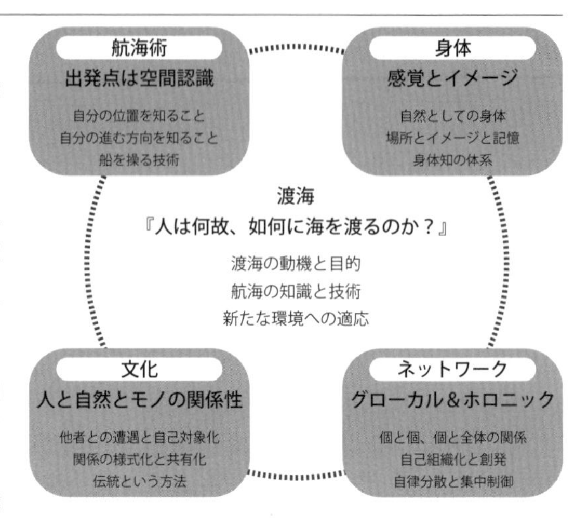

「ヤップ～パラオ間の石貨交易航海再現プロジェクト（アルバトロス・プロジェクト）」は筆者が代表を務める環境活動支援ネットワーク「アルバトロス・クラブ」（人と自然とモノの関係性について関心を持ち，その関係性をより豊かなものとするための社会的活動を行っている人たちの活動と交流を支援することを目的とし，「Give & Share」をモットーとするサロン型のNPO）によって1989年に開始され，シングル・アウトリガー・カヌー「ムソウマル」による航海は1994年に実現しました。「ムソウマル（Methawmal）」とはヤップ語で「(ヤップ～パラオ間の）航海困難な海の道」を意味します。

右上の図は，「人は何故，如何に海を渡るのか？」という問題意識をベースにしながら，筆者が「アルバトロス・プロジェクト」を通して考察したポイントを示したものです。「渡海の動機と目的は何か？」「渡海に必要な知識と技術は何か？」「海という環境，そして渡海によって生じる新たな環境への適応とはどのようなものか？」。こうしたことを考えていく中で，以下の４つのことが筆者の考察ポイントとなりました。

まず航海術について。それが近代的なものであれ，カヌーのように伝統的なものであれ，航海術の出発点は空間認識です。つまり，自分の位置を知ることと，自分の進む方向を決めること。そして，それに船を操る技術が伴って初めて航海は可能となります。カヌーの航海術はスター・ナビゲーションと呼ばれる一種の推測航法ですが（第10章１項参照），それについて考えてみました。

次に身体，そして感覚とイメージについてです。カヌーの航海者は身体を使ってどのように自然を読み解くのか？　また，カヌーの航海者は頭の中にスターコンパス（星図）と海のイメージマップを持っているのですが，その際に必要となる「場所の記憶」という記憶術についても考えてみました。こうした身体知と形式知の複合体系が（注４），カヌーの航海術を支えています。

そして文化についてです。人が自然，他者，自然としての自らの身体をどう捉え，それらとどう関わるのか？　その関係性を様式化・共有化したものとしての文化について考えてみました。また，「アルバトロス・プロジェクト」はヤップの伝統航海を再現するプロジェクトだったのですが，伝統を守るという考え方がいつでもどこでも無前提に正しいわけではありません。そこで，方法としての伝統の意味や有効性についても考えてみました。

最後は，海のネットワークについてです。中央集権型のグローバルネットワークではなく，むしろ自律分散的に自己組織化された人々のネットワークが海にはあり，それも渡海というテーマについて考える上で重要なことだと思います。また，これは「アルバトロス・クラブ」というネットワーク型のNPOのあり方とも通ずるもので，そうした組織論についても考えてみました。

「アルバトロス・プロジェクト」については，「第26回KOSMOSフォーラム・統合的視点で見る「海」とは～民族移動と文化の伝播～」の講演録（https://www.expo-cosmos.or.jp/main/kosmos_forum/uploads/26_transcripts.pdf），『Hellosea's World』記事「イメージの力で海を渡る」（https://helloseaworld.hatenablog.com/entry/20070114/p1），『ふくたつノート』記事「人はなぜ海を渡るのか』（https://note.mu/tatsuya0911/n/n58b62d915df4）などを参照してください。また，筆者は1996年と1997年の２度にわたって，国際文化会館と国際交流基金アジアセンターが共催した「アジア・パシフィック・ユース・フォーラム」に参加しており，両フォーラムの報告書に「アルバトロス・プロジェクト」についてまとめた『Why do people sail across the sea ?』という文を寄稿しています。

ヤップでは貴重な財産となることに，私は人類の交易の原点である「未知の世界への憧れ」と「モノを介しての異文化交流」を知る思いがしました。そして，石貨を運ぶことに伴う苦労の度合がその価値を決めるということに，私は古き良き時代の流通のあり方を偲びつつ，物語によって商品やサービスの付加価値を高めるという現代のマーケティングとも通ずるものを感じていたのです。

スターコンパス（星図）　マウ・ピアイルックが筆者にスター・ナビゲーションの概念を説明するために，浜の石や木の枝，草の葉を使って作ってくれたもので，上が北になります。カヌーは，東の水平線から昇る星と西の水平線に沈む星，また北と南に輝く星を目印として航海します。草の葉は，風浪やうねりが来る向きを表現しており，ピアイルックはそれを見ることによっても船位がわかると語っていました。（第10章1項参照）

人類は太古より海を越えて移動し，そこで出会った異人たちとの間でさまざまな交易や交流を行ってきました。その際に船はヒトの移動やモノの運搬の道具としていつも大きな役割を果たしてきましたが，航空機が発達した現在もなお海を越えてモノを運ぶ主役は船です。しかし，現代の物流業では海上輸送と航空輸送，鉄道やトラック輸送などの適切な組み合わせによる複合一貫輸送は重要かつ日常的な仕事です。

さまざまな輸送モードと貨物の保管，仕分けなどをうまく組み合わせることによって最適物流を組み立てることが現代の物流の仕事ですので，船と港のこと，海運のことを知らずに物流の仕事はできませんし，逆にそれだけを知っていても不十分です。今日のロジスティクス企業には輸配送と保管，荷役，包装，流通加工，情報管理といった古典的な物流の仕事だけではなく，コールセンターなどでのカスタマーサービス，各種のテクニカルサービス，金融や商流に関わるサービス，さらには荷主企業のサプライチェーン・ネットワーク及びそこでの物流と在庫を最適化し，商流の効果を高めるためのコンサルテーションやデジタル機能の提

（注4）身体知については，マイケル・ポランニー著『暗黙知の次元』，栗本慎一郎著『意味と生命－暗黙知から生命の量子論へ』が参考になります。ポランニーが提唱した暗黙知は身体知の一種ですが，それは形式知化することができません。太平洋諸島民によるカヌーの航海術には身体知，暗黙知に拠る部分と，知識や技術の伝承のために形式知化された部分があり，それらが混在一体となっていることが興味深いです。

供といった，さまざまな仕事が求められています。

しかし，こうしたことの基本にはやはり海運があります。海運の歴史は古く，それを学ぶことによって国際関係や貿易，物流，輸出入制度などの基本を知ることができるでしょう。海と国境を越えてモノを運ぶという仕事は，自然条件による制約と輸送・荷役設備や技術上の制約，また各国・地域の法律や諸制度による制約などに縛られながらも，安全かつ確実に，最適の方法と速度で輸送を行い，その上でいかに収益を上げるかというのが基本的な課題であり，そうしたことと昔から向き合ってきたのが海運業なのです。

また，海運を知るためには商船の構造や航海についての基礎知識も持っておく必要があります。私の恩師である科学思想史研究者の坂本賢三（故人）は「航海術は比較的早くから測定機器を使用し自己の技法を対象化し意識化してきた技術であり，かつ各時代においてその時代の最先端の知識と技術を統合してきた」と語りましたが（H.C.フライエスレーベン著『航海術の歴史』の訳者あとがき），海運を通してその時代の世界のあり方を，また航海術を通してその時代のテクノロジーをうかがうことは可能だと思います。そういう視点から航海について考えると，船や海運に関わる人以外にとっても興味が湧いてくることでしょう。

パラオのストーリーボード　パラオの伝統工芸とされるストーリーボード（板彫り）は，民俗学者で彫刻家の土方久功が1929年にパラオに渡り，島の人々に「伝承文化やその物語を彫刻として残すこと」を教えたことから始まりました。「アルバトロス・プロジェクト」での「ムソウマル」の航海も，パラオでストーリーボードの題材となりました（左側の写真）。右側の写真は，パラオ滞在中に刺激を受けて自らもストーリーボードを作るようになった木工デザイナー・佐藤丈の作品です（佐藤の作品は，洋菓子店＆海の仲間たちの交流サロン「あえり庵（Aérien）」（三浦市）に2021年まで展示されていました）。また，土方久功の主著は，『土方久功著作集』全８巻にまとめられており，当時のミクロネシアの民俗を知るうえで参考になります。（左写真提供：柴田雅和）

少し前置きが長くなりましたが，本書は海と船が好きな人，海運・物流，貿易，SCM（Supply chain management：供給連鎖管理）とロジスティクスなどの仕事に関心を持っている人，これからそういう仕事に携わろうとしている人，あるいはマリンレジャーとしてヨットやモーターボート，カヤックなどでの航海を楽しむ人たちに，商船と海運の概要について一通り知っていただくことを目的としています。ですから，それらについて深く知りたい人にとっては不十分なものになるだろうと思います。そこで，本書よりも詳しく書かれた文献を幾つか本文中や脚注にて紹介させていただきましたので，各項目についてもっと詳細に知りたい方はそれらの本を読んでみてください。

私は子どもの頃から海と船が大好きで，いつも海を舞台にさまざまな活動を行ってきました。そして，学生時代に航海術を学んで以来，ヒトと海の多様な関係性について探求したことを文章や音楽などで表現すると共に，世界のさまざまな国と地域においてSCM，ロジスティクス，貿易，EC（e-Commerce：インターネット通販），飲食などに関する仕事に携わってきました。冒頭でご紹介したヤップ島の石貨と同じように，現代においてもモノを運ぶということは心を運び，人と人を結びつける仕事だと私は信じています。本書を通じて船や海運と関わってきた先人の営為を少しでもお伝えすることができれば幸いです。

拓海広志

（注：本書中では，個人名に対する敬称，法人名の前後に付すべき「株式会社」「有限会社」「社団法人」などは全て略させていただきました）。

目　次

第5部　海運と物流について知ろう

第１部

船と航海の歴史を知ろう

インド洋を行き交うダウ（写真提供：門田修（海工房））

1　船と航海の歴史

§1．原始～古代の船と航海

ビッグバンによって宇宙が出現し，時間と空間が生まれたのは約138億年前。そして，太陽系と共に地球が誕生したのは約46億年前のことだと言われています。地球上に原始の海ができ，そこに最も原始的な生命が誕生したのは約40億年前です(注1)。その後，約32億年前には光合成を行う微生物が登場して地球上に酸素を供給するようになり，約21億年前には真核生物が，そして約10億年前には多細胞生物が出現します。約5億4,000～5億3,000年前に起こったカンブリア爆発によって生物は多様化し，約1億年前には恐竜の全盛期を迎えます。そして，約6,550万年前に霊長類が登場しました。

葦船　カムナ葦船プロジェクトのメンバーが作ったものです。(写真提供：石川仁（カムナ葦船プロジェクト))

ヒトの祖先が登場したのは今から1,000～600万年くらい前の東アフリカの大地溝帯だったといわれています。祖先たちはそんな昔から長い時間を掛けて徐々に移動していたのですが(注2)，約20万年前にホモ・サピエンス（現在のヒト）が登場すると文字どおり野山を越え，河を下り，

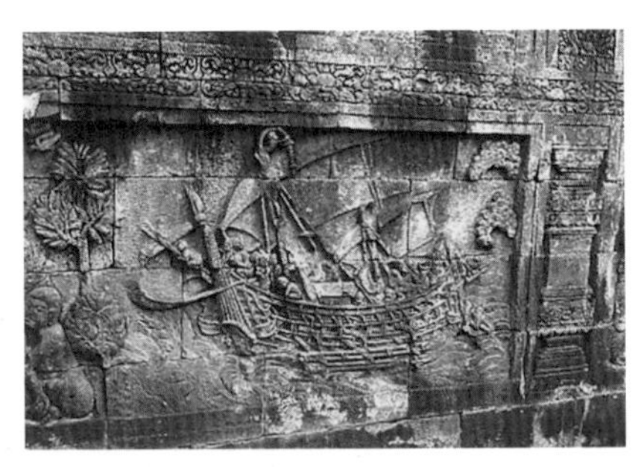

ボロブドゥール寺院のレリーフ　8～9世紀頃に描かれたものだと思われますが，当時のインドネシアでこのような大型のカヌーが使われていた可能性を示唆しています。

(注1) ヒトの母親の胎内にある羊水の成分は，海水の成分と酷似しています。その中で胎児は生命の進化の歴史をたどり，それを追体験します。

(注2) 猿人はアフリカ大陸から出ることはありませんでしたが，ジャワ原人や北京原人の存在が示すように，原人はアジアまで拡がっていました。また，旧人に属するネアンデルタール人はユーラシア大陸の各地に拡散し，南シベリアあたりにまで達していました。

海を渡って新しい土地へと移り，たどり着いた新天地の環境に適応しながら地球上のあらゆる土地に拡散していきました。そして，そこで出会った別の人々の集団との間で戦闘や交流を行い，さらに時代が大きく下ると交易をも行ってきたのです。

先史時代の船と航海についてはわからないことが多いのですが，例えばアボリジニの祖先がアジアからオーストラリアに渡ったのは今から５万～４万年くらい前だと言われています。当時，オーストラリア大陸はニューギニアと地続きでしたし（サフル陸棚），インドシナ半島とスマトラ，ジャワ，ボルネオ，スラウェシなどの島々もつながっていたのですが（スンダ陸棚），それでもアジア側からオーストラリア側へ行くためには100キロ程度の海峡を渡らねばなりませんでした。つまり，人類はそんな昔にも何らかの手段を用いてこうした渡海を成し遂げているのです。

ヒトが河海を行く際にはもちろん船が使われたはずですが，人類が最初に作った船は単なる木の枝か動物の皮袋を膨らませたもの，次いで木の幹を組み合わせただけのごく簡単な筏（いかだ）や丸太をくりぬいた丸木舟のようなものだったと思われます。また，太古のナイル河で使われ，アフリカのチャド湖や南米のチチカカ湖などでは今でも用いられている葦舟も始原の船の一つだったのでしょう。エジプトやメソポタミアに誕生した古代文明の発展において河の航行が大きな役割を果たしたことはよく知られており，紀元前4000年代にはそれらの地域で舟に帆を用い始めた形跡が残っています。

東南アジアのカヌー　東南アジア島嶼域やインド洋の島々ではさまざまなサイズ，タイプのダブル・アウトリガー・カヌーが使われています。（写真提供：門田修（海工房））

モンゴロイドがアウトリガー付きの帆走カヌーに乗って東南アジアの島々から太平洋へ向けて拡散を開始したのは紀元前3000年頃のことで，彼らがメラネシアのソロモンからバヌアツを越えて，フィジーに達したのは紀元前1500年頃だといわれています（注３）。バヌアツからフィジーまでは800キロ程度の距離があるのですが，これは南東貿易風に逆らう航海となりますので，そこでカヌーは風上への切り上がり性能を高めるために大胆な改良を施されたことでしょう(注4)。そして，彼らは6世紀までにはハワイを含むポリネシアの主だった島々への拡散を終えたのです。

一方，優れた古代文明を生み出した地中海沿岸においても船は人や物資の輸送のため，あるいは戦争の道具として古くから活躍しており，紀元前4000年から同1000年頃にはエジプト人やクレタ人たちが海に乗り出していました。また，彼らから地中海の制海権を引き継いだフェニキア人はアラビア海にも進出して交易を行いました。やがて，ギリシア時代を経てローマ帝国の時代となり，1世紀頃にヒッパロスがインド洋の季節風を利用してアラビア半島からインド南岸のマラバル海岸まで直行する航路を開拓すると(注5)，ローマとインドの間でも活発な交易が行われるようになりました。

古代の地中海で生み出された船の中で特に有名なのは，映画『トロイ』などでお馴染みのガレーです。ガレーは17世紀の終わり頃まで軍艦としてヨーロッ

(注3) モンゴロイドであるポリネシア人の太平洋拡散に先立ち，オーストラロイドとモンゴロイドの混血であるメラネシア人は紀元前5000年頃からソロモン，バヌアツ，フィジー，ニューカレドニアなどに拡散しています。太平洋における人々の移住については，ピーター・ベルウッド著『太平洋』，片山一道著『ポリネシア人』，大塚柳太郎編『モンゴロイドの地球2・南太平洋との出会い』，フィリップ・ホートン著『南太平洋の人類誌』，篠遠喜彦，荒俣宏著『楽園考古学』，NHKスペシャル「日本人」プロジェクト編『日本人はるかな旅』，印東道子編『人類の移動誌』『人類大移動』，秋道智彌，印東道子編著『ヒトはなぜ海を越えたのか』，国立民族学博物館編『オセアニア—海の人類大移動』，後藤明著『海を渡ったモンゴロイド』，海部陽介著『日本人はどこから来たのか』，崎谷満著『DNAでたどる日本人10万年の旅』，西岡秀雄著『日本人の源流をさぐる』，玉木俊明著『世界史を「移民」で読み解く』，ギ・リシャール著『移民の一万年史』などが参考になります。また，太平洋諸島民が南米由来だとする学説などは既に否定されているものの，トール・ヘイエルダールの『海洋の人類誌』，またその実証航海の記録『葦船ラー号航海記』は今でもさまざまな示唆を与えてくれます。

(注4) 風向の変わりやすい東南アジアの島嶼域では，安定性を高めるために両舷から竹製の浮き木を付けたアウトリガーを突き出し，帆返しもしやすいダブル・アウトリガー・カヌーが多く使われてきました。しかし，移動する島々が東西に点在し，一年を通して北東貿易風が吹いているミクロネシアでは，片舷のみから突き出たアウトリガーの先に風上舷側の錘となる木を取り付けたシングル・アウトリガー・カヌーが使われてきました。アウトリガーが常に風上側にくる形で航海が行われるため，ミクロネシアのカヌーは前後が同型になっています。また，島々の間の距離が大きいポリネシアにおいては積載能力に優れたカタマラン（双胴船）型のダブルカヌーも使われてきました。モンゴロイドがそれぞれの海の環境に合わせて使う船の形を変えてきたのはとても興味深いことです。オセアニアのカヌーについては，A.C.ハッドン，ジェームス・ホーネル著『Canoes of Oceania』が詳しいです。また，アドリアン・ホーリッジ著『Outrigger Canoes of Bali and Madura, Indonesia』も参考になります。

(注5) インド洋の季節風は，その発見者であるヒッパロスにちなみ，「ヒッパロスの風」と呼ばれています。

古代エジプト・クフ王の船（模型） 1954年にクフ王のピラミッドの南側で発見された紀元前2500年頃の木造船です。（模型・写真提供：ザ・ロープ）

パで使われました（注6）。船体は細長く，両舷に並んだ大勢の漕ぎ手の力で推進するのですが，帆走もできるようになっています。特に11世紀頃からはマストにラティーンセイル（Lateen sail：大三角帆）を取り付けるようになったため，逆風に対して切り上がっていくことが容易になりました。ちなみに，レパントの海戦などで使われた1本の櫂に5～7人の漕ぎ手がつくタイプのガレーは16世紀前半にヴェネチアで考案されたものです。

また，人類の航海史について語る上で忘れてならないのは，8世紀から10世紀頃にかけてのノルマン人たちの活躍です。環境の厳しい北海を庭とし，樫製の重くて頑丈な船に横帆を張って縦横無尽に行き来する彼らのことを，西ヨーロッパの人々はヴァイキングと呼ん

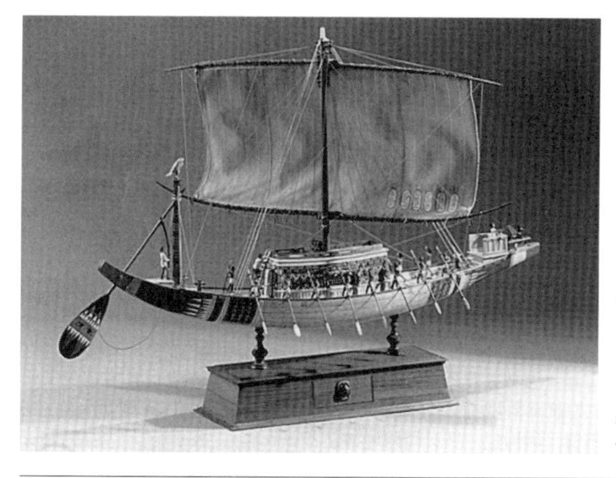

古代エジプトの旅客船（模型） ツタンカーメン王やアメノフィス2世の墓から出土した模型や壁画を参考に製作された紀元前1600年頃の船です。（模型・写真提供：ザ・ロープ）

（注6）ルイ14世治下のフランスにおいてガレー船で12年間を過ごしたジャン・マルテーユの回想録『ガレー船徒刑囚の回想』を読むと，当時のガレー船の航海や生活，海戦の様子がよくわかります。また，アンドレ・ジスベール，ルネ・ビュルレ著，深沢克己監修『地中海の覇者ガレー船』も参考になります。

で恐れました(注7)。ヴァイキングは遭遇する海中生物の種類，海水や風の状態，測深索を使って測った水深，鳥の飛んで行く方向などを注意深く観察することによって自船の位置を見出す術を知っていたといいます。そして，1000年頃にはアイスランドから海を渡り，北アメリカのニューファンドランドあたりにまで進出していました。

トライレム「オリンピア」(復元)　トライレムとは古代ギリシアで使われた3段櫂船のことです。ちなみに，2段櫂船はバイレムと呼ばれていました。(写真提供：Trireme Trust)

古代の日本においては，海人(アマ)族と呼ばれる人々が各地の海で釣り漁や網漁，潜水漁，タコ壺漁，また製塩などをして暮らしていたのですが(注8)，彼らはそうして得た魚介類や塩を朝廷に献上するだけではなく，天皇家を支える海上交通の担い手でもありました。応神天皇の頃には北九州から瀬戸内海を中心に海路の往来が盛んになっており，記紀には274年に伊豆の国に命じて作らせた枯野（軽野）という船を使い，淡路島で湧く清水を天皇の御料水とするために海人たちに都まで運ばせたという記述もあります。

ヴァイキング船　オスロ・フィヨルドにて発掘された9世紀頃の船です。(写真提供：松木哲)

奈良時代から平安時代にかけての日本では，遣唐使（630～894年）を派遣するために，1隻に120

(注7) 当時のノルマン人の活躍については，荒正人著『ヴァイキング』，ナショナルジオグラフィック編『バイキング世界をかき乱した海の覇者』などが参考になります。

(注8) 古代日本の海人族と船については，大林太良編『日本の古代8・海人の伝統』，『日本古代文化の探究・船』，茂在寅男著『古代日本の航海術』，上原真人，白石太一郎，吉川真司，吉村武彦編『列島の古代史4・人と物の移動』，岡本稔，武田信一著『淡路の神話と海人族』，永原慶二，山口啓二編『講座・日本技術の社会史　第2巻　塩業・漁業』『同第8巻　交通・運輸』などが参考になります。網野善彦，大林太良，谷川健一，宮田登，森浩一編『海と列島文化』全10巻＆別巻及び網野善彦著『日本社会再考』は，古代から近代に至る日本の歴史や文化，民俗を海との関わりにおいて考察しており，参考になります。また，松岡進著『瀬戸内海水軍史』は古代から中世，江戸時代までの瀬戸内海での水軍の歴史を綴っています。

人前後が乗り込める規模の，ジャンクに似た構造の船が建造されました。遣唐使船は多くの海難事故に見舞われましたが，遣唐使たちが日本に持ち帰ったものは大きく，日本仏教の土台を作り上げた最澄，空海の両巨人も唐でそれぞれ天台教学，真言密教を学んだのでした。また，その頃すでにアラブのイスラム商人たちは帆船ダウで東アフリカからアラビア半島，インド，東南アジアに至るインド洋世界を行き交い，広域な交易ネットワークを築いていました。

遣唐使船（復元）（写真提供：長門の造船歴史館）

§2．中世〜近世の船と航海

室町時代になり，足利義満が明との間に外交関係を成立させると，日本からは勘合と呼ばれる明の渡航証明書を携えた遣明船が大陸へ渡るようになりました（1401年〜）。遣明船は五島の奈留浦（的山湾）や肥前大島の小豆浦あたりで風待ちをし，春と秋に吹く東北季節風を利用して一気に揚子江河口まで帆走することが多く，船には中国で発明された指南針を利用した羅針盤も設置され，その航海術も遣唐使船時代と比べると大きな進歩を遂げていました。こうした知識や技術は，当時朝鮮や中国沿海を荒らしていた倭寇と呼ばれる海賊らによってもたらされたともいわれています。

鄭和の遠征用ジャンク（模型）　鄭和艦隊の乗組員は約２万７千人。中核となった巨大ジャンク「宝船（ほうせん）」の数は60余隻だったと伝えられています。鄭和の航海については，宮崎正勝著『鄭和の南海大遠征』，ルイーズ・リヴァシーズ著『中国が海を支配したとき』，上田信著『海と帝国』，松浦章著『中国の海商と海賊』などが参考になります。（模型・写真提供：ザ・ロープ）（注９）

その頃には日本も「海のシルクロード」の東端として世界の海上交易ルートの中にしっかりと組み込ま

（注９）木製帆船模型同好会「ザ・ロープ」の創立30周年を記念して出版された白井一信著『帆船模型製作技法』は，帆船の構造を知る上でも参考になります。

れていたのですが，明の永楽帝の命を受けたイスラム教徒の宦官・鄭和のジャンク船団が15世紀初頭の約30年の間に7度にわたってインド洋各地を遠征したことに刺激され，海上ルートを使っての東西交易はますます盛んになりました。そして，アジアの香辛料や陶磁器，絹，金などが中国，インド，アラブの商人と航海者の手を経てヨーロッパにもたらされていたのです。

こうした東西を結ぶ交易のネットワークは強大な権力者の支配下で中央集権的に成り立っていたのではなく，いくつものローカルなネットワークが毛細血管のように結びつき，絡み合うようにして出来上がったものでしたので，そこにはさまざまな人とモノと文化の交流がありました（注10）。しかし，フビライ・ハーンに仕えて長く元に滞在していたマルコ・ポーロが故郷ヴェネチアに戻ってから『東方見聞録』を著した（13世紀末）ことなどによって，アジアの豊かな自然と産物についての話や「黄金の国ジパング」に関する噂が広まり，そうした富をイスラム圏の仲介を受けずに直接手に入れたいという欲求がヨーロッパ諸国において高まってきました。

ヨーロッパが大航海時代に突入するにあたっては，それがルネッサンス期とも重なっていてヨーロッパ人が自分たちの文明に対して自信を得てきたこと，そしてその背景に科学や技術の大きな進歩があったことは見逃せません。特に14世紀頃には地中海でも精巧な羅針盤が使われるようになったことや，アラビア数学からもたらされた球面三角法の研究が進んだこと，また天文学と天測技術の進歩，それらによって地図や海図の精度が高まったことは，航海術の進歩に大きく寄与しました。

さらに，「海のシルクロード」を介しての東西交流や，ヨーロッパ内での交流が進むにつれ，造船法にも変化が生じました。ガレーなどに付けられていたラ

（注10）『共生のシステムを求めて』，『講座／文明と環境10・海と文明』などの著書において立本成文は，東南アジアの海域世界（ヌサンタラ世界）を特徴づける自律分散型のネットワーク社会について紹介しています。グローバル企業やNPOのネットワーク型組織マネジメントにおいても，グローバルな構想と戦略に基づきつつローカルの特性や状況に合わせて活動する「グローカル」や，全体の中に個が，そして個の中にも全体があり，双方が有機的に結びつきながら互いを活かし合う「ホロニック」といった概念が重要になっている今日ですが，これからの人類が築いていくグローバル社会を考えるにあたり，こうした自律分散型ネットワークから学ぶことは多いです。「グローカル」についてはローランド・ロバートソン著『グローバリゼーション』，須藤健一著『グローカリゼーションとオセアニアの人類学』などが，「ホロニック」については清水博著『生命を捉えなおす』，アーサー・ケストラー著『ホロン革命』などが参考になります。

カラック「サンタマリア」(復元)　1991年にスペインの造船所で復元建造され，バルセロナから神戸までの実験航海を行いました（サンタンマリア号協会編『波濤を越えて』参照）。大航海時代の航海や探検について知るには，岩波書店刊『大航海時代叢書』第Ⅰ期全11巻＆別巻，第Ⅱ期全25巻，エクストラ全５巻が基礎資料として役に立ちます。また，J.B.ヒューソン著『交易と冒険を支えた航海術の歴史』は当時の航海術の進歩を知る上で参考になります。

ベンテン・トロコ　1512年にポルトガルがテルナテ島に築いた要塞です（インドネシア語で要塞のことをベンテン（Benteng）と言います）。テルナテ島と隣のティドレ島は共に丁子（グローブ）の産地として有名です。当時のモルッカ諸島の状況を知るには，生田滋著『大航海時代とモルッカ諸島』，山田憲太郎著『スパイスの歴史』などが参考になります。

ティーンセイルは地中海のように風向きが変化しやすい海域では扱いやすいのですが，外洋での順風航海にはヴァイキングが使っていた大型の横帆の方が適していました。そこで，それらを組み合わせることが考案され，3～5本のマストの前部に横帆を，また後部にラティーンセイルを張るカラックという船が出現しました。ちなみに，カラックとはアラビア語で商船を意味します。こうした装帆法は後のガレオンなどにも引き継がれ，それが大航海時代の遠洋航海を可能にしたのです（注11）。

15世紀初頭のヨーロッパにおいて最も活発に海を駆け巡り，地中海世界と大西洋沿岸のヨーロッパ世界をつなぐ役割を果たしていたのはポルトガル人でした。彼らはラティーンセイルを張ったマストに横帆を組み合わせた小型帆船・カラヴェルに乗って未知の海に乗り出していくようになるのですが，こうした造船や航海の進歩を強く支援し，ポルトガルの海外進出を促したのはエンリケ航海王子でした。

そして，数次にわたる西アフリカ探検航海の末，1488年にバルトロメウ・ディアスがアフリカ南端の喜望峰に到達し，1498年にはヴァスコ・ダ・ガマが喜望峰を越え，東アフリカから南インドのカリカットに至る航路を拓きました。これを機にポルトガルはインド洋進出を開始したのですが，特に彼らは香辛料貿易の独占を図り，その中継地となっていたインド西岸のゴアとマレー半島西岸のマラッカを占領しました。

一方，スペインの女王イサベルの支援を受けたジェノヴァ人のクリストファー・コロンブス（クリストバル・コロン）は，1492年にわずか100トンほどの小さなカラック「サンタマリア」と2隻のカラヴェルを率いて大西洋を西へ向かい，南北アメリカ大陸に到達するという快挙を成し遂げました。ところが，当初彼はそこをインドの一部だと思い込んでいたため，先史時代にアジアから

(注11) 世界の帆船史についてはロモラ＆R･C･アンダーソン著『帆船6000年のあゆみ』，ジャン・ルージェ著『古代の船と航海』，船の建造史についてはアティリオ・クカーリ，エンツォ・アンジェルッチ著『船の歴史事典』などがわかりやすいです。また，地中海及びヨーロッパ世界の歴史と海の関係については，フェルナン・ブローデル著『地中海』，塩野七生著『海の都の物語』『ローマ人の物語』，ミシェル・モラ・デュ・ジュルダン著『ヨーロッパと海』，フランチェスカ・トリヴェッラート著『世界をつくった貿易商人』，玉木俊明著『海洋帝国興隆史』などが参考になります。他に，海と船の博物誌的な読み物として，ジュール・ミシュレ著『海』，佐藤快和著『海と船と人の博物史百科』，ジャック・アタリ著『海の歴史』などがあります。

渡ってきていた先住民のモンゴロイドはインディオと呼ばれる羽目になりました。その後スペイン人は大挙して新大陸に押し寄せ，先住民を奴隷として酷使し，虐殺を繰り返したために，多くの地域でその人口が激減するという事態を招きました。スペインは1519年にはテノチティトランを占領してアステカ王国を打ち倒し，さらに1533年にはクスコを陥落させてインカ帝国を滅ぼすなど，新大陸での植民を推し進めました。

ガレオン「ゴールデン・ハインド」（復元）
テムズ川のロンドン橋近くに係留，展示されています。（写真提供：The Golden Hinde Education Trust）

しかし，当時のスペイン人にとって目指すべき土地は香辛料をはじめとする豊かな産物を有し，また「黄金の国ジパング」があると信じられていたアジアでしたので，南北アメリカ大陸はその途上の地に過ぎませんでした。そんな折に東洋通を自認するポルトガル人のフェルジナンド・マゼラン（フェルナン・デ・マガリャンイス）が，西廻りでモルッカ（香料諸島。インドネシアのマルクのこと）を目指す計画を自国の国王エマヌエルに提唱して却下されたため，それをスペイン国王カルロス１世に持ち込みました。この計画はカルロスに承認され，1520年にマゼラン艦隊は南アメリカ大陸の東岸を南下してパタゴニアに至り，そこから約３ヶ月かけてグアム島に，さらに１ヶ月後にはフィリピンのセブ島にたどり着きました。マゼラン自身は不運にもここで命を落とすのですが，艦隊はさらに西へ進み，ついにモルッカのティドレ島に

ガレアス「ラ・ロワイヤル」（模型）　17世紀末にフランスで建造されたもの。ガレアスとはガレーの速さと操船の容易さ，ガレオンの戦闘力と堅牢さを併せ持つように設計された船です。（模型・写真提供：ザ・ロープ）

到達しました。

このように大航海時代の前半はポルトガルとスペインが主導したのですが，1558年にエリザベス１世が即位すると，イギリスが本格的な海洋進出を開始します。そして，「ゴールデン・ハインド」という名のガレオンに乗った女王公認の海賊フランシス・ドレイクがスペイン領アメリカで略奪を繰り返した後(注12)，マゼラン海峡を通過し，サンフランシスコからモルッカのテルナテ島，喜望峰経由で本国へ戻るという世界周航を成功させると，それによって得た資金を元に1600年にイギリス東インド会社が設立されました。また，1595年にはオランダのコルネリス・デ・ハウトマンが喜望峰沖から一気にジャワ島に至る新航路を拓きます。そしてオランダも1602年に東インド会社を設立し，バタヴィア（ジャカルタ）に城砦を築いて東インド諸島（インドネシア）を植民地としました。

このヨーロッパ人にとっての「大航海時代」は当時の日本にも大きな影響を与えました。1543年に種子島の小浦に漂着した中国船に乗っていたポルトガル人がもたらした鉄砲は短期間の内に日本中に広がり，特にヨーロッパの科学や思想に対して強い関心を示していた織田信長は1575年の長篠の戦いで鉄砲を効果的に使い，当時無敵といわれていた武田勝頼の騎馬軍を打ち破ります。また，信長の後継者となった豊臣秀吉も海外との交易には積極的で，1592年には民間貿易船の許可制度にあたる朱印船制度を開始しました。多くの日本人が東南アジアに進出し，マニラやウドン，アユタヤなどに日本人町ができたのはこの頃です(注13)。

朱印船制度は江戸幕府にも受け継がれていくのですが，朱印船には中国のジャンクやシャム（タイ）の船が使われることが多く，その航海士として中国人やヨーロッパ人を雇うことも行われました(注14)。また，イギリス人のウイリ

(注12) フランシス・ドレイクの「ゴールデン・ハインド」のように，国から免許を受けて敵国の艦船を襲撃・拿捕していた民間船のことを私掠船（Privateer）と呼びます。マゼラン，ドレイクに続く史上３番目の世界周航者もドレイク同様に私掠船を率いたトーマス・キャベンディッシュでしたが，その航海にはクリストパー，コスムスという洗礼名を持つ二人の日本人が乗船していました。私掠船を含む当時の海賊については，デイヴィッド・コーディング著『海賊大全』が詳しいです。また，大航海時代の歴史については増田義郎著『大航海時代』などがわかりやすいです。

(注13) 日本人町の成立と変遷については，岩生成一著『南洋日本町の研究』『続南洋日本町の研究』が詳しいです。また，戦国時代の日本とヨーロッパ史の関係性については，村井章介著『海から見た戦国日本』などがわかりやすいです。

ジャンク　ジャンクは河船から進化した平底船で，キール（竜骨材）は持っていません。（写真提供：門田修（海工房））

弁才船「浪華丸」（復元）　安達裕之，野本謙作，松木哲監修の下，関西設計が設計，日立造船が建造を請け負い，５年強をかけて建造された船です。（写真提供：なにわの海の時空館）

アム・アダムス（三浦按針）をアドバイザーとして寵遇していた徳川家康は，彼に命じて伊東で80トン及び120トンのヨーロッパ型の帆船を建造させましたし（注15），伊達政宗もスペイン人のセバスチャン・ビスカイノに依頼し，遣欧使節をメキシコまで送るために石巻近くで帆船を建造させるなどしたため，この時期に日本人の造船・航海に関する知識は飛躍的に進歩しました。

しかし，1636年に鎖国令が出されたことにより，こうしたヨーロッパの造船・航海知識の日本への流入は途絶えてしまいます。もっとも，江戸時代には江戸と上方（大坂・京）という二大消費地を中心に，米や酒，塩，醤油，酢，砂糖，昆布，木綿，肥料，油などさまざまな商品の全国的な流通が活発に行われるようになっていましたので，それらを運ぶための船は必要でした。その内航海運に使用されたのが１本の帆柱に四角い一枚帆を張った弁才船（べざいせん）で，千石船というのはその俗称です。当時，上方～江戸間で日常物資を運んだものは菱垣（ひがき）廻船，酒樽を専門に運んだものは樽廻船，また松前（北海道）～日本海沿岸の諸港～

（注14）当時，マカオ，ルソン，トンキン（ベトナム北部），シャム（タイ）などを結ぶ朱印船航路を経営した豪商として堺の角倉了以が有名です。了以は，底が平たくて喫水が浅く，かつ積載量の多い高瀬舟を内陸水運用に考案したことでも知られています。

（注15）ウイリアム・アダムス（三浦按針）は，徳川家康によって旗本に取り立てられ，領地として三浦半島の逸見（へみ）を与えられました。白石一郎はその数奇な人生を『航海者』という小説で描いています。また，2010年には日英共同の演劇プロジェクトとして，藤原竜也（物語を語るキリシタン青年役），オーウェン・ティール（ウィリアム・アダムス役），市村正親（徳川家康役）らが出演する『ANJIN イングリッシュサムライ』（グレゴリー・ドーラン演出）の公演が品川の天王洲で催されました。

伊能忠敬　50歳を過ぎてから天文学・測量術を学んだ伊能忠敬は，1800年（寛政12年）から17年をかけて日本全国を測量して『大日本沿海輿地全図』を完成させ，日本の国土の正確な姿を明らかにしました。マシュー・ペリーは忠敬が作った地図を見て，日本の科学技術水準に対する認識を改めたといわれています。当時深川の黒江町（現在の門前仲町１丁目）に住んでいた忠敬の像は，富岡八幡宮の境内に設置されています。

サバニ（鱶舟）　かつて琉球列島では丸木舟（刳り舟）が漁船として使われていましたが，18世紀に琉球王国が森林保護のために木板を張り（はぎ）合わせた「ハギ舟」を奨励したことから，サバニが発達・普及したといわれています。日露戦争（1904～1905年）の日本海海戦に際して，宮古島付近でバルチック艦隊の船影を見た漁師５人（久松五勇士）が，宮古島から通信施設のある石垣島までサバニで漕破し，その存在を伝えたことでも知られています。（写真提供：葉山サバニ倶楽部）

下関～上方の間を行き来したものは北前船と呼ばれていました（注16）。

ところで，18世紀に太平洋の島々を探検し，その地理的な全貌を明らかにしていったジェームズ・クックの偉業に代表される，科学的調査を目的とした探検航海もまたヨーロッパの大航海時代を象徴するものだといえるでしょう。1831年には若き博物学者チャールズ・ダーウィンも測量を目的としたイギリスの軍艦「ビーグル」に便乗し，そのときの見聞を通じて進化論を構築しています（注17）。一方当時の日本においても，『解体新書』を著した杉田玄白，択捉や国後などを探検した最上徳内，樺太探検によって間宮海峡を発見した間宮林蔵，日本沿海

(注16) 15世紀中頃に登場した縦挽きノコと台ガンナによって大量の板材が供給されるようになり，棚板作りの大型船が現れました。これに伴い，造船を専門にする船大工という職業が生まれました。近世中期には船の大小を問わず棚板作りによる和船が全国に普及しました。近代以降和船建造は減少しましたが，幕末から明治にかけては弁才船の船体上に西洋型帆船の帆装を折衷した合の子船という船が多く作られ，内航海運で活躍しました。ちなみに，江東区潮見の佐野造船所は江戸時代から続く船大工で，初代が八重洲あたりで創業し，1844年に深川に，次いで1992年に潮見に移転しました。和船だけではなく，その技術を活かした木造ヨットや木造ボートの建造も手がけています。和船の歴史と文化については，石井謙治著『ものと人間の文化史76・和船』，須藤利一編『ものと人間の文化史１・船』，濱田武士著『伝統的和船の経済』などが参考になります。

の実測全図を完成させた伊能忠敬など，長崎の出島にやって来るオランダ人たちから伝えられるヨーロッパの学問を学びながら，独自のやり方で近代との遭遇に備えた人々がいたことは知っておくべきでしょう。

§3．近代～現代の船と航海

1769年にグラスゴー大学のジェームズ・ワットが蒸気機関を発明すると，それは紡績機や織機の動力として広く使われるようになりました。これによってイギリスの織物工場経営は一挙に大型化し，産業革命に火がついたのですが，この革命は運輸の世界にも大きな変革をもたらしました。陸上で初めて蒸気機関車が走ったのは1804年のことで，水上でもそれを船の動力とすることに多くの人が挑みました。初期の蒸気船は船体の横に水かき車輪を取り付けた外輪船でした。1807年に外輪船を使って営業的に成り立つ商船を初めて就航させたのはロバート・フルトンというアメリカ人で，それはニューヨークとオルバニーを結ぶハドソン川の航路でした。

外輪蒸気船「ナッチェス」　今もミシシッピー河を走る現役の外輪蒸気船です。（写真提供：森拓也）

外輪蒸気船「ロノレク」（模型）　蒸気機関と帆装を併せ持った船です。（模型・写真提供：ザ・ロープ）

しかし，19世紀前半において蒸気船は川筋や沿岸の短い航路にしか使われず，外洋では帆船に補助的な蒸気機関と取り外しのできる水かき車輪を付けた船が走っていました。そして，蒸気の力で走る

（注17）ジェームズ・クック著『クック太平洋探検』，チャールズ・ダーウィン著『ビーグル号航海記』を参照してください。また，アジアとオーストラリアを分かつ生物の分布境界線・ウォーレス線（ロンボク海峡とマカッサル海峡を通り，ミンダナオ島の南を東に抜ける）を発見したアルフレッド・ラッセル・ウォーレスの著書『マレー諸島』も，19世紀の科学探検書の中では大きな影響力を持ちました。

クリッパー「カティ・サーク」　イギリスのグリニッジにて保存・展示されています。（写真提供：Cutty Sark Trust）

蒸気船「グレート・ブリテン」　イギリス南西部のブリストルで保存・展示されています。（写真提供：ss Great Brit-ain Trust）

タグボートが大型船の入出港を助けることができるようになったため，こうした帆船は外洋での航行性能だけを考えて建造すればよくなり，大型化と高速化が進んだのです。その結果誕生したのがクリッパー（Clipper）で，特に中国からイギリスに向けて茶を運んだものはティークリッパーと通称されました（注18）。現存するクリッパーとしては，イギリスのグリニッジで海事博物館として保存されている「カティ・サーク」がよく知られています。

（注18）1833年にイギリス東インド会社による茶貿易の独占が終り，1849年にイギリスの貿易貨物輸送はイギリス船に限るという航海条例が廃止されると，イギリスの茶商の中にはできるだけ早く茶葉を運んでプレミアム付きの高値で売るために，当時アメリカで開発されていたクリッパーを使う者が現れました。これに対抗してイギリスの海運企業もクリッパーを建造，投入したため，新茶を早く中国からイギリスへ運ぶためのティーレースが毎年の恒例行事となりました。なお，ティークリッパーという通称以外に，インドから中国にアヘンを運んだものはアヘンクリッパー（注19），スエズ運河の開通によって汽船時代が到来しティークリッパーが活躍の場を失った後にオーストラリアからイギリスに羊毛を運んだものはウールクリッパーと呼ばれています。クリッパーについては杉浦昭典著『大帆船時代』などが詳しいです。

（注19）19世紀のイギリスは，茶，陶磁器，絹を清から輸入することで，大幅な輸入超過になっていました。イギリスは，アメリカ独立戦争の戦費確保などのために銀の国外流出を抑制する一方で，植民地のインドで栽培した麻薬のアヘンを清に密輸出し，その代金を銀で決済させることによって貿易収支の逆転を遂げましたが，清国内の銀保有量は激減し銀が高騰しました。また，清国内ではアヘン吸引によって健康を害する人が多くなり，1840年には清英間でアヘン戦争が勃発することになります。

一方，蒸気船の方も着実に技術的な進歩を続け，1843年にはイギリス人技師のアイザムバード・K・ブルーネルが世界で初めての鉄製船体にスクリュープロペラを備えた外洋定期客船「グレート・ブリテン」を建造しました。さらに1858年には，全長207メートル，総トン数18,914トン，5,000人乗りの巨大客船「グレート・イースタン」を建造し，ブルーネルは世界の造船史に大きな足跡を残しましたが，両船ともに営業的には成功しなかったのは一歩先を歩んだ天才ゆえの悲劇でしょう（注20）。

下田のペリー艦隊来航記念碑　日米和親条約（神奈川条約）を締結したペリーは，「ポーハタン」を旗艦とする艦隊を率いて1854年（嘉永7年）3月に下田に来航しました。

しかし，スクリュープロペラで走る鉄製の蒸気船が，フランス，イギリスを筆頭に，各国軍艦の標準仕様となるのにそう時間はかからず，クリミア戦争（1853～1856年）において木造艦からなるトルコ艦隊がロシア軍の砲火によって壊滅的な打撃を受けたことで（注21），その流れは一気に加速しました。また，1869年にスエズ運河が開通するとイギリス～インド間の航程は従来の約半分に縮まり，石炭の補給基地のない東アフリカ沿岸をぐるりと回る必要がなくなったことから，帆船よりも航行スケジュールが確かな蒸気船は商船においても主流となっていったのです。

アメリカ海軍においては「蒸気海軍の父」と呼ばれるマシュー・ペリーが早

（注20）「グレート・ブリテン」については，ニコラス・フォグ著『The Voyages of The Great Britain』が参考になります。帆船時代から蒸気船時代への移り変わりについては，杉浦昭典著『蒸気船の世紀』，R.H.デーナー著『帆船航海記』，サー・ジェームズ・ビセット著『セイル・ホー』などが，また帆船時代の海軍や海戦については，アンガス・コンスタム著『スペイン無敵艦隊』，小林幸雄著『イングランド海軍の歴史』，松村劭著『三千年の海戦』などが参考になります。特にホレーショ・ネルソンに率いられたイギリス艦隊がナポレオン・ボナパルトのフランス艦隊を打ち破って地中海の制海権を手中にしたナイルの海戦（1798年）については，ローラ・フォアマン，エレン・ブルー・フィリップス著『ナイルの海戦』が，また帆船時代の最後の大海戦として有名なトラファルガーの海戦（1805年）については，ロバート・サウジー著『ネルソン提督伝』，ロイ・アドキンズ著『トラファルガル海戦物語』などが参考になります。当時のイギリス艦隊での生活や戦闘の様子を描いたセシル・スコット・フォレスター著『海の男ホーンブロワー』シリーズ，ジュリアン・ストックウィン著『海の覇者トマス・キッド』シリーズは，いずれも広く読まれている海洋冒険小説で，前者はイギリスでテレビドラマ化もされています。

くから蒸気軍艦の増強を主張していたのですが，彼は1852年に東インド・中国・日本海域の司令官に就任し，日本遠征に乗り出します(注22)。ペリーの目的は，ジャパン・グラウンドと呼ばれる三陸沖～小笠原諸島あたりで鯨油を得るためにマッコウ鯨やセミ鯨を大量に捕獲していた自国の捕鯨船に対する水や食料の補給基地を設けることと，蒸気船による北太平洋航路の寄港地を開拓することでした(注23)。1853年，ペリーの艦隊は浦賀に来航し，翌年にも江戸湾に侵入してきました(注24)。この間の交渉を経て日米間には和親条約が締結され，江戸幕府は下田と箱館（函館）を開港しました。また，1854年にはロシアのエフィム・プチャーチンが長崎に来航し，日本はロシアとの間でも和親条約を結ばざるを得なくなりました(注25)。鎖国時代の終焉です。こうした事態を受けて，1635年に布告された武家諸法度におけるいわゆる「大船建造禁止令」は直ちに解除され，幕府はもちろんのこと，薩摩，水戸，加賀，肥前，長州，土佐の諸藩はそれぞれに蒸気軍艦と大砲の建造に取りかかったのでした。

(注21) クリミア戦争を契機に勢力が衰えたオスマントルコ帝国は，インドや東南アジアのイスラム教徒への示威と日本との親善のために1889年７月に木造フリゲート艦「エルトゥールル」を派遣し，1890年６月に日本に到着しました。しかし，同年９月の帰路に台風の強風にあおられ，「エルトゥールル」は紀伊大島の樫野崎で座礁し沈没しました。大島住民の献身的な救難・看護によって，遭難した乗員656名の内69名が救出され，彼らは日本の軍艦「比叡」と「金剛」によってイスタンブールまで送り届けられました。この物語はトルコで語り継がれており，イラン・イラク戦争中の1985年にイラクのサダム・フセイン大統領がイラン上空を飛ぶ航空機への無差別攻撃を宣言し，215名の日本人がイラン国内に取り残された際に，自衛隊機は海外派遣不可原則のために救援に向かうことができず，日本航空が臨時便を飛ばすことを拒否したにもかかわらず，トルコがトルコ航空機を飛ばして48時間の猶予期限内に215名の日本人を救ったのは，「エルトゥールル」遭難時に受けた恩を返すためだったと言われています（秋月達郎著『海の翼』，オメル・エルトゥール著『トルコ軍艦エルトゥールル号の海難』，映画『海難1890』など参照）。

(注22) マシュー・ペリーについては，小島敦夫著『ペリー提督 海洋人の肖像』，M.C.ペリー監修『ペリー提督日本遠征記』，曽村保信著『ペリーは，なぜ日本に来たか』などが参考になります。

(注23) この乱獲によって鯨資源が激減したことは，日本の沿岸捕鯨衰退の原因ともなりました。網取式の捕鯨法を確立したことで知られる熊野太地浦の鯨方が不漁に苦しみ，「背美の子連れは夢にも見るな」という禁を破って母子連れのセミクジラに挑んだ結果，暴れる母鯨によって船団が難破・漂流させられた「大背美流れ」（1878年（明治11年）12月24日）により，それは決定的となりました。その経緯については，イブ・コア著『クジラの世界』，高橋順一著『鯨の日本文化史』，福本和夫著『日本捕鯨史』，熊野太地浦捕鯨史編纂委員会編『熊野の太地 鯨に挑む町』などが参考になります。また，ハーマン・メルヴィルの小説『白鯨』を読むと，当時のアメリカ捕鯨の様子がよくわかります。また，秋道智彌著『クジラとヒトの民族誌』は人と鯨の関係性を網羅的に記述しており，参考になります。

(注24) 江戸幕府はペリー艦隊が江戸の町に迫ることを防ぐために，品川沖に７つの台場（砲台）を建設しました（７番目の台場は未完成）。それらは当時幕府への敬意から御台場と呼ばれ，現在の地名であるお台場のルーツとなっています。

続いて1858年に幕府はアメリカとの間で日米修好通商条約を締結し，その批准書を交換するために使節を米艦「ポーハタン」に乗せてアメリカへ送るのですが，その際に使節を護衛するという目的でオランダから購入した木造３本マストの蒸気船「咸臨丸」もアメリカへ向かうことになりました。その艦長は幕府海軍の創設者ともなった勝海舟です。「咸臨丸」は1854年に国旗として制定されたばかりの日章旗をマストに掲げて品川を出航し，同乗したアメリカのジョン・マーサー・ブルック大尉らの助けを借りながらも無事にサンフランシスコまで渡りました。「咸臨丸」乗員の中には福沢諭吉もいたのですが，このときの見聞が勝や福沢の視野を拡げ，それが幕末から明治にかけての日本の行方に少なからぬ影響を与えたことは間違いないでしょう（注26）。

それにしても，近代の技術革新は目覚しいスピードで進みます。1876年にドイツ人のニコラス・アウグス・オットーがアルフォンス・ボー・ドゥ・ロッシャの原理を応用して，石油や天然ガスを燃やして動力に変える４サイクル式の内燃機関の開発に成功し，ルドルフ・ディーゼルがそれをさらに進歩させた２サイクル式のディーゼル機関を生み出すと，それらは第一次世界大戦までの間に潜水艦や高速艇に普及していき，次いでその他の軍艦や一般の商船にも使われるようになりました。ディーゼル機関の実用化と，石炭から石油へと移り変わったエネルギー革命によって，船はさらに大型化，高速化が進むことになりました。

ホーヴァークラフト「ドリームサファイア」 大分市内～大分空港間29キロを25分で結んでいましたが，2009年に運航廃止となりました。（写真提供：大分ホーバーフェリー）

航空機，そして宇宙船が登場する

（注25）プチャーチンが乗っていた「ディアナ」は，1854年12月３日に下田沖で安政東海地震が引き起こした津波に遭遇し，航行不能となりました。プチャーチンは，帰国のために洋式船を新造することを決め，江戸幕府もそれを支援しました。建造地となったのは伊豆の戸田村で，ロシア人乗組員と日本人船大工の協力によって２本マストのスクーナー型帆船「ヘダ」が建造され（第２章（注14）参照），プチャーチンらは同船に乗って帰国しました。「ヘダ」の建造経験を積んだ船大工たちの中には，江戸の石川島に作られた造船所（石川島播磨重工業のルーツ）などでその知識と技術を活かした人もいました（佐藤稔著『日本近代造船の礎ヘダ号の建造』など参照）。

（注26）勝海舟著『氷川清話』，江藤淳，松浦玲編『海舟語録』，福沢諭吉著『文明論之概略』『福翁自伝』『福翁百話』『学問のすすめ』，宗像善樹著『咸臨丸の絆』など参照。

までの人類の長い交通の歴史において，船はいつも同時代における最先端のテクノロジーを集約した乗り物でしたが，戦争がその進歩を促してきたという事実から目を背けることはできません（注27）。第１次大戦時にドイツの潜水艦Ｕボートに苦渋をなめさせられたことから，第２次大戦に向けてイギリスやアメリカはソナーやレーダーの開発を進め，ドイツの方はレーダーに反射しない塗料を開発して潜水艦の船体に塗ったり，潜水艦の高速化を図るために動力として２次電池を使った潜水艦を開発したりしました。また，第２次大戦を通じて戦闘機の重要度が増し，動く基地である航空母艦が艦隊の主軸となったのも特筆すべきことでしょう。

原子力潜水艦「ヴァージニア」 2004年に就役。その後，アメリカ海軍はヴァージニア級原子力潜水艦の調達・配備を進めてきました。（写真提供：海人社『世界の艦船』）

超伝導電磁推進船「ヤマト１」　超電導磁石によって海水中に磁場を作り，その磁場に直角に交わるように海水中に電流を流すと，海水に電磁力が発生します。その反力によって進む船が超伝導電磁推進船ですが，「ヤマト１」は世界初の超伝導電磁推進船として三菱重工業が建造した実験船です。

（注27）日本においても，太平洋戦争時に建造された戦艦「大和」の優れた造船技術は戦後の造船業に引き継がれたといわれています。前間孝則著『戦艦大和誕生』『戦艦大和の遺産』参照。

こうした軍事目的での船の技術の進歩は第２次大戦後も続いています。1959年にイギリス人技師のクリストファー・コッカレルが開発したエアクッション船のホーヴァークラフトもその一つです。エアクッション船はガス・タービンを動力とし，空気プロペラか空気ジェットで推進力を生み出すと同時に，下向きのプロペラで圧縮空気を水面に吹き付けて船体を浮かせて走るので，陸上でも走行できます。また，アメリカは1954年に世界最初の原子力船である潜水艦「ノーチラス」を進水させましたが，原子炉は酸素を必要とせず，排気ガスも出さず，かつ長期間にわたる作動が可能であることから，潜水艦の動力として広く使われるようになりました。これらの技術革新は商船や漁船にも影響を与え，エアクッション船や原子力船はすでに商船としても使われています。また，ソナーやレーダーはもちろん，アメリカ国防総省によって開発された人工衛星を利用した位置測定システムのNNSS（Navy Navigation Satellite System）やGPS（Global Positioning System）すら，商船や漁船の標準装備となる時代が訪れたのです（注28）。

進水式（川崎重工業にて） 新造船の門出を祝福する進水式はいつも感動的です。写真の船は総トン数31,000トンのばら積専用船。

近年，世界の造船国トップ３（新造船取扱量）の座は中国，韓国，日本で占

世界の新造船竣工量の推移（単位：万総トン）抜粋

	2014年	2015年	2016年	2017年	2018年	2019年	2020年	2021年
日　本	1,342	1,301	1,331	1,307	1,453	1,622	1,294	1,078
韓　国	2,259	2,327	2,503	2,243	1,432	2,174	1,826	1,931
中　国	2,271	2,516	2,235	2,383	2,315	2,322	2,326	2,619
欧　州	132	99	154	161	187	212	137	157
その他	458	514	419	482	396	304	247	215
世界計	6,462	6,757	6,642	6,577	5,783	6,633	5,830	6,000

（注）IHS Markitの資料「World Shipbuilding Statistics」を基に日本造船工業会が作成。2021年は速報値。対象は100総トン以上の船舶。

PCC（Pure Car Carrier）　商船三井のPCC「FLEXIEシリーズ」は，2018年度のグッドデザイン賞を受賞しました。デザイン思考を用いて再編集された船体の美しさ，フレキシブルな可動フロア（リフタブルデッキ）によって積載効率を従来比6.25%改善したこと，最新の流線形船体デザインなどによって輸送車1台当たりのCO_2排出量を従来比13.7%削減したこと，操作系にAR（Augmented Reality：拡張現実）やIoTの技術を取り入れて高い正確性と安全性を実現したことなどが評価されたものです。（写真提供：商船三井）

められています。日本の造船技術は高い水準にありますが，残念ながらその基本をなす特許などについてはまだ対外依存度の高い状況が続いています。昨今の船には高速化，大型化，安全化，省エネ化，クリーン化（環境対応），船内静穏化，快適化といったことに加えて，デザインの洗練性も求められています。また，最適航海計画支援システムや自動航路保持装置（Automatic tracking control system），障害物認識システム，拡張現実（AR：Augmented Reality）技術を応用した操船支援や船内機器の保守整備システムなどを駆使した自動運航船の開発に向けての動きも加速しています（第7章13項参照）。

クリーン化（環境対応）についてですが，船舶から排出される硫黄酸化物（SOx）や粒子状物質（PM）による人の健康や環境への悪影響を低減するため，燃料油に含まれる硫黄分濃度はMARPOL条約（1973年の船舶による汚染の防止のための国際条約に関する1978年の議定書。通称は海洋汚染防止条約）によって世界的に規制されています（SOx規制）。IMO（International Maritime Organization：国際海事機関）は一般海域で使用する燃料油の硫黄分濃度を，2020年1月より従来の3.50%以下から0.50%以下に強化しており，SOxを排出しないLNGを燃料に使用できる天然ガスエンジンを備えたLNG燃料船の開発・導入が進んでいます。

また，第21回国連気候変動枠組条約締約国会議（COP21）での採択を受けて2016年に発効されたパリ協定を機に，脱炭素化の世界的な機運が高まっています。日本も2050年までにGHG（Greenhouse gas：温室効果ガス）の排出をゼロ

(注28) アメリカの連邦電波航法政策（Federal Radionavigation Plan）に基づき，NNSSは1996年末に廃止されました。他方，GPSは2000年5月にSA（Selective Availability）が解除されたことによってその精度が大幅に向上し，民間利用が進んでいます。

「NYKスーパーエコシップ2030」 2050年までにゼロエミッション船を開発することを目指す日本郵船が，2030年時点でのコンセプトシップとして描いたコンテナ船です。燃料電池，太陽光，風力などの自然エネルギーを用いると同時に，船体の軽量化などによって，CO_2排出量69％削減を目指しています。（写真提供：日本郵船）

MOLウィンドチャレンジャー計画 2009年に東京大学を中心に発足したウィンドチャレンジャー計画の成果を基に，商船三井では伸縮可能な硬翼帆を大型貨物船に搭載した省エネ船の開発に向けて取り組んでいます。（写真提供：商船三井）

とし，カーボンニュートラルを目指すと宣言するなど，脱炭素社会実現に向けたエネルギーシフトの動きが強まっています。海運分野でもGHGの排出削減は重要な課題であり，燃焼してもCO_2を発生しないアンモニアや水素といった燃料を使用した次世代のゼロエミッション燃料船の普及に向けて研究開発が進んでいます。特にアンモニアは次世代燃料として期待されていますが，アンモニアの原料となる水素にCO_2フリー水素（注29）を活用することによって真のゼ

（注29）CO_2フリー水素とは，CO_2を発生することなく生成した水素のこと。CO_2フリー水素を生成するには，再生可能エネルギー（太陽光・風力・地熱など）を活用する方法や，化石燃料（天然ガス・石炭など）を活用して発生したCO_2を回収・貯蔵して水素を製造する方法などがあります。こうした方法によって生成された水素を原料とするアンモニアはCO_2フリーアンモニアとされます。

ロエミッション化実現が可能になると言われています（注30）。

今後どのような船が世界の海を走るようになるのか楽しみですが，いかにテクノロジーが進もうとも（注31），先史時代から今日までの先人たちが海という大自然に対して抱いてきた謙虚さが不可欠であることだけは変わらないでしょう。

（注30）航空分野においても，食用油の廃油や植物などを原料としたSAF（Sustainable Aviation Fuel：再生航空燃料）の導入が始まっており，IATA（The International Air Transport Association：国際航空運送協会）が航空会社に対してその利用を促しています。原油から作るジェット燃料を使用せずに全てをSAFに置き換えた場合，燃料の製造から航空機の運航までに出るCO_2を7～9割減らせると試算されています。

（注31）近代における船舶技術の革新については瀧澤宗人著『船舶を変えた先端技術』，造船技術については池田良穂著『造船の技術』などがわかりやすいです。

第2部

船について知ろう

ディーゼル機関に搭載し，窒素酸化物（NOx）や二酸化炭素（CO_2）を消滅させる複合低環境負荷システムK-ECOS。（写真提供：川崎重工業）

2　船の種類

§1．船の種類について

一口に「船」といってもさまざまなタイプのものがあります。そこで船を種類別に分けてみようと思うのですが，それにもいくつかの方法があります。

船体の材質に着目すると，木船，鉄船，鋼船，軽合金船，FRP船などに分けられますし，船を進めるのに使う動力や燃料に着目すると，人力（櫓（ろ）や櫂（かい））で進むろかい船，風力で進む帆船，石炭や重油を蒸気機関で燃やして走る汽船，ディーゼル機関で走る機船，機船のマストに帆をつけた機帆船，そして原子力機関の力で走る原子力船などに分類することができます。その他にも船舶安全法に定められた航行区域によって，平水，沿海，近海，遠洋区域船というように分類する方法もあります（注1）。

しかし，船をその用途で分けるとすれば，それは軍艦，漁船，商船，特殊船

クレーン船（Floating crane，Crane vessel）
起重機船とも呼ばれます。港湾工事，海洋開発，サルベージ，港湾荷役などにおいて重量物のつり揚げを行う作業船で，自航できるものとできないものがあります。

グラブ浚渫船「拓海」　グラブバケットによって水底土砂をつかみ揚げ，泥倉または舷側の土運船に積載する浚渫船のことをグラブ浚渫船といいます。本船においては，レーザースキャナ技術を応用した3Dバケットモニターにより，浚渫工事の見える化を図っています。（写真提供：東洋建設）

（注1）平水区域とは湖川港内と特に指定された水域。沿海区域とは本州，四国，九州，北海道，特定の島々及び樺太半島，朝鮮半島の沿岸から20マイル以内の海域と特に指定された水域。近海区域とは東経175度～東経94度，南緯11度～北緯63度の線に囲まれた区域。遠洋区域とは海面全てを包含する区域のことです。

用途別の船の分類　これはあくまでも一例であり，船の分類の仕方にはさまざまなものがあります。船の種類については，池田宗雄著『船舶知識のABC』，上野喜一郎著『船と海のQ&A』，また子供向けの図鑑ですが小学館刊『学習百科図鑑・船―航海のあゆみ』などがわかりやすいです。現代の世界で使われているさまざまな船については，森拓也著『舟と船の物語』などで紹介されています。

<table>
<tr><td rowspan="18">船舶</td><td>軍艦</td><td colspan="4">日本の自衛隊の艦艇を含む</td></tr>
<tr><td>漁船</td><td colspan="4">各種の漁ろう船，母船・工船，運搬船など</td></tr>
<tr><td rowspan="15">商船</td><td>旅客船</td><td colspan="3">定期航路客船，クルーズ客船，旅客渡船，移民船，巡礼船，遊覧船など</td></tr>
<tr><td>貨客船</td><td colspan="3">カーフェリー（法規上は旅客船），RORO船（法規上は貨物船）など</td></tr>
<tr><td rowspan="13">貨物船</td><td>コンテナ船</td><td colspan="2">フルコンテナ船，セミコンテナ船</td></tr>
<tr><td rowspan="2">一般貨物船</td><td colspan="2">在来貨物船（一般貨物船）</td></tr>
<tr><td colspan="2">重量物運搬船，多目的船</td></tr>
<tr><td rowspan="8">専用船</td><td rowspan="3">タンカー</td><td>原油タンカー</td></tr>
<tr><td>ケミカルタンカー</td></tr>
<tr><td>液化ガス専用船（LNGタンカー，LPGタンカーなど）</td></tr>
<tr><td>油／乾貨物兼用船</td><td>鉱／油兼用船，ばら／油兼用船など</td></tr>
<tr><td>ばら積専用船</td><td>鉱石専用船，石炭専用船，穀物専用船など</td></tr>
<tr><td>木材専用船</td><td>木材専用船，パルプ専用船，チップ専用船など</td></tr>
<tr><td>自動車運搬船</td><td>自動車専用船（PCC），カー・バルク・キャリア</td></tr>
<tr><td>その他専用船</td><td>鋼材専用船，土砂運搬船，冷凍・冷蔵運搬船など</td></tr>
<tr><td rowspan="2">その他</td><td>バージ・キャリア</td><td>LASH</td></tr>
<tr><td colspan="2">プッシャー・バージ</td></tr>
<tr><td>特殊船</td><td colspan="4">各種の作業船，調査船，取締船，運搬船，練習船，プレジャーボートなど</td></tr>
</table>

の4つに大別できるでしょう（注2）。特殊船というのは，浚渫（しゅんせつ）船，クレーン船，

（注2）船を用途別に分ける際に，住居としての船についても付言しておきたいと思います。小さな船の中で生活しながら漁労を行ったりして生計を立てる人々がかつて日本にもいました。こうした人たちが住居兼用船として使っていた木造船のことを家船（えぶね）と呼びます。東南アジアの漂海民としてはバジャウ族が有名ですが，彼らの一部は現在でも家船や海上に突き出した杭上家屋で生活しています。ヨーロッパにもアムステルダム名物のボートハウスがありますが，これは船を改修した家を運河に浮かべて生活するもので，アジアの家船とは趣が異なります。日本の漂海民については谷川健一編『日本民俗文化資料集成3・漂海民―家船と糸満』，宮本常一著『宮本常一著作集20・海の民』森本孝著『舟と港のある風景』など，またバジャウ族については門田修著『漂海民』，デービッド・E·ソファー著『The Sea Nomads』，ミルダ・ドリューケ著『海の漂泊民族バジャウ』などで紹介されています。

ケーブル敷設船，石油掘削船など各種の作業船，タグボート（曳船（えいせん）・押船（おしぶね）），はしけ（バージ），水先船，巡視船，警備艇，消防艇，測量船，給水船，練習船，プレジャーボート（ヨット，モーターボート，水上オートバイなど）などのことです。軍艦や漁船，特殊船には船舶ファンの興味を惹くユニークなものが多いのですが，本書は主として商船について書いていくことになります。

商船というのは営業目的で旅客を運ぶ旅客船と貨物を運ぶ貨物船のことで，それは定期的に同じ航路を走る定期船（Liner）とそうでない不定期船（Tramper）にも分けられます。

§2．旅客船

今日では世界中の空を航空機が飛び交っていますが，かつて海を越えて人が移動するには旅客船を使うのが一般的でした。ジュゼッペ・トルナトーレ監督の映画『海の上のピアニスト』（アレッサンドロ・バリッコ原作）は1900年代前半に北大西洋を何度も往復していた客船を舞台とした作品ですが，当時の北大西洋航路は多くの豪華客船が覇を競ったところで，1912年の処女航海で氷山と衝突して海に沈んだことで後世に名を残すことになった「タイタニック」もその一つでした。

近代客船の歴史はそのまま移民の歴史と重ね合わせることができます。北大西洋航路に就航していた客船がヨーロッパからアメリカへ向かう移民を運んだように，日本の客船も南米やアメリカ，オーストラリアなどに多くの移民を運

旅客船「あるぜんちな丸（初代）」「あるぜんちな丸」以降，日本の移民船はSOLAS条約（海上における人命の安全のための国際条約）で規定された条件を満たすものになりました。（写真提供：商船三井）

旅客船「ぶらじる丸（2代）」 中南米に移民した日本人は戦前で約24万4,500人，戦後で約6万2,800人といわれていますが，戦後の移民船の花形だったのが「ぶらじる丸（2代）」と「あるぜんちな丸（2代）」です。（写真提供：商船三井）

旧神戸移住センター 1928年（昭和3年）に神戸に設立された国立移民収容所は，1952年（昭和27年）に神戸移住斡旋所，1964年（昭和39年）に神戸移住センターへと名称を変えながら移民事業を支えました。

びました。特に明治期の「笠戸丸」に始まり，大正～昭和初期の「さんとす丸」「ぶゑのすあいれす丸」「あるぜんちな丸」，太平洋戦後の「あるぜんちな丸（2代）」「ぶらじる丸（2代）」などへと続いた南米移民船群は日本の客船史において重要な役割を果たしました（注3，4）。

（注3）日本の移民船の歴史については今野敏彦，藤崎康夫編著『移民史』全3巻，山田廸生著『船にみる日本人移民史』，南米移民を追ったルポルタージュには相田洋著『航跡』，また移民船の航海記には川島裕著『海流』などがあります。

（注4）日本では昔から船の名前に「丸」を付けることが多く，平安時代の記録にも「坂東丸」という名の船が出てきます。「丸」の由来については諸説がありますが，確たるものはありません。ただし，明治になってから制定された船舶法の取扱手続きには「船舶ノ名称ニハ成ルベク其ノ末尾ニ丸ノ字ヲ附セシムベシ」という記載があります。なお，船は船名以外に船舶番号（船舶原簿に登録すると与えられる）と信号符字（総トン数100トン以上の船に付される）を持っており，それらによって識別できます。

かつて両親が移民船の船員だった縁で（父は機関士，母は看護師として），筆者も幼い頃，神戸港に移民船の出帆を見送りに行ったことが何度かあります。船のデッキに並んだ旅客たちと岸壁で見送る人たちの間には数え切れないほど多くの紙テープが飛び交い，たくさんの涙と笑顔が交錯する感動的な出船の光景でした。しかし，こうした定期客船の時代は1970年代早々に幕を閉じ，その役割は航空機に引き継がれていったのです。

§3．クルーズ客船

かつての旅客船が目的地へ移動するための乗り物だったのに対し，クルーズ（周遊）自体をレジャーとして楽しむための船がクルーズ客船で，航海の魅力を高めるために船内の設備を豪華にし，エンターテイメントやレクリエーションについてもさまざまな工夫がこらされています。

世界で観光クルーズの盛んなところはカリブ海や地中海，アラスカ，バルト海などですが，最近は東南アジアの海でのクルーズも盛んになってきています。また，クルーズにはカジノを目的としたものもあれば，寄港地での観光，異文化体験や国際交流，船上での研修や学習を目的としたもの，あるいは自然観察・体験を目的としたエコ・ツアー的なものもあり，その楽しみ方のバリエーションも広がっています。

クルーズ客船としては，イギリスの「クイーンエリザベスⅡ」などが有名ですが，日本にも「飛鳥Ⅱ」や「にっぽん丸」「ぱしふぃっくびいなす」などがあります。近年日本のクルーズ人口は伸びており，2019年度の統計では外航ク

クルーズ客船「飛鳥Ⅱ」　総トン数50,142トン，全長241メートルの「飛鳥Ⅱ」は日本にクルーズ文化をもたらす上で大きな貢献をしています。（写真提供：郵船クルーズ）

クルーズ客船「ダイヤモンド・プリンセス」　総トン数115,875トン，全長約290メートル（注5）。

ルーズを利用した人は23.8万人（前年比10.9％増），内航クルーズを利用した人は11.8万人（前年比11.3％増）となっています。

他方，2019年の日本港湾へのクルーズ客船の寄港回数は，外国船社運航のクルーズ客船が1,932回，日本船社運航のクルーズ船が934回となり，合計は2,866回（前年比2.2％減)。日本へクルーズ客船によって入国した外国人旅客数は，約215.3万人（前年比12.2％減）でした。外国船社が運航するクルーズ客船は大型化する傾向にある一方で，日本での寄港地はさまざまな地方港にも拡がってきているため，各港での港湾施設の改良と旅客の受け入れ態勢の整備が必要となっています。

ただし，2020年以降はコロナ渦の影響を受けてクルーズ客船の就航は激減しています。2020年の日本港湾へのクルーズ客船の寄港回数は，外国船社運航のクルーズ客船が66回，日本船社運航のクルーズ客船が287回となり，合計は353回（前年比87.7％減)，日本へクルーズ客船によって入国した外国人旅客数は，12.6万人（前年比94.1％減）となりました。

§４．暮らしの中の旅客船

もっと身近なところに目を向けると，多くの島々からなる日本や東南アジアの島嶼（しょ）域，あるいは長い海岸線と大河を擁する中国などでは人々の移動に船が使われることが多く，旅客船は人々の生活に欠かせぬものです。日本では，鉄道やバス，航空機とのスピード競争に打ち勝つために，水中翼船やウォータージェット推進船による高速旅客船がよく普及していますが，博多と釜山を結ぶ「ビートル」のように外航に従事する高速旅客船もあります（注６)。

(注５）マイアミとロンドンに本社を持つカーニバル・コーポレーション（Carnival Corporation & PLC)はさまざまなクルーズ船運航会社を傘下に置いています。その一つであるプリンセス・クルーズ社が運航する「ダイヤモンド・プリンセス」と「サファイア・プリンセス」は，三菱重工長崎造船所にて建造されました。「サファイア・プリンセス」はもともと「ダイヤモンド・プリンセス」として建造されていたのですが，艤装工事中に火災を起こして建造が大幅に遅れたため，同時期に建造していた同型船の「サファイア・プリンセス」を「ダイヤモンド・プリンセス」と改名し，逆に火災を起こした「ダイヤモンド・プリンス」を「サファイア・プリンセス」と改名し，それぞれ施主のP&Oに引き渡した経緯があります。「ダイヤモンド・プリンセス」は，2020年１月20日に横浜港を起点とするクルーズ航海に出たのですが，寄港地の香港で下船した乗客がCOVID-19（新型コロナウイルス）に感染していたことがわかったため，２月４日に横浜港に戻り検疫体制に入りました（2020年４月10日時点で，同船に乗っていた人の内感染者は714名，死亡者は12名)。症状が発生していない乗員・乗客合わせて約3,700人は14日間船内で待機することとなり，今後の大型クルーズ船受け入れに向けて新たな課題を提示することとなりました。

高速旅客船「ビートル2」 川崎重工業製のジェットフォイル。博多〜釜山間を３時間で結んでいます。（写真提供：JR九州高速船）

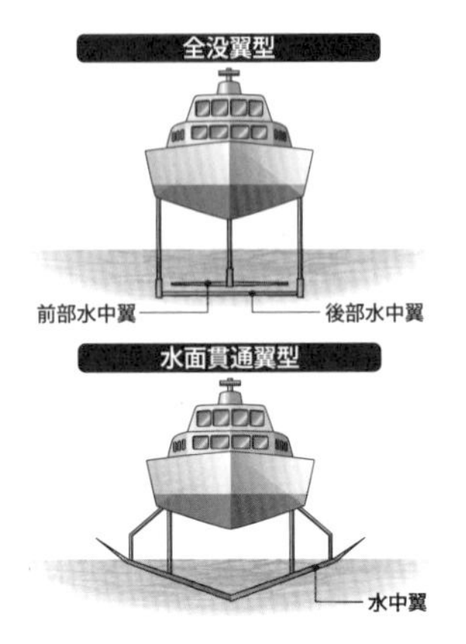

屋形船「みづは」 屋形船は日本の河川や湾内での短時間のレジャークルーズで人気がありますが，最近はさまざまなタイプの屋形船が登場しています。日本橋を起点に日本橋川，神田川，隅田川，亀島川などを巡る「みづは」は少人数向けの数寄屋風の小型屋形船です。（写真提供：舟遊びみづは）

また，アメリカのニュージャージー州に住む人々がハドソン川のマンハッタン島へ，あるいはオーストラリアのポートジャクソン湾岸に住む人々がシドニーの市街地へ通勤するのには小型の旅客渡船がよく利用されています。こうした趣のある情景は島の多い瀬戸内海をはじめ，日本各地でも数多く目にすることができます。また，瀬戸内海などには海上タクシーも走っています。

§５．カーフェリー

旅客と貨物の両方を運ぶ船のことを一般には貨客船と呼びますが，法規上は

（注６）「ビートル」をはじめ，日本で就航するウォータージェット推進船の中にはジェットフォイルを名乗るものが多く見られますが，これは元々アメリカのボーイングが開発した全没翼型水中翼船（翼が完全に水中にあるタイプの水中翼船）で，1987年に川崎重工業がその製造・販売権を引き継ぎ，さらに改良を重ねて完成させました。水中翼船には全没翼型の他に，翼が水面を貫通して空中に出ている水面貫通翼型があります。水面貫通翼型では横揺れ時に一方の舷側の水中翼がより深く水に浸り，その揚力が増すことによって姿勢を復原させます。全没翼型では水中翼の角度をコンピューターで自動制御して姿勢を安定させるため，ほとんど揺れが生じないという利点があります。

鳥羽市営渡船　鳥羽市街と沖の島々（今も寝屋子の伝統が息づく答志島，三島由紀夫の小説『潮騒』の舞台となった神島など）を結ぶ生活の足です。（写真提供：森拓也）

久高島フェリー　沖縄本島の安座真港と久高島を結ぶ連絡船です。久高島は，琉球開闢の女神・アマミキヨが天から降り立ったとされる島で，御嶽（うたき）と呼ばれる聖地が数多くある神聖な島です。

そういう区分はなく，12名を超える旅客を運ぶ船は旅客船になります（注７）。私たちがよく見かける貨客船はカーフェリーですが，カーフェリーも法的には旅客船です。

カーフェリー「さんふらわあ　ふらの」（写真提供：商船三井）

国内で就航している長距離カーフェリーは大型高速化しており，大型トラックを150台以上積み，30ノット（時速約56キロ）程度の速力で航行するものもあります。道路の渋滞や自動車の排ガスによる大気汚染を緩和するためにも，カーフェリーの普及とそのサービスのさらなる向上が望まれています。

フェリーとよく似た船にRORO（Roll on / Roll off）船があります。これは旅客定員を12名とする貨物船で，コンテナに詰められた貨物はトレーラーによって，また一般雑貨はフォークリフトを使って搬出入が行われます。

（注７）フェリー（Ferry）の語根となるferには「運ぶ」という意味がありますが，それはfar（遠い），fare（運賃）の語源でもあります。

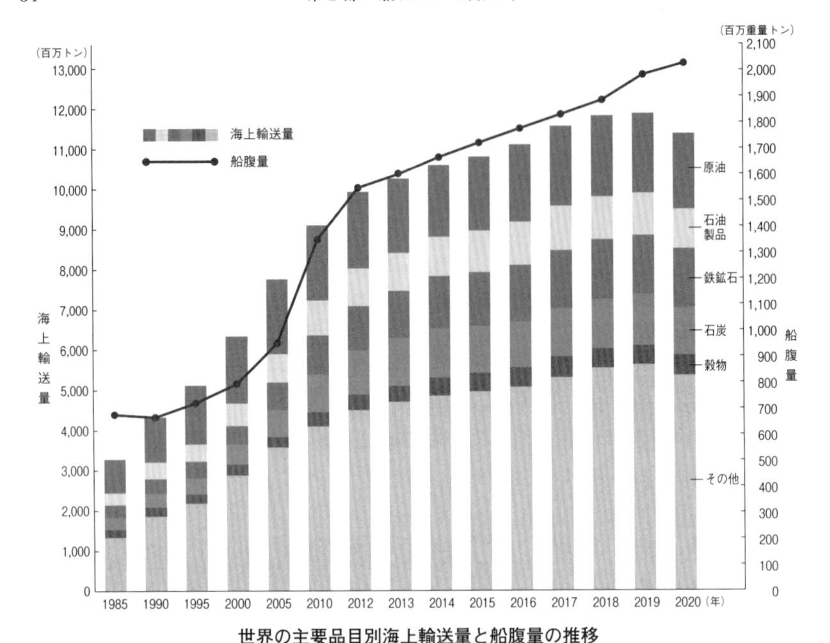

世界の主要品目別海上輸送量と船腹量の推移

世界の海上輸送量，船腹量ともに伸び続けてきましたが，2020年はコロナ渦の影響を受けて海上輸送量が減りました（第18章5項参照）。（出典：Clarksons「SHIPPING REVIEW DATABASE」，IHS「WORLD FLEET STATISTICS」Lloyd's Register of Shipping「STATISTICAL TABLES」，Fearnleys「REVIEW」）

§6. 貨物船の種類

貨物船は，コンテナ船，在来貨物船，また特定の貨物を大量輸送するために作られた専用船（タンカー（原油タンカー，ケミカルタンカー，液化ガス専用船），ばら積専用船，木材専用船，自動車運搬船など）に大別されます。

最近は緊急を要する電子部品や医療機器・部品，半導体，ハイテク製品，生鮮食料品，高級アパレルなどを中心に航空輸送の取扱量も伸びていますが，それでも年間9億3,000万トン強に達する日本の貿易貨物の99.6%（トン数ベース）は船で運ばれていますので，貨物船は私たちの経済と生活を支える重要な役割を果たしています（ただし，貿易額ベースでは航空貨物が全体の23%強を占めていますので，その重要性も高いです）。

§7．RORO船

カーフェリーの項でRORO船のことを少し説明しましたが，RORO方式の荷役とはランプウェイと呼ばれる橋で船と岸壁の間を結び，トレーラーやフォークリフトがこの橋を行き来しながら貨物の搬出入を行うもので，雑貨やコンテナ，自動車などがこの方法で船倉に積み込まれます。ただし，RORO船であっても，その甲板上にコンテナを積む際にはクレーンを使い，LOLO方式で荷役を行います。

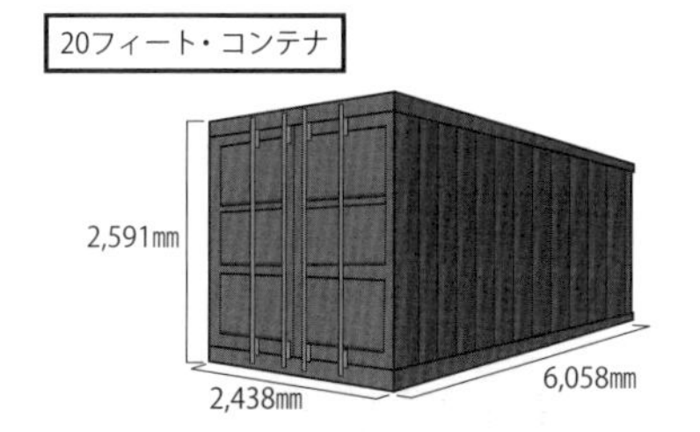

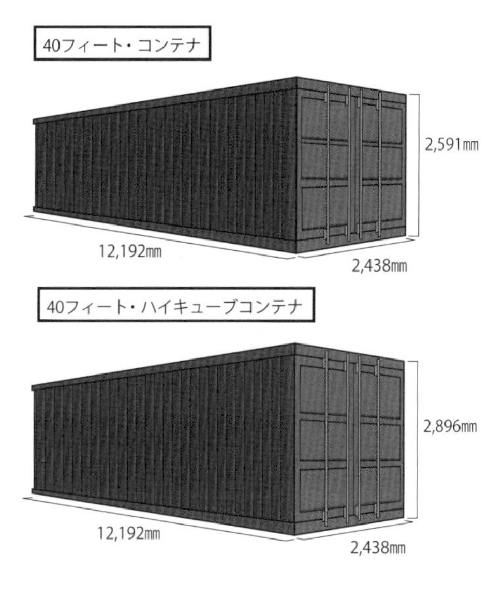

§8．コンテナ船

コンテナ船とは海上輸送用のコンテナを専門に運ぶ船のことで，コンテナ貨物のみを積むフルコンテナ船と，コンテナ貨物と一般貨物の両方を積むことができるセミコンテナ船があります。

アメリカの陸運企業を経営していたマルコム・マクリーンが1956年に社名をシーランドに改め，コンテナを使った貨物の海上輸送を開始して以来，コンテナによる海陸の複合一貫輸送は短期間の内に世界中に拡がっていきました。コンテナの登場によって，貨物は戸口から戸口まで（Door to Door）同じ荷姿のまま運ぶことが可能になり，モノの流れや荷役の形態は大きく変わったので，コンテナ革命とも呼ばれています。現在では定期貨物船が運ぶ貨物の約90％はコンテナ船によるものです（注8）。

（注8）コンテナの発明とその普及の経緯については，マルク・レビンソン著『コンテナ物語』が参考になります。

フルコンテナ船

セミコンテナ船　写真の船はコンテナだけではなく自動車や鋼材なども積むことができます。（写真提供：日本郵船）

コンテナ船の荷役

ドライコンテナ　一般的に使われているコンテナです。この写真は40フィート・コンテナ。

リーファーコンテナ　冷凍・冷蔵貨物を運ぶためのコンテナです。電源を必要とするので，陸上輸送時にもトレーラーにMG（発電機セット：Motor generator set）を装着せねばなりません。

オープントップコンテナ　嵩の高い貨物や重量物を運ぶためのコンテナで，屋根部分を開放できます。

フラットラックコンテナ　長尺物や重量物，コンテナ詰めのできない大型貨物を運ぶためのコンテナです。（写真提供：商船三井）

タンクコンテナ　原酒や醤油，液体化学薬品などの液体貨物を運ぶためのコンテナです。（写真提供：日本郵船）

セルラー・ホールド　コンテナ船の船倉（ホールド）。セルガイドと呼ばれる枠を設けたセル構造になっています。（写真提供：川崎汽船）

コンテナのサイズは国際統一規格に従い，長さは20フィート（約6メートル）か40フィート（約12メートル），幅は8フィート，高さは8フィートもしくは9フィート6インチというのが通常で，全てのコンテナには固有の識別番号（コンテナ番号）が付けられています。他に，長さが45フィートあるものや，12フィートしかないコンテナもありますが，日本では45フィート・コンテナを積んだトレーラーを特別な許可なしに一般道路で走行させることはできないので（注9），あまり普及していません。一方，JR貨物の12フィート・コンテナを使った日中・日韓間の海陸一貫輸送は，荷主企業のモーダルシフト推進の結果としてよく見られるようになっています（第19章参照）。

コンテナ専用港においてはガントリー・クレーンによってコンテナの積み下ろしが行われますが，コンテナ船の船倉内にはセルガイドと呼ばれる枠が据えつけられており（セル構造），それに沿ってコンテナが垂直に積み上げられていきます。また，甲板上ではポジショニング・コーンと呼ばれる突起物にコンテナをはめ込み，その上にさらにコンテナを積み上げる際にはコンテナの4隅にあるコーナー・キャスティングの間にバーティカル・スタッカーをはめ込んだ後，コンテナをラッシング（固縛）します。

コンテナ船の積載能力はコンテナの個数で表され，20フィート・コンテナを基準にする場合はTEU（Twenty-foot equivalent unit），40フィート・コンテナを基準にする場合はFEU（Forty-foot equivalent unit）という単位を用います。初期のコンテナ船は750TEU程度しか積載できないサイズのものが多かったですが，1970年代には2,000TEU，1980年代後半には4,000TEU，2000年代に入ると10,000TEU級のものが竣工するようになり，今日では20,000TEU級の超大型コンテナ船も就航しています。大型コンテナ船は基幹航路のみを走り，ハブ港と基幹航路を外れた港（フィーダー港）の間には小型のコンテナ船が就航してフィーダー・サービスを行います（注10）。

§9．在来貨物船

在来貨物船（Conventional vessel）というのはコンテナ船や各種の専用船が登場する以前から活躍している在来型の貨物船のことで，本船のカーゴギア（ジ

（注9）海上コンテナの陸上輸送に際してはコンテナをシャーシに積み，それにトラクターヘッドを連結して引っ張ります。このことを港湾運送用語でドレージ（Drayage）と呼びます。

在来貨物船（写真提供：NYKバルク・プロジェクト貨物輸送）

在来貨物船の荷役（写真提供：全日本内航船員の会）

多目的船（写真提供：(左)イースタン・カーライナー，(右)日本郵船）

ブ・クレーンやデリックなどの荷役設備）もしくは岸壁クレーンを使って船倉内に雑貨を積載し，ハッチ（倉口）にカバーをかぶせて風雨や波浪から貨物を守ります。

在来貨物船のうち定期航路に使用されるものはいくつかの港で多種にわたる

（注10）ハブ港とは基幹航路のコンテナ船が寄港する中心的な港のことで，周辺の地方港からフィーダー船によって集められた貨物はハブ港において基幹航路のコンテナ船に積み替えられます。フィーダー船が寄港する地方港のことをフィーダー港と呼びます。日本の港は主要港であっても8,000～10,000TEU級のコンテナ船ですら寄港できない小規模あるいは浅水深のコンテナターミナルが多いため（水深16メートルの岸壁を有する横浜港の本牧ふ頭及び南本牧ふ頭が国内最大級で，14,000TEU級のコンテナ船の寄港が可能です），欧米向けの長距離航路においてはフィーダー港という位置付けになることが少なくありません。

貨物を積まねばならないので，荷役の便のために船倉と甲板の数も多く作られています。一方，不定期船として使用されるものは原材料や半製品を１～２港でまとめて積み下ろしするケースが多いため，船型もシンプルにできています。

また，一般雑貨と重量物に加えて，ばら荷，さらにコンテナまでも効率的に積むことができる多目的船（Multi purpose cargo ship）があります。これは第二次大戦中にアメリカで大量に建造されたリバティー型貨物船の代替需要を満たすために，各国で開発された貨物船です。

§10. タンカー

タンカーには原油を運ぶ原油タンカー，ガソリン，ナフサ，灯油，軽油などの石油製品を運ぶプロダクトタンカー，メタノールなどの化学薬品を運ぶケミカルタンカー，プロパンやブタンなどの石油ガスを液化した液化プロパンガスを運ぶLPG（Liquefied petroleum gas）タンカー（注11），液化天然ガスを運ぶLNG（Liquefied natural gas）タンカー，液化エタンを運ぶエタンタンカー（注12）などがあります。載貨重量トン数が20万トンを超す巨大原油タンカーはVLCC（Very Large Crude Oil Carrier）と呼ばれ，さらに30万トンを超すものはULCC（Ultra Large Crude Oil Carrier）と呼ばれます。ULCCは原油満載時に喫水（水線下にある船体の深さ）が深くなりすぎてマラッカ海峡を通れないため，中東から日本への原油輸送に際してはほとんど使われません。

VLCC（写真提供：日本郵船）

VLCCのスクリュープロペラ（写真提供：商船三井）

（注11）天然ガスはマイナス161.5度で液化することで容積が約600分の１となります。メタンを主成分とする天然ガスは，燃焼時の二酸化炭素（CO_2）と窒素酸化物（NOx）の排出が少なく，硫黄酸化物（SOx）も排出しません。LNGタンカーの荷役はパイプを用いて行われ，積み地側には天然ガスを液化する基地が，また揚げ地側にはLNGを天然ガスに戻す基地が設けられています。

（注12）天然ガス中にメタンの次に多く含まれる成分がエタンで，エチレンの精製原料として使われます。エタンはマイナス90度で液化します。

LNG タンカー（写真提供：日本郵船）

砕氷 LNG タンカー「Vladimir Rusanov」　北極圏には未発見天然ガス資源の30％が存在していると言われています。写真は，ロシアの北極圏にあるヤマル半島のガス田で生産されたLNGを北極圏航路経由で運ぶために投入された船です。日本までの航路を比較すると，スエズ運河経由13,700マイル（10ノット航行で55日）に対して，北極圏航路4,900マイル（10ノット航行で20日）と，後者の方が大幅に近くなります。また，「Vladimir Rusanov」は桟橋を介することなく一般のLNG タンカーと横並びとなり，STS（シップ・トゥー・シップ）方式で直接荷役を行うことで，さらに運航効率を高めることができます。（写真提供：商船三井）

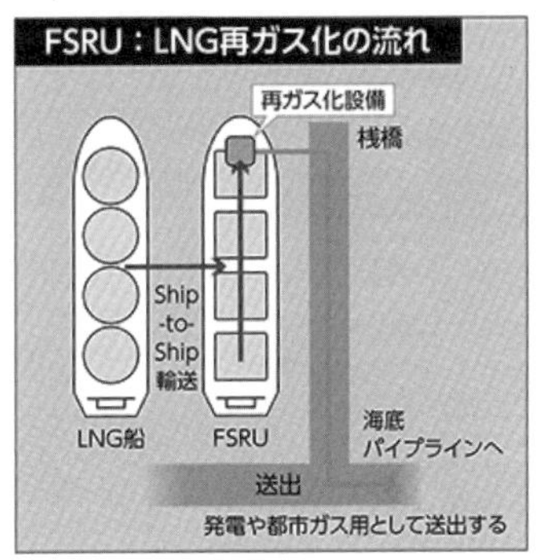

FSRU（Floating Storage and Regasification Unit：浮体式 LNG 貯蔵再ガス化設備）　LNG タンカーからLNG を受け入れる洋上基地です。LNG を需要に応じて再ガス化し，高圧ガスをパイプラインで陸上に送り出します。陸上のLNG 受入基地に比べると，低コストで短期間での導入が可能です。（資料提供：商船三井）

LPG タンカー（写真提供：日本郵船）

エタンタンカー（写真提供：商船三井）

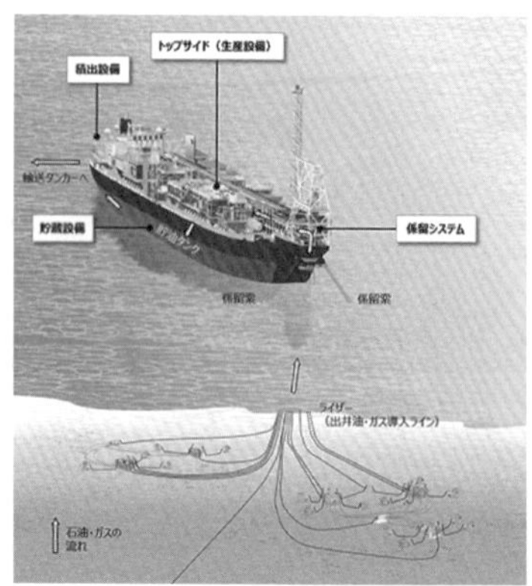

FPSO（Floating Production Storage and Offloading System：浮体式海洋石油・ガス生産貯蔵積出設備）　海底油田から油層流を取り込み，デッキ上に設置されたプラント設備で原油とガスに分離します。原油はシャトルタンカーで積み出し，ガスはパイプラインで陸上に送り出します。また，ガスはFPSOの燃料としても使われます。（写真提供：商船三井，資料提供：三井海洋開発）

§11. ばら積専用船

ばら積専用船（Bulk carrier，Bulker）とは鉄鉱石，石炭，ボーキサイト，アルミ塊，木材，チップ，穀物，塩などのばら積み貨物（Bulk cargo）を船倉に積み込んで運ぶための船で，船倉はいくつかの区画に分けられています。ばら積専用船では揺れによって前後左右への貨物の偏りが起きやすいため，船体のバランスを取るために大きめのバラストタンクを備えています。

また，鉱石と原油のように異なる貨物のいずれでも積めるように設計された船は兼用船（Combination carrier）と呼ばれます。兼用船の建造費は高くつきますが，市況に応じて採算のよい貨物を選んで運べるというメリットがありま

ばら積船の荷役　（写真提供：商船三井）

石炭専用船の荷役　（写真提供：商船三井）

す。兼用船には鉱/油兼用船（Ore/Oil carrier）とばら/油兼用船（Bulk/Oil carrier）があります。

載貨重量トン数が25万トン級を標準とする超大型鉄鉱石運搬船はVLOC（Very Large Ore Carrier）と呼ばれますが，ばら積み船にはそれ以外にも載貨重量トン数によってさまざまな呼称があります。8万トン級以上はスエズ運河やパナマ運河を通行できず，ホーン岬（Cape Horn）を回らねばならないことから，ケープサイズ。6～8万トン級は2016年に拡張される以前のパナマ運河を通航できる最大船型ということで，パナマックス（第3章1項参照）。それよりも小さいサイズにはハンディという呼称が付きます。

§12. 自動車運搬船

自動車を専用に輸送する船のことを自動車運搬船といいますが，それには自動車のみを運ぶPCC（Pure Car Carrier）と，自動車の他にばら積み貨物も積載できるカー・バルク・キャリア（Car bulk carrier）の2種があります。自動車は容積の割に重量が小さく，PCCの船体の大部分は水線上に出てしまいます。このように，PCCは重心が高く風圧の影響を受けやすい構造となっており，その操船には技術と慣れを要します。

PCC（写真提供：日本郵船）

PCCの荷役はドライバーが自動車を運転し，ランプウェイを渡って行うRORO方式です。大型の立体駐車場のような構造のデッキには，前後30センチ，左右10センチ程の間隔で車を積載していきます。大型車を含むさまざまなサイズの車両や建設機械なども積むために，デッキの一部は車高に合わせて高さを調整できるリフタブルデッキとなっています。

§13. 重量物運搬船

プラントや大型の車両，列車，建設機械などの重量物を専用に運ぶ船のことを重量物運搬船（Heavy load carrier）と呼びますが，その荷役には，ヘビー・デリックを使って貨物を吊るし上げるLOLO方式（Lift on / Lift off），台車やト

重量物運搬船（左写真提供：NYKバルク・プロジェクト貨物輸送，右写真提供：日本郵船）

レーラーを使って貨物を搬出入するRORO方式（Roll on / Roll off），船体をいったん水中に沈め，その上に貨物を引き入れてから船を再浮上させて積むFOFO方式（Float on / Float off）の3通りあります。

RORO船（写真提供：近海郵船）

§14. 冷凍・冷蔵運搬船

果物や野菜，魚，肉，乳製品など，温度管理を要する貨物を運ぶための船です。船倉内の温度は，野菜・果物用の常温から冷凍マグロ用のマイナス50度まで，さまざまに設定することが可能で，湿度もコントロールできます。船倉は中甲板で数層に仕切られ，温湿度の設定条件が異なる貨物を積み分けることができます。

冷凍・冷蔵運搬船　冷凍マグロを運んでいます。

在来型の冷凍・冷蔵船では，ハッチ（倉口）からクレーンあるいはデリックを用いて貨物を揚げ降ろしするLOLO方式の荷役を行います。ランプウェイを有する型の冷凍・冷蔵船では，フォークリフトを用いたRORO方式の荷役が行われます。

曳舟によるはしけ輸送　隅田川。背景はかつての石川島と佃島（現在は埋立地の月島，勝どきと地続きになっています）。

はしけの荷役

プッシャー・バージ（写真提供：笹舟倶楽部）

§15. バージ・キャリア

貨物を積載したはしけ（バージ：Barge）を運ぶ船のことをバージ・キャリアと呼びます。その代表的なものがラッシュ（LASH：Lighter Aboard Ship）です。ラッシュは専用のはしけ（長さ18.7メートル，幅9.5メートル，高さ4.3メートル）を本船に備え付けたガントリー・クレーンを使って積み下ろします。ラッシュの船倉内はコンテナ船と同様にセル構造となっており，大量のはしけを効率的に運ぶことができます。

§16. プッシャー・バージ

はしけ（バージ）も押船（プッシャー）もそれ自体は商船ではなく特殊船に分類されるものですが，貨物を積載したはしけを押船が押して運ぶことをプッシャー・バージと呼びます。特にはしけを何隻もつなぎ合わせて押すものはバージ・ラインと呼ばれ，ヨーロッパの河川や運河においてよく見られます。プッシャー・バージの中には大洋を渡る数万トン級のもの（オーシャン・バージ）もあり，プラントなどの重量物輸送に利用されています。

ダウ（写真提供：門田修（海工房））

§17. 地域の伝統的な商船

ここまで近代的な商船を概観しましたが，世界の海や河を旅するとまだ木造の機帆船で人やモノが運ばれているのを見ることも少なくありません。特に有名なのはダウで，インド洋の西海域からアラビア海，ペルシャ湾，紅海あたりでは，今でも50～100トン級の中型ダウや，300～500トン級の大型ダウが帆に風をはらませて走る様子をよく目にします（注13）。

また，インドネシアの内航海運において活躍してきたピニシと呼ばれる100～300トンくらいの船も有名です。ピニシの船体はスラウェシの伝統的な木造船の構造を残していますが，帆装についてはスクーナーのそれを取り込んでいるといわれています（注14）。ピニシは島から島に材木や食糧，雑貨を運んでおり，ジャカルタのタンジュン・プリオク港から少し行ったところにあるスンダ・クラパ旧港やマカッサルのパオテレ旧港などでは，桟橋にずらりと並んだピニシの荷役風景を目にすることができます。

筆者は南スラウェシのビラやタナベルという村でピニシ造船の様子を見学したことがありますが，精確な設計図がなくても経験と勘に基づきながら手作業で船体を作り上げていく彼らの腕前には驚かされました。人類の貴重な財産と

（注13）インド洋の海域世界における交易の歴史や文化については，家島彦一著『海が創る文明』『イスラム世界の成立と国際商業』，長澤和俊著『海のシルクロード史』などが参考になります。また，門田修はダウに同乗した際の記録を『海のラクダ』という本に残しています。

（注14）スクーナー（Schooner）とは18世紀後半にアメリカで完成した縦帆船のことで，風上への切り上がり性能が優れています。原型は２本マストですが，３本マストのものも広く普及しました。最後部のマストが最も高いか，もしくは全て同じ高さとなっています（最前部のマストが最も高い船は，スクーナーではなく，ケッチと呼ばれます）。伝統的なスクーナーはフォアマストにガフセイル（Gaff sail：ラティーンセイルの前方部分を全て切り落とした形状の縦帆）を持ちます。フォアマスト上部のみに横帆を張り，他のマストには縦帆を張るスクーナーをトップスルスクーナー（Topsail Schooner），フォアとメインの２本のマストに横帆を持つスクーナーをツートップスルスクーナー（Two-topsail Schooner）と呼びます。

南スラウェシ・タナベル村の浜造船

ピニシ（写真提供：門田修（海工房））

サンデ（写真提供：中島保男）

して，そうした伝統的な木造船の造船技術も後世に伝えていきたいものです（注15）。

§18. 練習船

練習船は特殊船に属しますが，船員育成において重要な役割を果たすものなので，少し紹介しておこうと思います。

東京海洋大学海洋工学部（旧東京商船大学），神戸大学海事科学部（旧神戸商船大学），商船高等専門学校，国立海上技術短期大学校，国立海上技術学校，海技大学校で船員を目指して学んでいる学生たちに対して航海訓練（短期で１ヶ月，長期で３ヶ月及び６ヶ月）を実施しているのが，独立行政法人の海技教育機構です（注16）。現在，海技教育機構には「日本丸（２代）」「海王丸（２代）」と

(注15) 14,000個を超す島々からなるインドネシアの中でも，南スラウェシのブギス族とマカッサル族は海洋民族として有名で，ピニシ造船の多くは彼らの手によるものです。また，同地方に住むマンダール族もサンデと呼ばれる美しいダブル・アウトリガー・カヌーを造ることでその名を知られています。

練習帆船「日本丸（２代）」 総トン数2,570トン，全長110メートル，メインマスト高43.5メートル（船楼甲板からの高さ）。筆者も学生時代に同船に乗って日本各地を巡り，神戸〜サンフランシスコ〜コナ〜ヒロ〜東京を帆走する航海をしました。（写真提供：海技教育機構）

練習帆船「みらいへ」 帆船での航海や集団行動，共同生活を通じて，決断力や責任感，コミュニケーション能力などを養う教育プログラムを提供しています。（写真提供：グローバル人材育成推進機構）

いう２隻の４檣バーク型帆船（注17），「大成丸（４代）」「銀河丸（３代）」「青雲丸（２代）」という３隻のディーゼル機船の，計５隻の練習船があります。

また，海上保安庁の幹部職員を養成する海上保安大学校は，「こじま（３代）」という練習船を持っています。東京海洋大学海洋科学部（旧東京水産大学）は「海鷹丸（４代）」「神鷹丸（３代）」という海洋調査船・練習船を有しており，水産専攻科の学生に対して航海訓練を実施しています。他にも東海大学海洋学部，水産大学校，鹿児島大学水産学部など，航海訓練を実施するための練習船を保有している学校は幾つかあります。

これらの船員育成のための練習船とは別に，グローバル人材育成推進機構は

（注16）この機能は従来航海訓練所が担ってきたものですが，2016年４月に航海訓練所は海技教育機構に併合されています。

（注17）最後尾のマストのみが縦帆で，それ以外のマストには横帆を張る帆船のことをバーク型と称します。日本丸と海王丸は４本マストなので，前から順にフォアマスト，メインマスト，ミズンマストには横帆を，最後尾のジガーマストには縦帆を張ります。大型帆船の構造や航海については，航海訓練所編著『帆船日本丸・海王丸を知る』，大杉勇著『帆船賛歌』，杉浦昭典著『帆船－その艤装と航海』などが参考になります。

練習船「海鷹丸（4代）」 総トン数1,886トン，全長93メートル。太平洋，インド洋，南氷洋などの海域で海洋調査と航海訓練を実施しています。

三崎港に寄港した際の練習帆船「みらいへ」

かつて大阪市が保有していた3檣トップスルスクーナー型の練習帆船「あこがれ」を買い取って「みらいへ」に改名し，一般の人々が参加できるセイルトレーニングプログラムを提供しています（注18）。帆船での航海訓練は，ヒトと自然の関係性について身体で学ぶことができ，仲間たちとのチームビルディングの効果も高いです。

（注18）「みらいへ」は，ヨットレース「タモリ・カップ」（タレントのタモリが実行委員会名誉会長）の審判船も務めてきました。また，同船は環境活動支援ネットワーク「アルバトロス・クラブ」が三浦市で開催した創立30周年記念イベントに合わせて2019年12月に横浜～三崎間でのセイルトレーニング航海を行い，その後同年末から2020年1月にかけて開催された「日本－パラオ親善ヨットレース」（横浜～パラオ）に伴走船として参加しています。

3　船のサイズとスピード

§1．船のトン数

船の大きさを表すのによく耳にする言葉はトン数（Tonnage）でしょう。その語源はワインやビールなどを作るのに用いられた発酵樽を指すフランス語のトノー（Tonneau）や英語のタン（Tun）ですが，これはかつてイギリスがボルドー地方からワインを運んでくる船に対して酒樽の数に応じて課税したことに由来するといわれています（注1，2）。それがやがて容積や重量の単位となり，次いで船の大きさや船に積める貨物の重量を表すようになりました。

一口にトン数といっても歴史的にはさまざまな基準によるものがあり，なかなか統一されなかったのですが，1969年になってようやくIMCO（Intergovernmental Mari-

ワイン樽　トノー（Tonneau）やタン（Tun）の語源は，樽を叩くとタンタンという音がしたからだという説があります。（写真提供：田村安（マヴィ））

（注1）日本でもかつては船に積載できる米の石数（こくすう）を基準にして千石船，五百石船などと呼んでいました。米1千石は重量にして約150トンに相当します。江戸時代には摂津の灘で作られた新酒が樽廻船で江戸へ運ばれましたが，船で揺られることによって新酒特有の尖った味がまろやかになり，吉野杉で作られた樽の香りが酒に移ることでさらに美味しい酒となりました。このことを知った上方の人たちは，清酒を廻船に乗せて遠州沖の富士山が見える海域まで航行し，そこからまた上方へ戻して楽しむようになりました。この戻り酒は富士見酒と呼ばれました。

（注2）ワインに関する書物は枚挙にいとまがありませんが，ワインの歴史と文化について書かれた本には，アレック・ウォー著『わいん』，ロジェ・ディオン著『ワインと風土』，山本博著『ワインの世界史』『シャンパン物語』『ワインが語るフランスの歴史』『歴史の中のワイン』『黄金丘陵』，臼井隆一郎著『パンとワインを巡り神話が巡る』，山崎正和監修，サントリー不易流行研究所編『酒の文明学』などがあります。また，ワインの生産と流通については，シルヴァン・ピティオ，ジャン・シャルル・セルヴァン著『ブルゴーニュワイン』，マット・クレイマー著『ブルゴーニュワインがわかる』，麻井宇介著『ワインづくりの思想』，田村安著『知識ゼロからのオーガニックワイン入門』，玉村豊男著『千曲川ワインバレー』，イザベル・レジュロン著『自然派ワイン』，ジョナサン・ノシター監督の映画『モンドヴィーノなどが，ワインのアロマについてはミカエル・モワッセフ，ピエール・カザマヨール著『ワインを楽しむ58のアロマガイド』などが，ワインの用語については，菅間誠之助著『ワイン用語辞典』などが参考になります。また，食による地域おこしの優れた実践書・奥田政行著『地方再生のレシピ』にも，ワインについての興味深い記事が載っています。

パナマ運河　パナマ運河はアメリカの開発工事によって1914年に開通しましたが，その管理権は1999年末にアメリカからパナマに移されました。３組の閘門（こうもん）式水門と３つの人造湖をつなぎ，全長は約80キロあります。パナマ運河を航行できる最大船型をパナマックスサイズ（全長294.1メートル，最大幅32.2メートル，喫水12.0メートル（熱帯淡水））と呼びますが，運河の拡張工事を終えて再開通した2016年６月26日以降のネオパナマックスサイズは，全長366.0メートル，最大幅49.0メートル，喫水15.2メートル（熱帯淡水）となりました。これにより，従来5,000TEUクラスのコンテナ船しか通航できなかったのが，13,000TEUクラスのコンテナ船が通航可能となりました。また，従来は世界で就航しているLNGタンカーの大半が通航不可能でしたが，大半が通航可能となりました。（左写真提供：商船三井，右写真提供：日本郵船）

time Consultative Organization：政府間海事協議機関。現在のIMO（International Maritime Organization：国際海事機関））において1969年の船舶のトン数に関する国際条約が締結され，その基準が確定しました（同条約が発効したのは1982年）。

スエズ運河　スエズ運河は，エジプトに派遣されていたフランスの外交官フェルナンド・ド・レセップスの指揮により1869年に開通しました。運河の全長は168キロに及びます。（写真提供：日本郵船）

①　総トン数（国際総トン数）：元来総トン数（Gross tonnage）とは，船の総容積を100立方フィート＝１トンとして表示するものでした。しかし，新規則の制定後は船型の違いによってトン数に著しい差が生じぬように，その総容積に一定の係数を掛けたものを総トン数とするようになりました。

②　総トン数（国内総トン数）：日本の内航船に対しては，その総トン数に基づく種々の規制がありますが，上述の計算方法に従うと新トン数が旧トン

数よりもかなり大きくなってしまう場合があるため，国際総トン数にさらに調整係数を掛けたものを国内総トン数としています。

③　純トン数：純トン数（Net tonnage）とは旅客または貨物の運送の用に供する場所の容積を表すもので，総トン数から航海に必要な場所の容積などを差し引いたものです。トン税，港税など，船にかかる税金は純トン数を用いて計算します。

④　排水トン数：水に浮いている船は水線下の体積と等しい水を押しのけたことになります。この押しのけられた水の重量を排水量といい，排水トン数（Displacement tonnage）とも称します。船の喫水と水の比重によって排水量は変化しますが，船が満載喫水線まで沈んだときの排水量（排水トン数）を満載排水トン数と呼びます。

⑤　載貨重量トン数：満載排水トン数から船の自重を差し引いたものが載貨重量トン数（DWT：Dead weight tonnage）で，その船に積載できる貨物，燃料，水，食料などの総重量を意味します。日本においては1,000KGを1トンとするキロトン（KT）が使われますが，イギリスなどでは2,240ポンドを1トンとするロングトン（LT）が使われることがありますので注意が必要です。

以上のトン数とは別に，パナマ運河やスエズ運河では通航料の基準となるトン数が独自の計算方法で定められており，それぞれパナマ・トン，スエズ・トンと

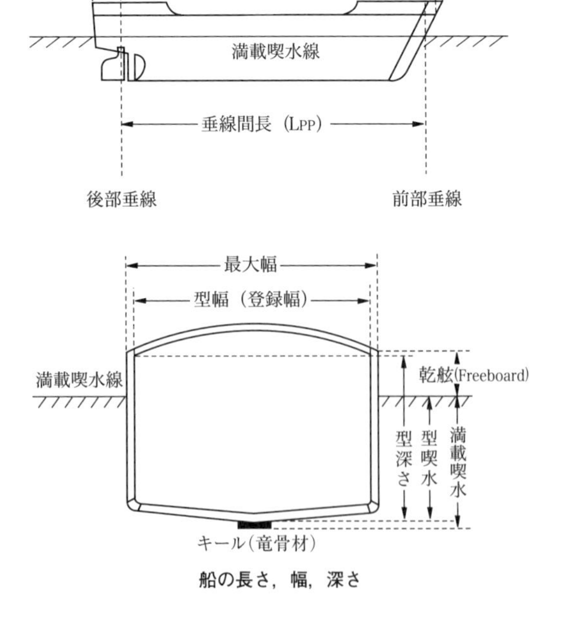

船の長さ，幅，深さ

呼ばれています（注3）。

§2．船の長さ

船の長さを表すには，船首の前端から船尾の後端までの水平距離である全長（LOA：Length Over All），上甲板の下面における船首材前面から船尾材後面までの水平距離である登録長（Registered length），満載喫水線における船首材前端（前部垂線）から舵柱もしくは舵頭材の中心（後部垂線）までの距離である垂線間長（LPP：Length between Perpendiculars）の3つがよく用いられます。

§3．船の幅

船の幅を表すには，船体の外側から外側までを横方向に測った距離の最大のものである最大幅（Breadth extreme），外板の内側から内側までの横方向の距離のうち最大のものである型幅（Molded breadth）がよく使われます。型幅と登録幅（Registered breadth）は同じものですが，型幅は主に造船用語として，登録幅は法律用語として用いられます。

§4．船の深さと喫水

船の深さを表す型深さ（Molded depth）とは，垂線間長（LPP）の中央部で，舷側において基線（キールの上面）から上甲板の下面までの垂直距離のことです。

また，船の水線下の深さを表すには喫水（Draft）という語を用い，それを測るために船首，中央，船尾にはキール（Keel：竜骨材）からの高さを示した喫水標（Draft mark）が記されています（注4）。夏季満載喫水線からキールの上面までの距離を型喫水（Molded draft），キールの下面までの距離を満載喫水（Full load draft）といいます。

1966年の満載喫水線に関する国際条約（通称：LL条約）に準拠し，船舶安全法は船が安全に航行できる範囲内において，船の種類，航行区域，季節などを考慮した満載喫水線を定めることを求めていますが，その表示義務があるのは

（注3）パナマ・トンは，国際総トン数を計算する際に用いた船の総容積に，パナマ運河当局が定めた係数を掛けて算出しますが，コンテナ船についてはTEUを用いて運河通行料が算出されます。スエズ・トンは，純トン数にスエズ運河公社が定める控除基準を加えて算出されます。拡張工事後のパナマ運河の通行料金体系は，船種に応じてさまざまな条件が付くことによって，複雑なものとなっています。

（注4）船首喫水と船尾喫水の差をトリム（Trim）といい，適切なバランスに保っておく必要があります。

以下の船舶です。

① 遠洋区域または近海区域を航行区域とする船舶。

② 沿海区域を航行区域とする長さ24メートル以上で，国際航海をしない船舶。

③ 総トン数20トン以上の漁船。

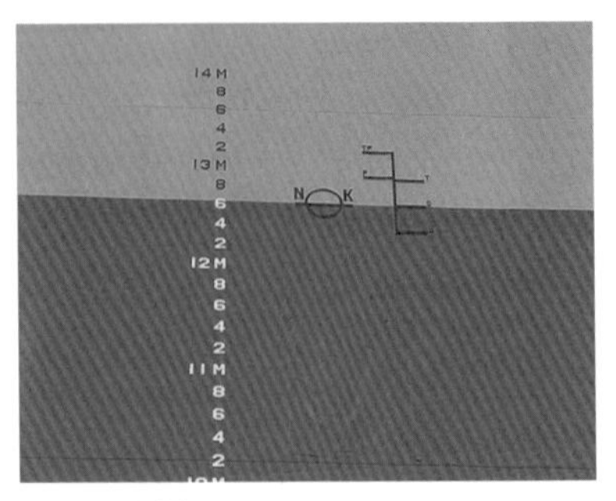

喫水標（写真提供：川崎重工業）

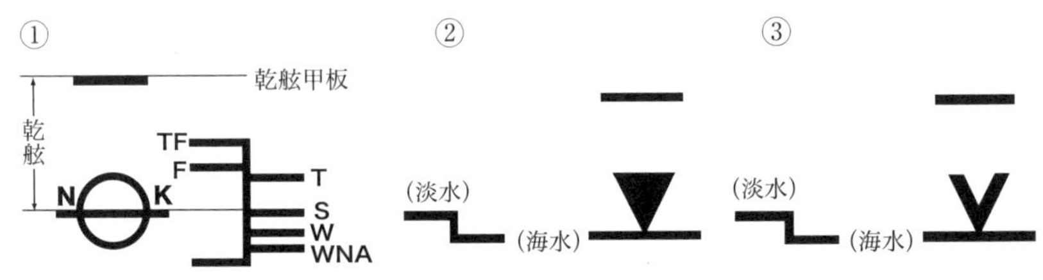

満載喫水線標

①遠洋区域または近海区域を航行区域とする船舶の満載喫水線標。NK：日本海事協会。TF：熱帯淡水，F：夏期淡水，T：熱帯，S：夏期，W：冬期，WNA：冬期北大西洋の満載喫水線

②沿海区域を航行区域とする長さ24メートル以上で，国際航海をしない船舶の満載喫水線標

③総トン数20トン以上の漁船の満載喫水線標

§5．船の速力

船の速力はノット（Knot）という単位で表すのが通常で，1ノットとは1時間に1マイル（1,852メートル）進む速さを意味します。陸上での1マイルは約1,609メートルですので，日本語ではそれを哩，海上のマイルを海里と書いて区別しています。

帆船時代には約14.4メートルごとに結び目を入れたロープの先に木片（Log）を付けたハンドログ

ハンドログ（手用測定儀）

(Hand log) を航行中の船から海に投げ入れ，28秒砂時計の砂が落ちる間にどれだけ結び目（Knot）が出たかを数えて船の速力を測ったのですが，これに由来して船の速力を表す単位がノットになったとされています（注5）。

現代では，船の進行方向からの水の流圧を利用した流圧式ログ，電磁極間を流れる流体によって生ずる電圧を利用した電磁ログが船の対水速力を求めるのに使われ，海底に向かって発射した音波のドップラー効果を利用したドップラー・ソナーなどが船の対地速力を求めるのに使われています（第7章7～9項参照)。

(注5）船が進んだ航行距離（ログ）を日誌に記入したことから，航海日誌はログブック（Log book）と呼ばれるようになりました。

4　船の構造と性能

§1．船の形（船型）

船の形（船型）にはさまざまなものがありますが，代表的なものとして平甲板船，三島型船，ウェル甲板船，全通船楼船などがあります。上甲板上に船体の延長として突き出ている部分を船楼（Erection）と称します。昔の貨物船の標準型だった三島型船では船首，中央，船尾に島のように三つの船楼があり，それぞれ船首楼（Forecastle），船橋楼（Bridge），船尾楼（Poop）と呼ばれています。船尾部の上甲板に低船尾楼を設けた船を低船尾楼船，船尾部に船橋のある船を船尾船橋船といいます。

一つの船体からなる単胴船（モノハル：Mono hull）に対して（注1），船体が左右二つある船を双胴船（カタマラン：Catamaran），三つある船を3胴船（トリマラン：Trimaran）と称します。

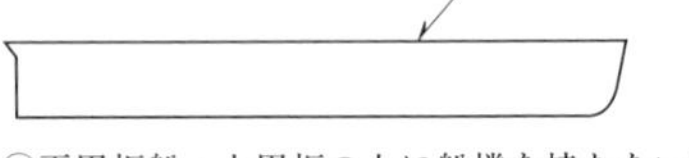

①平甲板船：上甲板の上に船楼を持たない船。大型タンカーなどに多い。

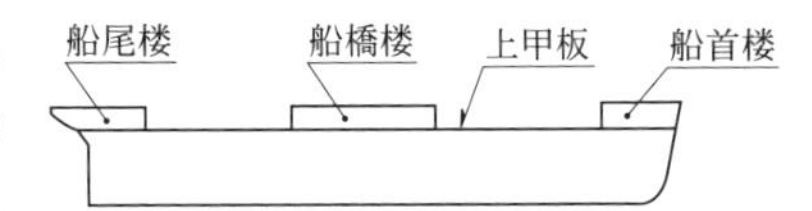

②三島型船：上甲板の上に船首楼，船橋楼，船尾楼を持つ船。昔の貨物船の標準型。

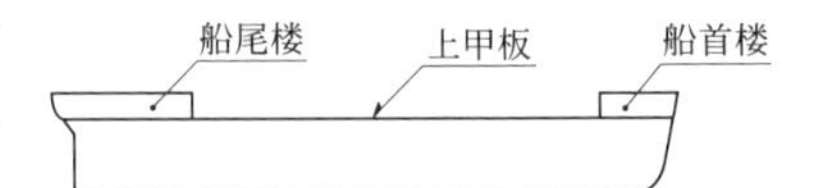

③ウェル甲板船：上甲板の上に船首楼と長い船尾楼を持つ船。小型貨物船に多い。

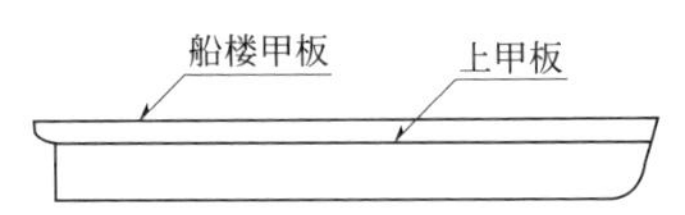

④全通船楼船：上甲板上全通にわたって船楼を持つ船。フェリー，PCC などに多い。

船型と概説

（注）船の船型や構造，性能については面田信昭著『船舶工学概論』，上野喜一郎著『基本造船学』がわかりやすいです。また，横山晃著『ヨットの設計』上下巻はヨットの構造や復元性などの性質を知る上で参考になります。

§2．横式構造と縦式構造

船の構造は横式構造（Transverse sys-

（注1）ハル（Hull）とは船体を意味しますが，それは煙突やマストを除いた船の本体のことです。構造物としての船体のことを造船用語では船殻（せんこく）と称しますが，船殻が一重構造となっているものをシングルハル（Single hull），二重構造となっているものをダブルハル（Double hull）と呼びます。1992年に発効した改正MARPOL条約（1973年の船舶による汚染の防止のための国際条約に関する1978年の議定書。通称は海洋汚染防止条約）によって，1993年7月以降に建造契約されるか1996年以降に建造される原油タンカーにはダブルハル化が義務付けられています。ダブルハルの原油タンカーは，原油槽を覆う船体外板の外側に海水バラストタンクなどを設け，その外側にもう一枚の船体外板がある構造となっています（注2）。

SSTH（Super Slender Twin Hull：超細長双胴船）
双胴船には，甲板面積が広く安定性が高いという長所がありますが，船体が水流と接する面積が広いため摩擦抵抗や造波抵抗が大きくなるという短所があります。SSTHはこの短所を克服した双胴船で，船体を単独ではほとんど復原性がないくらい細長いものとすることで，造波抵抗を大きく減らしています。他に，波浪貫通型（ウェイブピアシング）双胴船は船首部分を鋭い形状にすることで波による動揺と造波抵抗を大きく低減し，半没水型双胴船は魚雷型の船体を完全に水中に沈め細い支柱で船体上部を支えることで造波抵抗をなくしています。これらの高速双胴船は水中翼船などとは異なり，船体の浮力を利用して水上に浮かぶ排水量型なので（注3），大型化も比較的容易です。

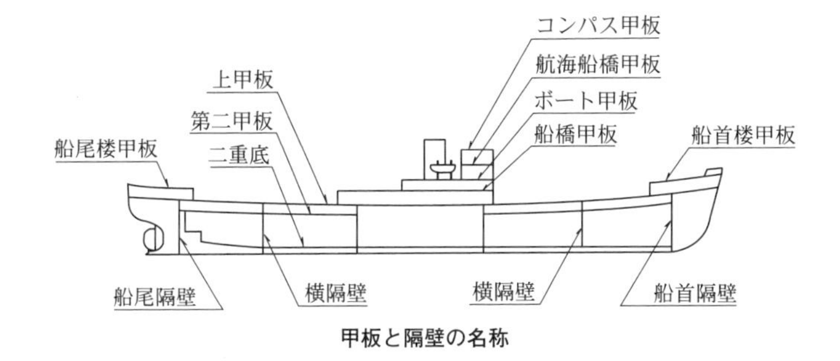

甲板と隔壁の名称

tem），縦式構造（Longitudinal system），そしてそれらの長所を混合した縦横混合式構造（Combined system）の3通りに大別されます。

横式構造とは船を横断するようにフレームやビームを張ったもので，中小型船によく採用されています。大型船の場合は船体が受ける曲げモーメントが大

（注2）これに対して日本の造船界からはミッドデッキ構造という代替案が提出され，ダブルハル構造同様に1993年7月以降の建造契約分についてその採用が認められています。ミッドデッキ構造とは，原油タンクを上下2層に分けて，舷側だけをダブルハル構造とし，船底はシングルハル構造のままとするものです。上下タンクを分ける中間デッキを喫水線より下にすることが重要で，これによって下側のタンク内にある原油の圧力は周囲の水圧よりも低く保たれます。座礁などで下側のタンクの底に穴が開いても，海水より比重の軽い原油はタンクの上方へ押しやられてタンク内に閉じ込められる仕組みです。

（注3）船を浮力によって分類する場合，排水量型（Displacement：船体下部が水面下に沈むことで浮力を得る一般的な船），滑走型（Skimmer：低速時は水面下に沈む部分で浮力を得ているが，高速時には船体が浮き上がり水面上を滑るように進む船），水中翼型（Hydrofoil：水中翼で発生する揚力によって船体を水面上に持ち上げて進む船），エアクッション型（エアクッションで船体を浮かせて進む船）に大別できます。

きくなるため，船を縦断するようにフレームやビームを張った縦式構造が採用されます。

いずれの構造においても，船底部中心線には船首から船尾にかけてキール（Keel：竜骨材）と呼ばれる梁が張られています。キールはちょうど船の背骨にあたるものです。

また，構造が複雑で倉内の凹凸が多い一般貨物船の場合は，甲板部と船底部は縦式，船側と船首尾倉内は横式とする縦横混合式構造を取り入れるケースが多いです。

§3．強力部材

二重底に使用される部材

外から船体にかかる力に対して抵抗し，船体を守る部材のことを強力部材といい，そのうち縦方向の力に抗するものを縦強力材，横方向の力に抗するものを横強力材と呼びます。主な縦強力材には外板と甲板，また新造の原油タンカーに対して設置が義務付けられている船底の二重底があり，主な横強力材にはデッキビーム，フレーム，メインフレーム，横隔壁があります。

§4．船首尾部の構造

船首部はバウ（Bow）もしくはステム（Stem），日本語では舳，艏などと呼ばれます。船の縦揺れ（Pitching）によって船首部が水面上に持ち上げられた後，船底が水面に叩きつけられる現象をパンチング（Panting）といいますが，船首部はそうした激しい衝撃を受けやすいことや，浮遊物，他船との衝突の恐れもあることから，特に強度を持つように作られています。

ピッチングによるパンチング　旧航海訓練所（現在は海技教育機構）の蒸気タービン練習船「北斗丸（２代）」の船橋より。筆者が学生時代に撮影したもの。

船尾部はスターン（Stern）ですが，日本語では艫，艉などと呼ばれており，「ま

船首部（左）と船尾部（右）（写真提供：川崎重工業）

とも」という語がそれに由来することはよく知られています。船尾部は波の衝撃を受けやすく，舵やスクリュープロペラも取り付けられていることから，船首部同様に尖った構造としてフレーム間隔を詰め，パンチングビーム（防撓材）やディープフロア（深床材）によってその強度を高めています。

§5．船の浮力と復原力

アルキメデスの原理により，流体中にある物体はその物体が押しのけた流体の重さ（重量）と同じ大きさで上向きの力を受けることを，私たちは知っています。これが浮力です。第3章第1項で記述したように，船が押しのけた水の重量のことを排水量（排水トン数）といいます。船が水に浮くのは船の重量よりも大きな浮力を受けるからで，

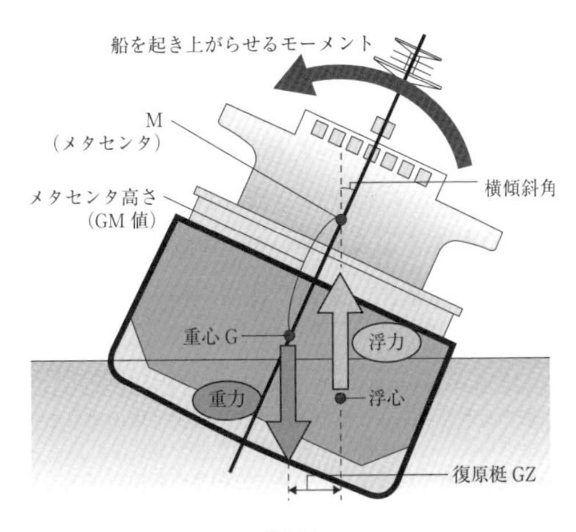

復原力

過積載によって船の重量が浮力より大きくなると船は沈みます。海水の塩分濃度上昇や水温低下によって海水の密度が高くなると，浮力は大きくなります。

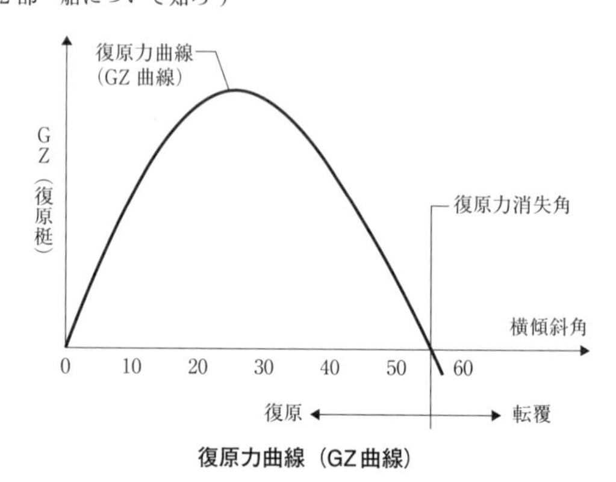

復原力曲線（GZ曲線）

船が傾いても元の姿勢に戻そうとする性質を復原性，そのために働く力を復原力（Stability）といいます。船体の重心（Gravity）から鉛直下向きに重力がかかり，浮力の中心（浮心）から鉛直上向きに浮力（Buoyancy）が働きます。船体が傾くと，傾いた側がより多く水中に没するため，そちら側に浮心が移動します。重力と浮力の作用線のずれ幅のことを復原梃と称し，GZで表します。また，移動した浮心から鉛直方向に伸ばした線と，安定状態の浮心と重心を結んだ垂線（つまり船体の中心線）の交点をメタセンタ（M）と呼び，重心からメタセンタまでの距離をメタセンタ高さ（GM値）と呼びます。GM値が大きいほど復原性は高くなりますが，GM値が大きすぎると船の揺れが大きくなります。船は横幅が広いほどメタセンタが高くなり，GM値も大きくなります。また，貨物の積み付けの工夫やバラスト水(注4)の利用などに

外洋ヨットのキールと錘

(注4) 船舶がバラスト水としてバラストタンクに取り込んだ海水には，さまざまな生物が混入しています。不要になったバラスト水を沿岸部で放出すると，それらの生物も一緒に放出されてしまい，その地域にとっては外来種となる生物が放流されることとなります。IMO（国際海事機関）ではこの問題を防ぐために，2004年に2004年の船舶のバラスト水及び管理のための国際条約（略称：船舶バラスト水規制管理条約）を採択しましたが，同条約が発効したのは2017年のことでした（秋道智彌，角南篤編著『海の生物多様性を守るために』参照）。

よって重心位置を低くすればGM値は大きくなります。

縦軸にGZ，横軸に横傾斜角をとったものが船の復原力曲線（GZ曲線）です。一般的な船の場合だと，横傾斜角が50～60度くらいになると復原力が消失して転覆します。しかし外洋ヨットはいったん転覆して上下逆さまになったとしても，外部の力に頼らずに元の姿勢に戻ることが可能です。ヨットはセーリング時の横滑りを防ぐために船底から長いキールを突き出していますが，外洋ヨットはキールの下部に非常に重い錘（おもり）を付けており，それによって大きな復原力を確保しているからです。

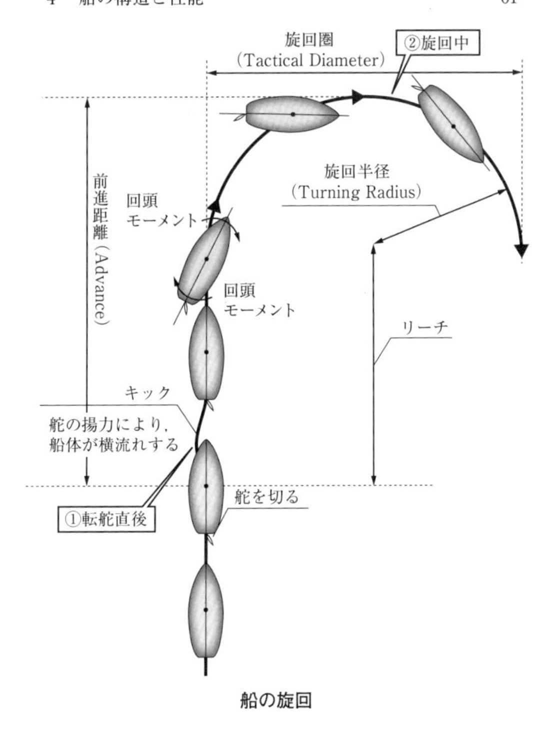

船の旋回

§6．船の操縦性能

船が舵を切ると，前方からの水流と舵の向きの間に迎角（注5）が出来ることによって揚力が発生します。この揚力によって船は船尾を振って回頭を始めます。例えば右転するために舵を切ると，船はまず船尾を左側に振る形となり，船体はいったん左に横流れします。この現象をキックといいます。船が回頭を始めると，船体と水流の間にも迎角が生じ，船体自体にも揚力が働きます。舵に働く揚力による回頭モーメントは船尾を左側に，船体に働く揚力による回頭モーメントは船首を右側に振るように働き，船は右回頭することになります。

一般的に船の操縦性能は，旋回性能（針路変更性能），保針性能（針路保持性

（注5）迎角とは，流体（気体や液体）中にある物体（翼や舵）が，流れに対してどれだけ傾いているかを示すものです。

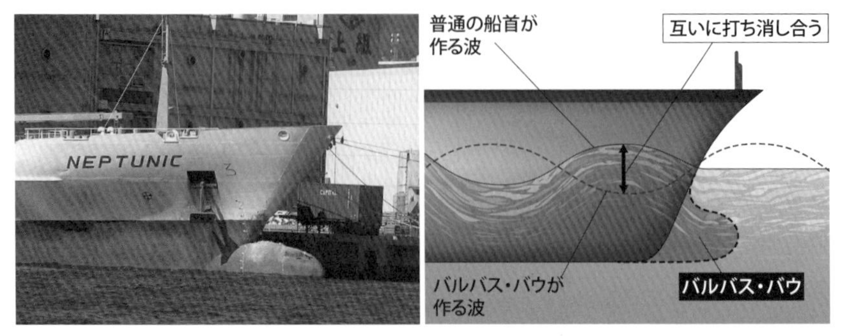

バルバス・バウ

能)，停止性能(緊急停止性能)で評価します。舵を35度もしくは最大舵角に切ってからいかに素早く船が旋回するかを評価したものが旋回性能で，前進距離（Advance）と旋回圏（Tactical Diameter），旋回半径（Turning Radius）で測ります。船がどれだけ直進を維持できるかを評価したものが保針性能，前進中の船の機関をフル・アスターン（Full Astern：後進全速）とした際にどれだけ短い航走距離で船が停止するかを評価したものが停止性能です。船の旋回性能と保針性能は通常両立しません（注６）。

§７．船が受ける抵抗

航行中の船が受ける抵抗の中で圧倒的に大きいのは，船首尾で作られた波による造波抵抗（Wave making resistance）と，船の周囲の水が船体表面をこすることによって生じる摩擦抵抗（Frictional resistance）です。特に前者は高速船に，後者は低速船に大きな影響を与えます。それら以外に航行中の船が受ける抵抗には，造渦抵抗（Eddy resistance），空気抵抗（Air resistance）があります。

造渦抵抗は粘性圧力抵抗とも呼ばれます。船体周囲の水は船が前進すると船体から剥離し，その後方に渦を作ります。このため，船体後方の表面に働く圧力は船体前方の表面に働く圧力よりも小さくなります。水面下の船体の形状が流線形なのは，水の船体からの剥離を抑えて造渦抵抗を小さくするためです。

（注６）船の旋回性能と保針性能を測るための試験には，Z試験（ジグザグ試験），スパイラル試験，逆スパイラル試験，プルアウト試験などがあります。Z試験では，一定舵角±δを交互に取りながら船を走らせ，舵角と回頭角を縦軸に，時間を横軸にとったグラフを作成します。

6 種の船体運動　①上下揺れ（Heaving），②前後揺れ（Surging），③左右揺れ（Swaying），④縦揺れ（Pitching），⑤横揺れ（Rolling），⑥船首揺れ（Yawing）。写真は鉱石船。（写真提供：商船三井）

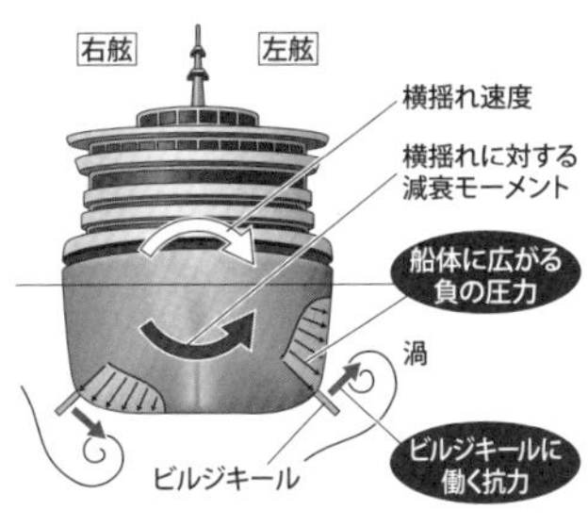

ビルジキール

しかし，船体を全体的に流線形にすると船首部が丸くなってしまい，造波抵抗が大きくなります。そのため，船体の水面付近は先端を尖らせた形状にすることが多いのです。

ところで，船首先端の下部に球状の突起を付けた単胴船をよく目にしますが，これをバルバス・バウ（Bulbous bow：球状船首）と呼びます。バルバス・バウが水面下で起こした波は，船首部が起こす引き波と山谷が重なることで互いに打ち消し合います。これによって船首から波が立ちにくくなり，造波抵抗が低減されます。

§8．6種の船体運動

船の揺れ（船体運動）は，上下揺れ（Heaving），前後揺れ（Surging），左右揺れ（Swaying），縦揺れ（Pitching），横揺れ（Rolling），船首揺れ（Yawing）の6種類に分けられます。その中でも，船の転覆をもたらしやすい横揺れには

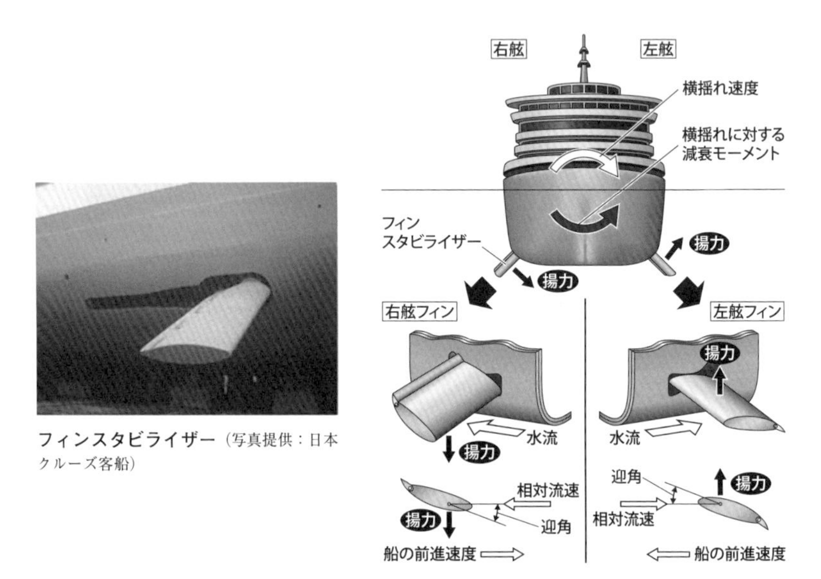

フィンスタビライザー（写真提供：日本クルーズ客船）

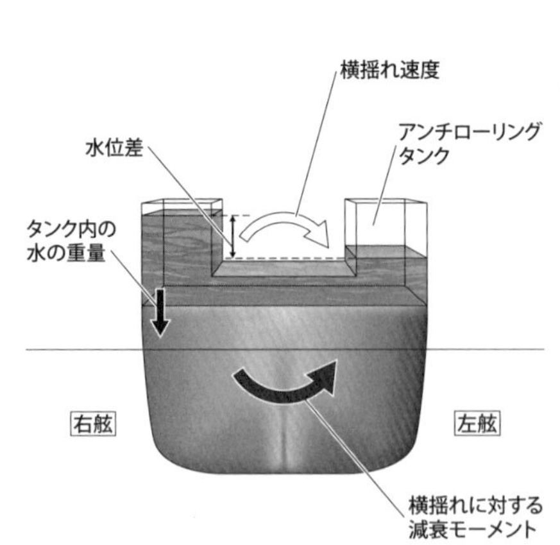

アンチローリングタンク

注意が必要です。ちなみに，船酔いは船の揺れによって身体に働く加速度が変化することにより生じますが，特に影響するのは上下方向の加速度です。

復原力の高い船が傾いた時には姿勢を元に戻す勢いも早くなるため，船酔いや荷崩れの原因ともなります。また，船が持つ復原性による揺れの周期が波の周期と同調すると，船の揺れは大きくなり，転覆の危険が増します。従って，船の横揺れを軽減するためには，復原力を高めるのではなく，横揺れの原因となる外力を減らすことと，運動の抵抗となる減衰力を生成させることが必要となります。

船の揺れを軽減させるために船底の湾曲部に取り付けられた平面ひれをビルジキール（Bilge keel）（注7）と呼びますが，客船などにはその角度を横揺れの方向に従って変えることのできるフィンスタビライザー（Fin stabilizer）（注9）を設置したものもあります。また，U字型の水槽に水を入れたアンチローリングタンク（Anti-rolling tank：減揺水槽）も，減衰力によって揺れを抑える工夫の一つです。

（注7）ビルジキールは（注8），船の横揺れ時にその先端で水の剥離による渦を発生させると共に，船体表面に低い圧力を発生させます。これらが減衰力となって船の横揺れを抑えます。

（注8）ビルジ（淦水）とは船内に溜まる不要な汚水のことで，貨物や船倉の発汗，海水の打ち込み，バラスト水の引き残り，機関室の油性水，生活汚水などさまざまな原因によって発生します。船はビルジを淦水溜まり（bilge well）と呼ばれる箇所に溜めるように設計されています。

（注9）フィンスタビライザーは1920年代に三菱造船（現在の三菱重工業）の元良信太郎によって開発されました。フィンの角度を変えることによって水流に対する揚力を発生させ，それを横揺れに抗する減衰力とします。

5　船の機関と設備

§1．船の主機

船の推進力を作り出す機関のことを主機（Main engine）といいます。主機は外燃機関，内燃機関，原子力機関に大別され，他に特殊なものとしては電気推進機関などがあります。外燃機関の代表的なものには蒸気タービン機関，内燃機関の代表的なものにはガスタービン機関，ディーゼル機関，ガソリン機関があります。また，原子炉にはさまざまなタイプのものがありますが，船の原子力機関に用いられるのはほとんどが加圧水型原子炉です。

従来の商船の多くは熱効率の高い（燃費の良い）ディーゼル機関を採用しており，外航船社の多くはその燃料としてC重油を用いてきました（第11章3項参照）（注1，2）。しかし，IMO（International Maritime Organization：国際海事機関）は2020年1月より，SOx（硫黄酸化物）規制を強化しています（第1章3項参照）。これに対応するためには，排ガス中のSOxや粒子状物質（PM）を除去するスクラバー（Scrubber）の搭載（注3），低硫黄燃料油の利用（注4），LNGを燃料に使用できる天然ガスエンジンを備えたLNG燃料船の開発・導入（注5）という3つの方法のいずれかを採る必要があります。

また，第1章3項の最後に記したように，海運分野でもGHG（Greenhouse Gas：温室効果ガス）の排出削減は重要な課題となっています。燃焼時にCO_2

（注1）海上技術安全研究所の報告書（2016年3月）によると，日本の外航船の使用燃料はC重油98%，A重油2%，内航船はC重油69%，A重油27%，軽油4%，漁船はA重油25%，軽油75%でした。
（注2）ただし，LNGタンカーは蒸気タービン機関を採用しています。従来蒸気タービン機関の燃料は通常C重油でしたが，LNGタンカーでは航海中に積み荷のLNGが蒸発してボイルオフガスが発生するため，このガスを蒸気タービン用のボイラーで燃やして安全に処理すると共に燃料としても活用しています。
（注3）洗浄水によってSOxやPMを除去する湿式スクラバーが一般的です。湿式スクラバーには，オープンループ（海水を汲み上げて排ガスを洗浄し，洗浄後の海水は船外に排出する），クローズドループ（船内の循環水を使用して排ガスを洗浄し，洗浄した循環水は中和して再利用する），ハイブリッド（オープンループとクローズドループを切り替えられるもの）の3つがあります。ただし，オープンループ式スクラバーについては，エジプトのスエズ運河庁やシンガポール，ドイツなど，洗浄水の海中への排出を禁止する国や港湾も少なくはなく，パナマ運河庁はオープンループ式スクラバーの使用を禁止しています。スクラバーを設置すればC重油を燃料として使えるため燃料費は安くつきますが，その導入には数億円の費用が掛かると共に，大型装置用の場所の確保が必要となります。

を発生しないアンモニアや水素といった燃料を使用した次世代のゼロエミッション燃料船の普及に向けて研究開発が進んでいます。

船の主機の種類

主機	外燃機関	蒸気往復動機関
		蒸気タービン機関
	内燃機関	ガソリン機関
		焼玉機関
		ディーゼル機関
		ガスタービン機関
	原子力機関	加圧水型原子炉
		沸騰水型原子炉
		その他
	その他の機関	電気推進機関など

§2．船の補機

補機（Auxiliary engine）とは主機に付属する機械と，推進以外の目的に使用する機械の総称です。機関室内に設置されている補機のうち，船の航海・停泊時を問わず常に必要となるものには，発電機，雑用水ポンプ，清水ポンプ，サニタリーポンプ（衛生用に使用する海水の吸い上げポンプ）（注7），通風装置，冷凍装置などがあります。

また，主機を動かすために必要な補機は主機の種類によって異なります。蒸気タービン船の場合はボイラー，給水装置，復水器（Condenser：仕事の済んだ蒸気を水に戻す装置）などが必要です。ディーゼル船の場合は燃料油，潤滑油，冷却水などを送るポンプや，燃料，潤滑油の清浄器，空気圧縮機など，さまざ

（注4）軽油（硫黄分0.001%）とC重油（硫黄分2.5%）を4対1の割合で混ぜれば，2020年1月よりIMOが求めている硫黄分0.5%以下に調整できます。日本においては，舶用C重油の全てを低硫黄燃料油に切り替えることが可能なだけのC重油及び軽油は国内で製造されています。それ以外にも低硫黄燃料油の製造方法として，以下のような可能性がありますが，いずれにせよ低硫黄燃料油については品質規格の統一が必須です。

① 原油の蒸留で最後に残る残油留分を，直接脱硫装置を用いて硫黄分0.5%以下に脱硫する方法。

② 原油の蒸留で最後に残る残油留分を直接脱硫装置を用いて脱硫し，その後に接触分解装置で分解してガソリンを製造する際に副次的に出る分解軽油（LCO）等をC重油や軽油と混ぜて，硫黄分0.5%以下に調整する方法。

③ 低硫黄の軽質原油を用いて石油精製することにより，残渣油の硫黄分を0.5%以下に調整する方法。

（注5）LNG燃料船のシステムは従来船と大きく異なるため，事実上新造船に限られることになりますが，LNG燃料船の建造費は従来船の1.2～1.5倍と言われています。また，燃料のLNGを船に供給するLNGバンカリング（注6）の体制作りも重要な課題です。

（注6）バンカー（Bunker）とは船の燃料のことを指し，燃料補給のことをバンカリング（Bunkering）と言います。石炭を燃料として用いていた時代に石炭庫をバンカーと呼んだことの名残です。

（注7）かつて船上で仕事をしながら船乗りたちが歌った作業歌のことをイギリスではシー・シャンティ（Sea shanty）と呼びました。日本にも数多くの船歌がありますが，かつての練習船でサニタリーポンプを汲み上げる作業にちなんだ『サニ公節』という歌もあります。

まな補機を必要とします。

§3．推進装置

船舶において最も広く使われている推進装置はスクリュープロペラ（Screw propeller）です。通常，船の主機で生み出された出力が推進装置に伝えられますが，ディーゼル船の場合は主機のクランク軸とプロペラ軸が直結しているため，主機とプロペラの回転数は同じになります。ただし，最近は発電機で起こした電気によって船尾の電動モーターを回転させ，それによってプロペラ軸を回転させる船も増えています。

主機（ディーゼル機関）（写真提供：川崎重工業）

ボイラー上部（上）とボイラー下部（下）（写真提供：商船三井）

プロペラが1回転することによって船が進む距離の理論値をピッチ（Pitch）と呼び，ピッチを変えることのできないプロペラを固定ピッチプロペラ，ピッチを変えることのできるプロペラを可変ピッチプロペラ（CPP：Controllable pitch propeller）といいます。可変ピッチプロペラは機関の運動を変えることなく，ピッチを変えるだけで前進，停止，後進，全速，微速と自在に操船できるというメリットがあるため，広く使われるようになっています。

プロペラが作り出すエネルギーをできるだけ効率的に利用するための工夫の一つとして，プロペラの周囲をノズルで囲む方法があり，タグボートなどによく利用されてきましたが，現在では大型船にも利用されています。この場合，プロペラをノズルごと回転させることにより舵としての役割を果たさせることができ，これを使うと通常の舵よりもかなり操縦性能が高くなります。こうしたノズル・プロペラの代表的なものとしてＴドライブ，レックスペラ，Ｚペラなどがあります。

可変ピッチプロペラ　プロペラの翼の角度を変えることにより，機関一定のままで前後進の変速，停止が可能です。（写真提供：川崎重工業）

プロペラを回転させるための動力を作る電動モーターとプロペラを一まとめにして船底に吊り下げたものをポッド推進器と呼び，スイスのアセア・ブラウン・ボベリが開発したアジポッド（AZIPOD：Azimuthing Electric Propulsion Drive）がよく知られています。ポッド推進器もノズル・プロペラと同様に360度回転することによって舵の役割を果たすので，サイドスラスター（Side thruster）（注８）が不要となります。また，ポッド推進器を用いると，主機のクランク軸とプロペラ軸を結ぶ必要がないため省スペースとなり，さらに船体に与える騒音や振動が小さいなどのメリットがあります。

レックスペラ　このプロペラを使うことで船を前後に移動させることなく360度回頭が可能になります。レックスペラという名称は川崎重工業の登録商標です。（写真提供：川崎重工業）

スクリュープロペラは高速になると推進効率が悪くなるため，ポンプで吸引した水を噴射することによって船を進ませるウォータージェット装置を使った小型高速船も多く見られます。ウォーター

（注８）サイドスラスターとは船を横移動させるための装置で，船体の左右にトンネルを貫通させ，その穴に取り付けたプロペラを回して船体を動かします。船首部に設けられたものをバウスラスター（Bow thruster），船尾部に設けられたものをスターンスラスター（Stern thruster）と呼びます。

ジェット装置はスクリュープロペラのように隠れ岩などの障害物とぶつかって破損したり(注9)，漁網を巻き込んだりする恐れがないため，浅瀬や河川を航行する船にもよく使われています。

アジポッド（写真提供：商船三井）

また，ホーヴァークラフトに代表されるエアクッション船の場合は，スクリュープロペラもウォータージェット装置も使わず，エアクッションで船体を浮かし，空中舵で進路を定めながら，空気プロペラもしくは空気ジェットで生み出した推進力を用いて航行します。

サイドスラスター（写真提供：川崎重工業）

最後に，帆船が帆に風を受けて推進するメカニズムについて記します。風を真後ろから受けるランニング（Running）や斜め後ろから受けるブロードリーチ（Broad reach）の状態で帆走をする際には，風に対して横向きに張られた帆に風の圧力がかかります。一方，帆の端では風が剥離して背後に渦を作り，その結果帆の前面の圧力が下がりますが，それによって生じた抗力が船の推進力となります。一方，風を真横から受けるビームリーチ（Beam reach：アビーム（Abeam））や斜め前方ギリギリから受けるクローズホールド（Close-hauled），

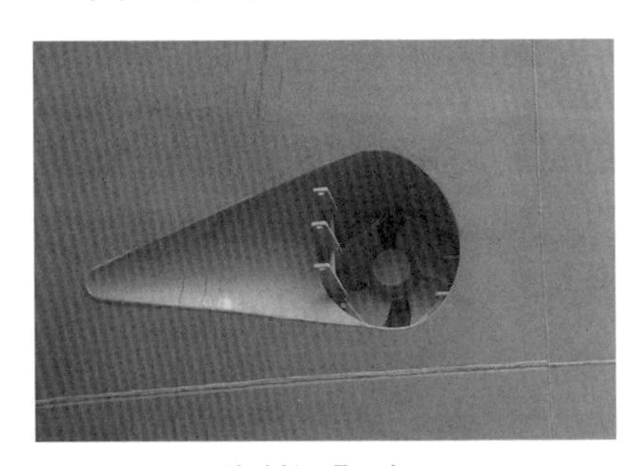

サイドスラスター

（注9）隠れ岩にもさまざまな呼称があります。干出岩は低潮時に水面に露出する岩。洗岩は低潮時に岩頂がほとんど水面と同一となって海水に洗われる岩。暗岩は低潮時でも水面上に露出しない岩。いずれも付近を航行する際には注意を要します。

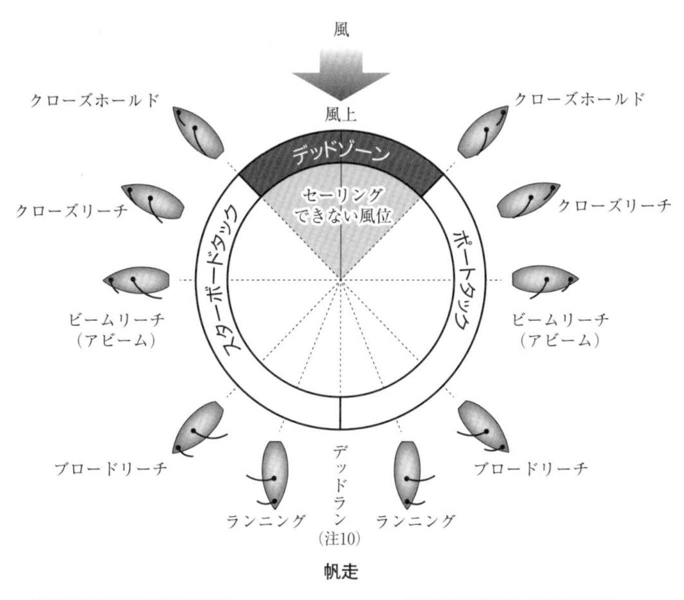

帆走

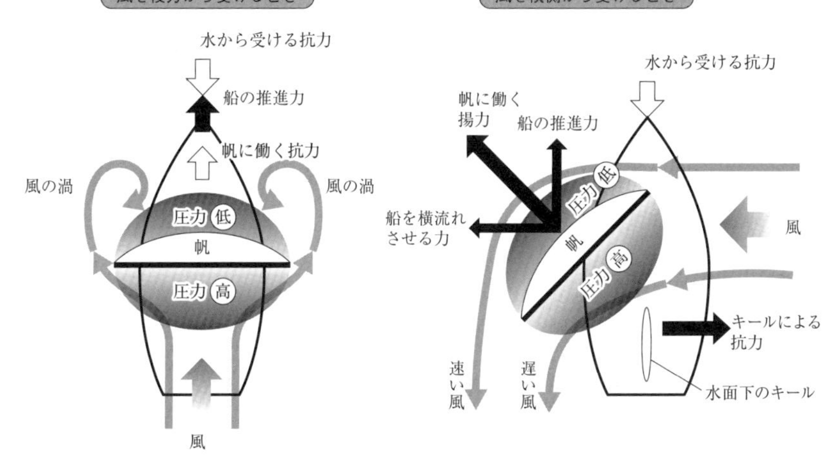

帆に働く抗力と揚力のしくみ

（注10）完全に真後ろから風を受けるデッドラン（Dead Run）状態になると，最後部の帆にしか風が当たらないため帆走効率は悪くなります。またヨットでは，強風下でのデッドランはワイルドジャイブ（Wild Jibe：ジャイブ（Jibe：風下側に方向転換すること）の動作をしていないのに，突然セイルが反転する現象。ブームが乗員の頭部を直撃したり，船が転覆する原因となります）を起こしやすくなります。

あるいはその中間から受けるクローズリーチ（Close reach）の状態で帆走する際には，風下に向けて斜めに張り出した帆に風の圧力がかかり，風の流速は下がります。一方，帆の前面を流れる風の流速が相対的に早くなることにより，前面の圧力は後面よりも下がります。帆は風の流れに対して迎角を持ち，帆の前面に揚力が働きますが，この揚力が船の推進力と船を風下側に横流れさせる力に分解されます。船を横流れさせる力は，キールが生み出す抗力によって打ち消されます。また，船がリーウエイ（Leeway：風下側への横流れ）する際に，キールに当たる水流の迎角によって生じる揚力も船の推進力となります。

ヨット「シナーラ」 1927年にイギリスで建造された，全長96フィート（約30メートル）のとても優雅なガフカッター（Gaff Cutter）です。現在は三浦市のシーボニアマリーナにてレストア（Restore：完全修復）作業が行われています。（写真提供：リビエラリゾート）

§4．艤装品

船は船体にさまざまな設備を据えつけることによって初めて旅客や貨物を積載して洋上を航行できますが，こうした設備のことを艤装品と呼びます。新造船は船体が完成して進水式を終えた後に艤装品を取り付けます。船の艤装は，船体に関わるもの，機関に関わるもの，電

舵　このように舵を上部だけで支えるタイプのものを吊舵（Hanging rudder）と呼びます。（写真提供：商船三井）

フラップ付き複合舵（写真提供：川崎重工業）

気に関わるものの３つに大別されます。以下，船体に関わる艤装のうち代表的なもののみを紹介します。

§５．舵

船の針路を保ったり，変えたりするための設備が舵（Rudder）です。大型船に用いられる舵は２枚の板を貼り合わせることによって流線型にして舵効きをよくしており，こうした舵のことを複合舵と呼びます。出入港頻度の高い内航船などでは，狭水道・水路や港内での操船を容易にするために，主舵板の先にフラップと呼ばれる副舵板を取り付けることによってさらに舵効きをよくしたものが増えています。

§６．操舵装置

小型のヨットなどでは舵は人力で操作しますが，大型船の舵は蒸気や電気などの動力を使って動かします。船橋に据えつけられた操舵スタンドの舵輪を操作すると，その動きは制御装置を通じて操舵装置に届けられます。現在主に使われている操舵装置は電動油圧式で，電動モーターによって作り出された油圧の力で舵を動かします。

最近は，一本のジョイスティックレバーを操作することで，舵，スクリュープロペラ，サイドスラスターなどを複合連動させ，操船することができるジョイスティック・コントロールシステムも開発されており，入出港頻度の多い内航船などに導入されるようになっています。

操舵スタンド（写真提供：日本郵船）

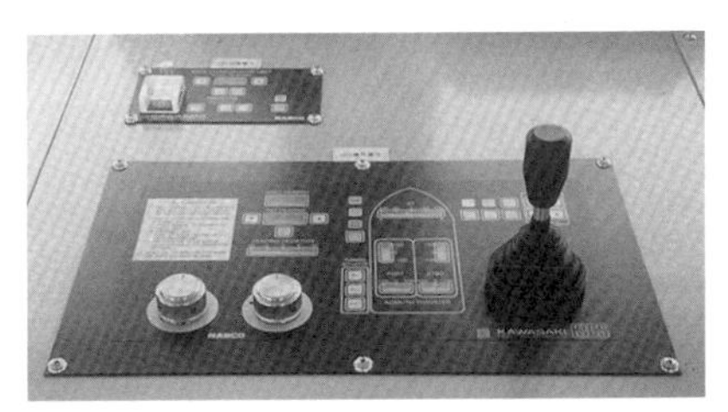

ジョイスティック・コントロールシステム（写真提供：川崎重工業）

§7．係船装置

船を岸壁や桟橋などに係留するための設備のことを係船装置といいます。係船装置には錨を巻き上げるのに使うウィンドラス（Windlass：揚錨機）や係船索を引くために使うムアリング・ウィンチ（Mooring winch），係船索やワイヤを止めておくビットなどがあります。係船索や錨鎖を巻き込むために使う装置にはキャプスタン（Capstan）もあります。

§8．荷役装置

船に貨物を積み下ろしする作業のことを荷役といい，それに使われる設備は荷役装置（Cargo gear）と呼ばれます。貨物船に据えつけられる雑貨用の荷役装置としてよく見られるのはデリック（Derrick）とジブ・クレーンですが，コンテナ専用港でのコンテナ荷役に際しては岸壁に設置されたガントリー・クレーンが使われるのが一般的です（注11）。また，原油などの液体貨物の荷役に際しては，陸上のカーゴ・ポンプで積み込まれ，本船に据えられたカーゴ・ポンプで揚げ出されます。

船首甲板（写真提供：全日本内航船員の会）

揚錨機（ウィンドラス）（写真提供：川崎汽船）

ムアリング・ウィンチ（写真提供：商船三井）

(注11) 商船の荷役については，運航技術研究会編『載貨と海上輸送』，宮本榮編著『図解 船舶・荷役の基礎用語』などが参考になります。

ビットとボラード　海事英語では係留索をとめる金具のことをその形状とは関係なく，船上に設置されているものをビット（Bitt），岸壁に設置されているものをボラード（Bollard）と呼びますが，JIS（日本工業規格）は左写真の形状のものをボラードとしているため，日本では右写真のものをビットと呼ぶこともあり，名称に混乱があります。（左写真提供：商船三井）

デリック　垂直主柱に斜めに取り付けた腕木が自由に俯仰，左右旋回できますが，前後方向には自由が効かないという欠点があります。２本のブームを用いるけんか巻き（Union purchase method），１本のブームを貨物の揚げ降ろしに用い，別の１本を舷外に振り出して分銅の支柱とする分銅巻き（Counterweight method）といった荷役方法があります。（写真提供：日本郵船）

ジブ・クレーン　クレーン本体から旋回運動をする腕木を突き出し，先端の滑車にワイヤーロープを通して貨物を吊り上げます。前後，左右，上下に操作が可能で，一人でも操作できるという利点があります。ジブ・クレーンの名称は船首に張る三角帆（ジブ・セイル）とその形状が似ているために付けられました）。（写真提供：商船三井）

§9．救命設備

ジェームズ・キャメロン監督の映画『タイタニック』を観た人の多くは，20世紀初頭を代表する豪華客船「タイタニック」が乗員数と見合った数の救命艇を備えていなかったことを知って憤りを覚えたことでしょう。しかし，この海難事故が契機となって海上における人命安全会議（SOLAS：Safety of life at sea）が開かれ，1914年には船舶の構造や救命設備などに関する規則を定めたSOLAS条約（海上における人命の安全のための国際条約）が13ヶ国間で調印されました。

その後，海運の国際秩序確立と海上における人命及び財産の安全確保を行うための専門機関IMCO（政府間海事協議機関）が1958年に発足し，1982年にはIMO（International Maritime Organization：国際海事機関）へと名前を変えましたが，その場においてSTCW条約（The International Convention on Standards of Training, Certification and Watchkeeping for Seafarers, 1978：1978年の船員の訓練及び資格証明並びに当直の基準に関する国際条約）が締結され，救命設備を使用するための船員の技能や資格についても規定されました。現在では，SOLAS条約とSTCW条約によって救命設備の備え付けと使用法の基準が国際的に統一されています。

今日の船には，乗員の数に見合った数の救命胴着（Life jacket）(注12)や救命艇（Life boat），救命筏（いかだ）（Life raft）が備え付けられています。また，デッキ上の各所に救命浮環（Life buoy）も置かれています。膨張式の救命筏は水面に投下するだけで自動的に膨らんで使える状態になるため，荒天時には非常に有効です。

救命艇

救命筏（写真提供：商船三井）

救命艇や救命筏には飲料水や食料，応急医療具，保温具，ランプ，バケツ，釣具，安全ナイフ，コンパス，シーアンカー，オール，自己点火灯，自己発煙信号，信号紅炎，発煙浮信号，イパーブ（Emergency Position Indicating Radio Beacon：衛星を利用した非常用位置指示無線標識），レーダー・トランスポンダーなどが積み込まれています（第12章参照）。

§10. 船舶検査と船級協会

日本に船籍を置く船は船舶安全法及びその施行規則に基づき，船体，機関，諸設備，属具，満載喫水線，速力など各種の試験を定期的に受けねばなりません。

そうした法定検査とは別に，船級協会による検査もあります。船級協会とは，イギリスのロイド船級協会（LR）(注13)，日本の日本海事協会（NK）などのように，世界の主要な海運国に設けられている機関で，そこに加入した船舶を検査して格付けを行います。格付けされた船の細目は船名録に掲載され，海上保険業者や荷主の便宜に供されます。

(注12) 小型船舶においては，船室外に乗船する全ての者に国の安全基準への適合が確認されたライフジャケットを着用させることが，2018年2月1日より船長の義務となっています。国土交通省が試験を行って安全基準への適合を確認したライフジャケットには，桜マーク（型式承認試験及び検定への合格の印）があります。小型船舶用のライフジャケットには，以下の4つのタイプがあります。A：全ての小型船舶用。D：陸岸から近い水域のみを航行する，旅客船・漁船以外の小型船舶。F：陸岸から近い水域のみを航行する，不沈性能，緊急エンジン停止スイッチ，ホーンを有した小型船舶（水上バイク等）で，かつ旅客船・漁船以外のもの。G：湾内や湖川のみを航行する，不沈性能，緊急エンジン停止スイッチ，ホーンを有した小型船舶（水上バイク等）で，かつ旅客船・漁船以外のもの。

(注13) ロイド船級協会（The Lloyd's register of shipping）は公益法人であり，海運の世界で有名な保険引受業者組合のロイズ（Lloyd's）とは別の団体です（注14）。

(注14) ロイズの歴史は非常に興味深く，1600年代半ばからロンドンのロンバード街でコーヒーハウスを営んでいたエドワード・ロイドが顧客へのサービスのために船舶保険や海上保険の引受業に必要な情報を収集して『Lloyd's News』というニュースレターを出すようにしたところ，彼の店は個人保険業者たちがひっきりなしに出入りする情報交換の場となり，やがて保険業の総本山ロイズへと変貌していったといわれています。ちなみに，コーヒー文化が世界に拡がっていった様子については臼井隆一郎著『コーヒーが廻り世界史が廻る』，アントニー・ワイルド著『コーヒーの真実』，小澤卓也著『コーヒーのグローバル・ヒストリー』，小林彰夫著『コーヒー・ハウス』，マーク・ペンターグラスト著『コーヒーの歴史』などが参考になります。またコーヒーの全般的なことについては，丸山健太郎監修『珈琲完全バイブル』，堀口俊英著『珈琲の教科書』，UCCコーヒー博物館著『図説コーヒー』，旦部幸博著『コーヒーの科学』などがわかりやすく，福田幸江原作・吉城モカ作画・川島良彰監修の漫画『僕はコーヒーがのめない』も面白いです。

造船の流れ　開発・設計（水槽試験など）⇨資材調達（主として鋼板）⇨①部材加工（鋼板の切断、曲げ加工など）⇨②組立（小組立～大組立（ブロック組立）～ブロック塗装）⇨③先行艤装⇨総組立⇨④ブロック搭載（ドック内建造～船体塗装）⇨⑤進水⇨⑥岸壁艤装⇨命名・引渡し。造船の流れについては、池田良穂監修『プロが教える船のすべてがわかる本』、関西造船協会編集委員会編『船―引合から解船まで』がわかりやすく解説しています。（写真提供：川崎重工業）

①部材加工

②組立

③先行艤装

④ブロック搭載

⑤進水

⑥岸壁艤装

第3部

航海について知ろう

着岸操船。船橋ウィングで指揮を執る船長と水先人（写真提供：商船三井）

6　船の仕事と航海当直

§1．船内組織と仕事の分担

船内組織の頂点に立ち，全てを統括するのは船長（Captain）で，その指揮下に甲板部，機関部，事務部という3つの部門があります。甲板部は航海と荷役に関する仕事を，機関部は機関や各種機器類の操作や保守整備の仕事を，また事務部は通信や調理など事務的な仕事を担当します。

§2．船長の職務と権限

船内における船長の指揮命令権は絶対的ですが，同時に船長は船の運航管理に関する非常に大きな責任を背負っており，そのことは船員法にも明記されています。例えば，船長は船内秩序を乱した船員を懲戒することもできますし，雇い入れ契約が終了しても下船しない船員を強制的に下船させ，公海上で死亡した者を水葬する権限も持っています。また，船長は特別司法警察職員として，司法警察権も有しています。他方，船長には船という独立した社会の統率者，代表者として，その安全を確保するためにさまざまな義務が課せられています（注1）。

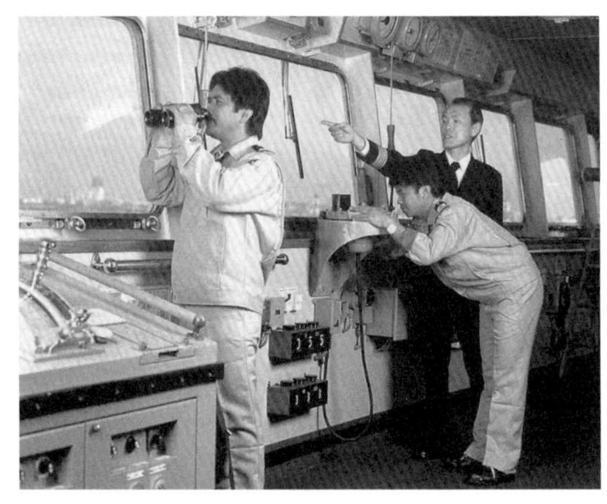

船橋（Bridge）で操船を指揮する船長（写真提供：日本郵船）

（注1）アメリカ海軍に伝わる船長（艦長）にまつわる格言に「The captain bites his tongue until it bleeds」がありますが，これは企業などの経営者にとっての矜持としてもよく引用される言葉で（伊丹敬之著『孫子に経営を読む』参照），部下に仕事を任せた以上，そのやり方では失敗するとわかっていても，部下が失敗を通して学ぶことが重要なのであり，その経験を通して部下が成長するまでは我慢して待たねばならないといった意味です。山本五十六が残した「やってみせ，言って聞かせて，させてみせ，褒めてやらねば，人は動かじ」という言葉にも共通する感覚があります。

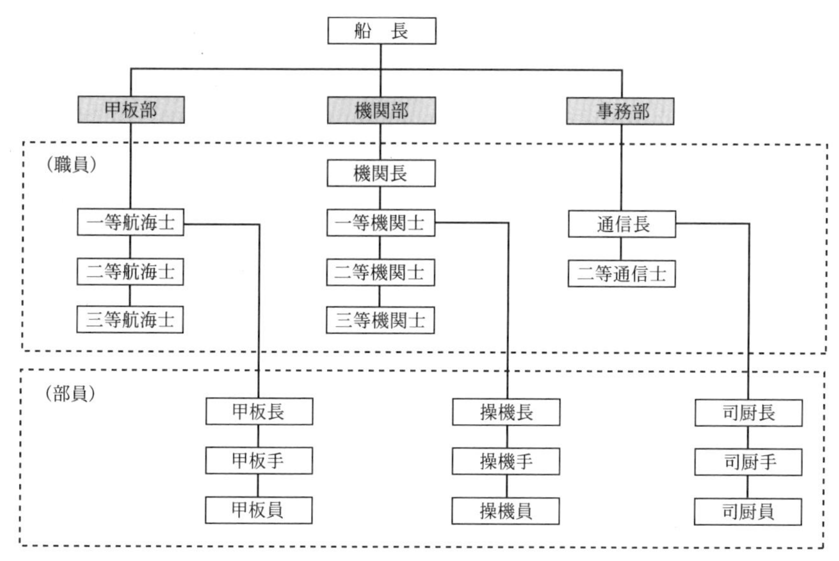

船内組織図　ここに示したのは最近の外航貨物船における一般的な組織図です。客船の場合はもっと多くの職種があり船員がいます。

§3．甲板部の仕事

甲板部の職員は一等航海士（Chief officer：船社会では「チョッサー」と略して呼ばれます）を筆頭に，二等航海士（Second officer），三等航海士（Third officer）からなります。甲板部にはこうした職員を補佐するために，甲板長（Boatswain），甲板手（Able seaman），甲板員（Ordinary seaman）といった部員がいます。

航海中の当直とは別に，一等航海士には港での荷役の監督や航海中の積荷の管理という仕事があります。また，二等航海士は航海計器や海図の管理と整備を，三等航海士は航海日誌などの記録の管理を担当します。

一方，甲板長は一等航海士を補佐して積荷の管理をするほか，他の甲板部員を指揮して航海中のメンテナンス作業を行います。航海中の船橋（ブリッジ：Bridge）には1名の航海士と1名の甲板部員が当直に入り，甲板部員は操舵手（Quarter-master）として航海士の指示に従い操舵をします。

ピーター・ウィアー監督の映画『マスター・アンド・コマンダー』（パトリック・オブライアン原作）にはさまざまな肩書きと役割を持つ船員たちが登場し

ます(注2)。もちろん，その多くはかつての帆船時代に見られたもので，現代の商船では見ることができませんが，甲板長（Boatswain），操舵手（Quarter-master）などの名称はその当時から今日まで変わっていません。

機関監視ボード（写真提供：全日本内航船員の会）

§4．機関部の仕事

機関部の職員は機関長（Chief engineer）を筆頭に，一等機関士（First engineer），二等機関士（Second engineer），三等機関士（Third engineer）からなります。また，職員を補佐する部員には，操機長（No. 1 oiler：船社会では「ナンバン」と略して呼ばれます），操機手（Oiler），操機員（Wiper）がいます。

機関部の仕事は機器の運転と整備で，特に一等機関士は主機を，二等機関士は発電機とボイラーを，また三等機関士は船内の電気系統及び空調機器，冷凍機を担当し，機関長は機関部全体の状態を把握，管理します。

厨房（ギャレー）　娯楽の少ない海上生活において食事の時間はとても重要なものです。（写真提供：商船三井）

§5．事務部の仕事

大型の旅客船を除くと，今日の一般商船に事務長（Purser）や事務員（Clerk）が乗船することはほとんどなくなっています。従い，一般商船の事務部とは，職員である通信長（Chief radio officer）と二等通信士（Second radio officer），部員である司厨長（しちゅう）（Chief steward），司厨手（Steward），司厨員（Boy）

（注2）パトリック・オブライアン原作の映画『マスター・アンド・コマンダー』には士官たちが食卓を囲んで酒を飲み，冗談を交えながら延々と語り合うシーンが出てきます。日本の船社会では船員たちがこんな風に語り合うことを「カタフリ」というのですが（及川帆彦著『海の男のカタフリ集』参照），徹底した合理化によって船員数の激減した今日の商船ではカタフリも少し寂しいものになっているようです。船内食の歴史については，サイモン・スポルディング著『船の食事の歴史物語』が参考になります。また，現代のヨットやモーターボートでのクルージング中に作る料理のガイドブックとしては，水元重友編著『Cruising Cookbook』があります。

からなっており，通信士は陸上との通信業務のほか，気象情報の入手，遭難信号の受信，出入港手続きに関する事務作業なども担当します。

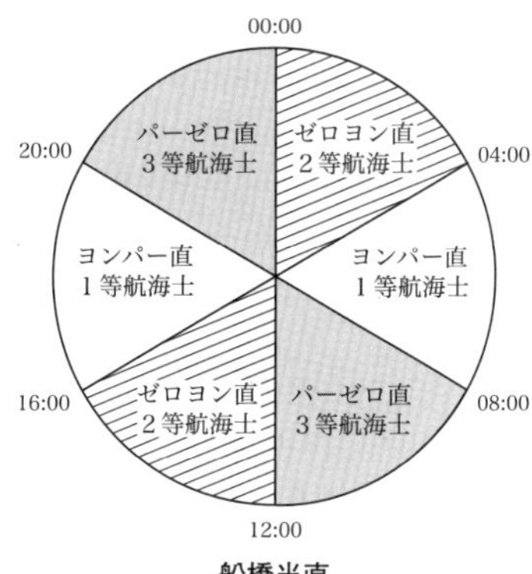

船橋当直

§6．航海当直

船は出港してから目的地に着くまでの間，昼夜の別なく航海を続けますので，当直（ワッチ：Watch）という制度が定められています（注3）。当直には甲板部による船橋当直，機関部による機関当直，事務部による通信当直があります。ただし，船橋から機関を遠隔操縦できるようになり，インマルサット（国際海事衛星機構：The International Maritime Satellite Organization）の衛星電話回線によって洋上からでも自由に電話連絡ができるようになった今日では，機関部，事務部の当直は24時間体制ではなくなってきており，船橋当直だけが24時間体制を守り続けています（注4）。

船橋当直は4時間3直制が普通で，0時から4時までと12時から16時までの「ゼロヨン直」を二等航海士と甲板手1名が，4時から8時までと16時から20時までの「ヨンパー直」を一等航海士と甲板手1名が，また8時から12時までと20時から0時までの「パーゼロ直」を三等航海士と甲板手1名が担当します。日出没時にさしかかる「ヨンパー直」を最も経験の豊富な一等航海士が担当するのに対して，最も経験の浅い三等航海士が陸上での生活と変わらぬ時間帯に寝起きできる「パーゼロ直」を担当するのは，船長がその業務をチェックしや

（注3）当直を意味するwatchの由来は「不眠」ですが，確かに当直中の居眠りは危険です。海事用語辞典としてはピーター・ケンプ編『The Oxford Companion to Ships and the Sea』などが，海事英語の語源を知るための読み物としては佐波宣平著『海の英語』，ピーター・D・ジーンズ著『海に由来する英語事典』，ディーン・キング著『A Sea of Words』，ルー・リンド著『Sea Jargon』が参考になります。また，清水建二，すずきひろし著『英単語の語源図鑑』にも船や港に関する語の解説が幾つか載っています。

（注4）今日の商船の航海における当直の様子については，今井常夫，大森洋子著『船長になるには』がわかりやすく紹介しています。航海術全般については関根博監修『実践航海術 Practical Navigator』が，その古典的名著としてはナザニエル・ボウディッチ著『The American Practical Navigator』が，またブリッジチームマネジメントについてはA.J.スィフト著『ブリッジチームマネジメント』，マイケル・R・アダムス『ブリッジ・リソース・マネジメント』などが参考になります。

すいようにとの意図もあるようです（注５）。

機関部においても当直制をとる場合は，船橋当直に対応して二等機関士，一等機関士，三等機関士がそれぞれゼロヨン，ヨンパー，パーゼロ直を担当しますが，現在一般的になっているＭゼロ（Machinery space man zero）の船においては，機関部の者は陸上勤務と同じように朝から夕方まで働き，夜間は運転監視警報装置に機器の監視を任せる格好となっています。ただし，Ｍゼロ船において夜間に異常が発生した場合は，機関部の全員が直ちに機関室に駆けつけます。

時鐘（Time bell：タイムベル）　かつて船では音響信号に用いる号鐘（第９章７項参照）を時鐘としても用いていました。４時間の当直に入ったら30分後に１点鐘、１時間後に２点鐘といった具合に30分毎に鐘の数を一つ増やしながら鳴らしていき、当直交替の15分前にもう一度１点鐘を鳴らした後、交替時（４時間目）に８点鐘を鳴らしてまた振り出しに戻ります。ただし、夕方のヨンパー直だけは変則的な鐘の叩き方をし、16時にワッチを引き継いでから２時間後の18時に４回叩いた後、18時半に１点鐘、19時に２点鐘、19時半に３点鐘を鳴らし、当直交替の20時には８点鐘を鳴らします。何故こんなことをするのかについては、日没後には海坊主が出るため船が襲われないように叩き方を変えて海坊主をだましたという俗信があります。しかし、事実は古い帆船時代の名残です。当時は４時間３直ではなく、４時間２直にて当直交代をしていました。そこで２つの班の夕食の時間帯が公平になるように（１日おきに当直時間帯が入れ替わるように）、16時から20時の４時間だけは２時間で交代しました。これを「ドック・ワッチ（折半直）」と呼び、ここだけは２時間のサイクルで時鐘を鳴らしたのです。

§７．内航船の場合

この章で記した船内組織と航海当直のあり方は外航船を基準としており，内航船の場合は少し事情が異なります。航海日数の短い内航船は外航船よりも船員の数が少ないため，航海と機関両方の免状を持つ者が業務をオーバーラップさせて当直を担当することも少なくありません。しかし，船舶職員及び小型船舶操縦者法施行令では沿海・近海区域を航行する総トン数200トン未満の船舶においては乗船せねばならない海技士の最低数を１名（船長のみ）と定めているため（注６），連続12時間以上に及ぶ当直を強いられることが少なくない現状となっており，安全運航のためにはその見直しも必要でしょう。

（注５）日本の船員は深夜の「ゼロヨン直」のことを「泥棒ワッチ」と呼んだり，陸上での生活と同じ時間に寝起きできる「パーゼロ直」のことを「殿様ワッチ」と呼んだりします。ちなみに，イギリスでは深夜の「ゼロヨン直」は眠くて目が重いことからgrave-eye watch，転じてgraveyard watch（墓場のワッチ）と呼んだりします。

§8．ロープワーク

ロープワークは甲板上での各種作業や港での係船作業などに欠かせないものです。ロープの結び方にはさまざまなものがありますが，ここではごく基本的なもののみを12種紹介しておきます（注7）。

●ノット（Knot） ロープエンドに輪や結び目を作って結索するロープワークです。

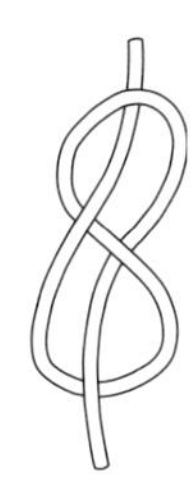

フィギュア・エイト・ノット
（Figure eight knot＝8の字結び）
滑車の通索の抜け止めなどに用います。

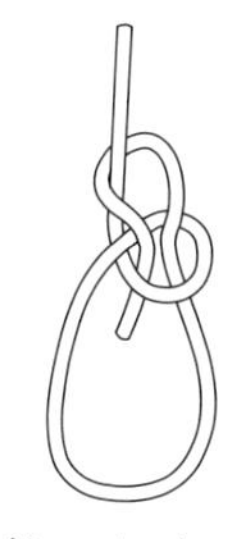

ボーライン・ノット
（Bowline knot＝もやい結び）
中・大型船の係留や，高所作業時の命綱などに用います。

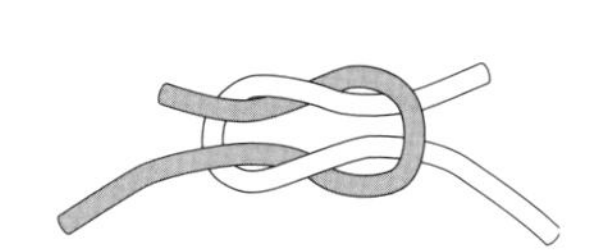

リーフ・ノット
（Reef knot＝本結び，真結び，蝶々結び）
帆船で航行中，強風時に帆の面積を減らすために用います。

●ヒッチ（Hitch） ロープエンドをレールなど他のものに結びつけるロープワークです。

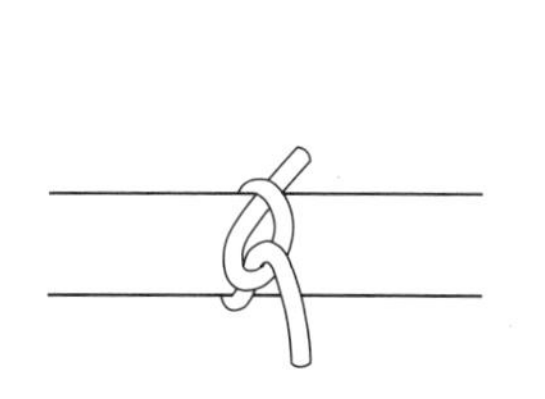

ハーフ・ヒッチ
（Half hitch＝一結び）
ロープの端を一時的に何かに結び止めるのに用います。

ローリング・ヒッチ
（Rolling hitch＝枝結び）
ロープや丸太を引く際に，この結びを使います。

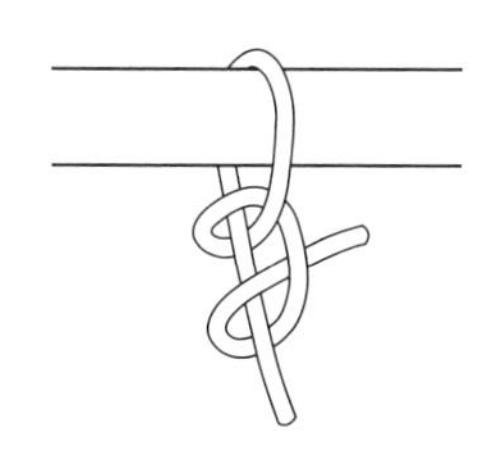

ツー・ハーフ・ヒッチ
（Two half hitch＝二結び）
ロープの端を他の物に結び止めるのに用います。

（注6）海技士とは大型船舶を運航する船舶職員資格のことで，航海（1～6級），機関（1～6級），通信（1～3級），電子通信（1～4級）の4分野において免許が設定されています。

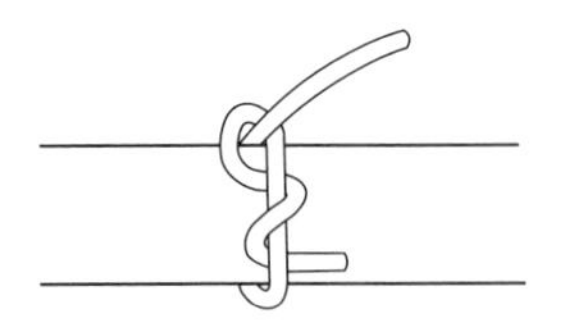

ティンバー・ヒッチ
(Timber hitch＝ねじり結び)
積荷を固定したり，命綱の根元側を止めるのに用います。

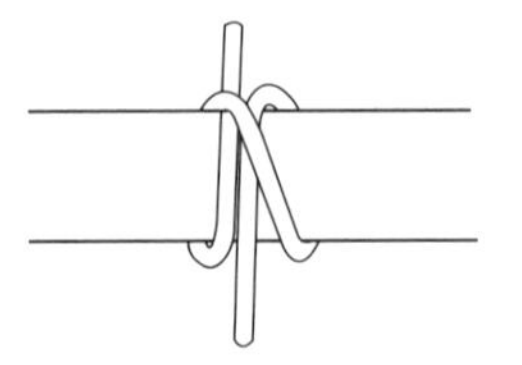

クラブ・ヒッチ
(Clove hitch＝巻き結び)
積荷を固定したり，船の係留時にリングやフックにロープを結ぶ際に用います。

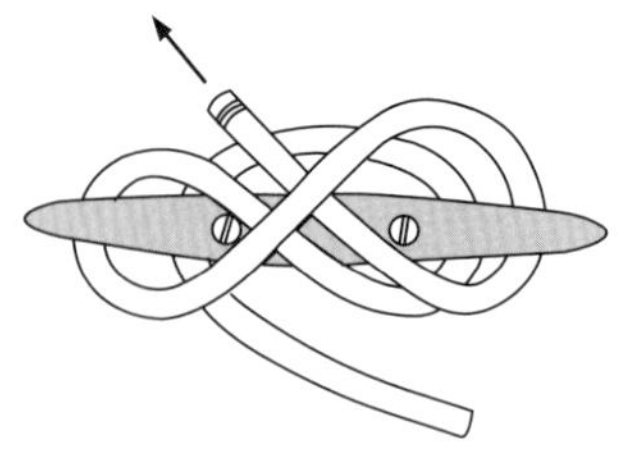

クリート・ヒッチ
(Cleat hitch＝クリート結び)
ロープをクリートに結ぶ際に使用します。ヨットなど小型のプレジャーボートでよく使われます。

●ベンド（Bend）　異なる2本のロープをつなぎ合わせるロープワークです。

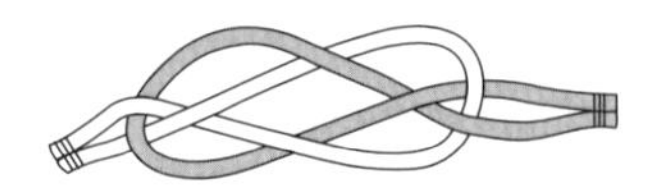

キャリック・ベンド
(Carrick bend＝小綱つなぎ)
ロープの端と端をつなぐ際に用います。

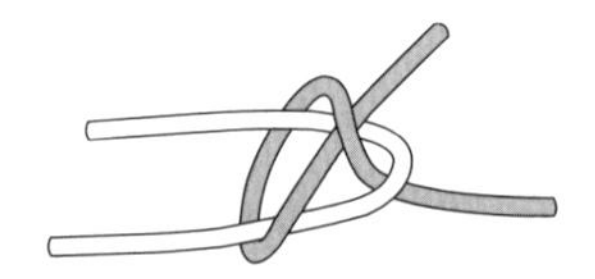

シート・ベンド
(Sheet bend＝一重つなぎ)
ロープの端と端をつなぐ際の代表的な結びです。

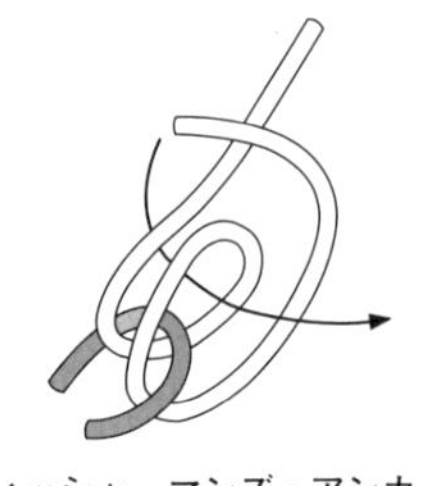

フィッシャーマンズ・アンカーベンド
(Fisherman's anchor bend)
小型船において，錨についているチェーンとアンカーロープをつなぐのに用います。

(注7) ロープワークについては，前島一義著『図解ロープワーク大全』，国方成一著『ベテラン・ヨットマンが教える実践ロープワーク教室』，中沢弘，角山安笔著『結びの図鑑Par1』『結びの図鑑Par2』などが参考になります。

7　航海計器

航海計器は船の進路や方位を測るものと，船位を求めるもの，船の速力を測るものに大別できますが，レーダーなどは方位も船位も測定することができますので，一概にはいえません。この章では主な航海計器についての概略を紹介します（注1）。

§1．磁気コンパス

磁気コンパス（Magnetic compass）は，棒磁石の中心に糸をつけて上から吊るすと，その一端が磁北を指して静止するという原理を応用したものです。航海計器としては古くからある非常に重要なもので，羅針盤とも呼ばれます。

地磁気の両極を結ぶ子午線を磁気子午線と呼びますが，これは地軸の両極を結ぶ真子午線とは一致しません。磁北は地軸上の真北（しんぽく）と1,000キロほどずれており，磁気子午線と真子午線の交角を偏差（Variation）といいます。また，磁気コンパスは鉄製の船体，船内鉄器，地方磁気，船体傾斜などの影響を受けて磁北を示さなくなることがありますが，磁北と磁気コンパスの指す北との差角を自差（Deviation）といいます。偏差は各地で計測されていますし，自差は適当な修正具を使用することで正せるため，磁気コンパスの指す北をもとにして真北の方向を見出すことができるのです（注2）。

ちなみに，磁気コンパスが最初に発明されたのは中国だといわれていますが，コンパスに垂直な軸を持つ3つの環（遊動鐶：Gimbal ring）が取り付けられ，動揺する船内においても方位を記したカードが水平に保てるようになったのは13世紀のイタリアにおいてで，一般にはそれをもって航海計器としての磁気コンパスの完成とされています（注3）。

（注1）航海計器については，米澤弓雄著『基礎航海計器』，西谷芳雄著『電波計器』，前畑幸弥著『ジャイロコンパスとオートパイロット』などが参考になります。

（注2）映画『パイレーツ・オブ・カリビアン』ではジョニー・デップが決して北を指すことのない羅針盤を持つ海賊役を演じましたが，それでも彼が何不自由なく大海を渡って行けたのは，「自由を求める海賊」の象徴として壊れたコンパスが使われていたからでしょうか。

（注3）アミール·D·アクゼル著『羅針盤の謎』は磁気コンパスの発明をめぐる謎解きに挑んだ興味深い本です。

羅針儀　江戸時代の弁才船の航海でも羅針儀は必需品でした。

磁気コンパス（写真提供：川崎汽船）

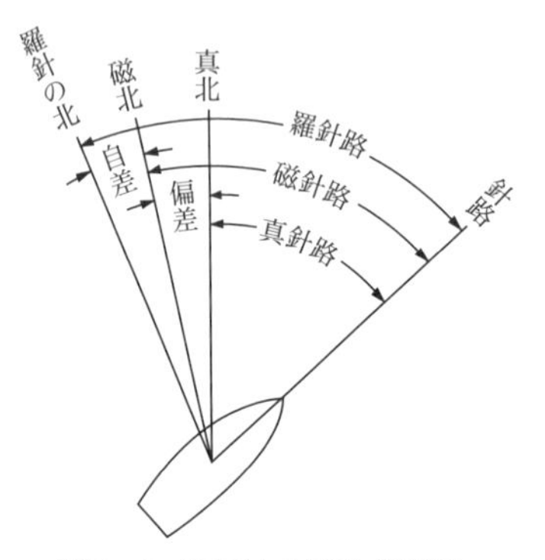

磁気コンパスによる針路（羅針路）

ジャイロコンパス　コンパスの表示盤をコンパスカードと呼びます。（写真提供：商船三井）

§2．ジャイロコンパス

ジャイロコンパス（Gyro compass）は，高速に回転させた地球ゴマ（ジャイロスコープ）を重力以外に作用する力のない状態に置くと，それが地球の自転に感応してジャイロの軸が真北を指すという性質を利用したものです。船体が鉄や鋼でできていても，あるいは船の揺れが激しくても，それらに影響を受けることのない指北力の強さから，ジャイロコンパスは広く普及しています（注4）。ただし，ジャイロコンパスは電気で駆動する装置なので，何らかの事故で船内電

（注4）ジャイロコンパスは磁気コンパスに比べると誤差は少ないのですが，若干の誤差を生ずることがありますので，適宜計測して補正しておきます。なお，ジャイロコンパスは単に方向を示すだけではなく，自動的に舵角を変えて針路を保つ自動針路保持装置や，船体の傾斜を未然に防ぐジャイロ・フィンスタビライザーなどにも応用されています。

気が止まると使えなくなってしまいます。このため，船舶設備規程では磁気コンパスとの併用が義務付けられています。

§3．六分儀

六分儀（セクスタント：Sextant）は太陽や恒星などの天体，あるいは山頂や島頂などの高度角や，２物標間の挟角などを測定する計器で，昔から大洋航海には欠かせない重要なものでした。六分儀を正しく使うには相応の訓練に基づく技術が必要となるため，現代でも航海士たちは船位測定用の電子計器が万一使えない状態に陥ったときに備えて，六分儀を使いこなせるようにしています。もちろん，海技教育機構の練習帆船「日本丸」「海王丸」が大洋を渡る際には，練習生たちは六分儀を用いて星や太陽の高度を測ることにより自船の緯度を求めねばなりません（注５）。

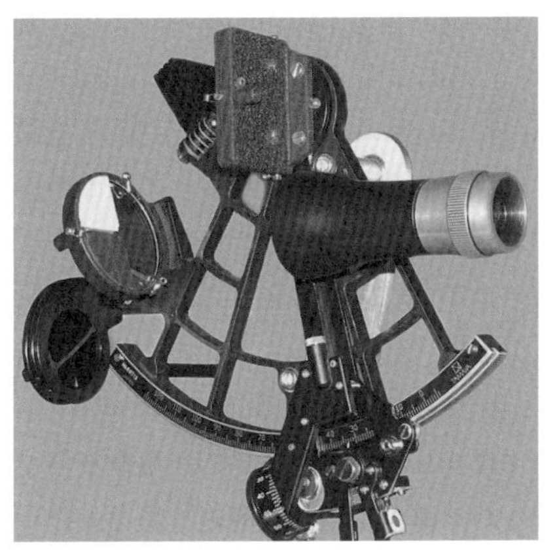

六分儀（セクスタント）　六分儀が誕生したのは18世紀前半のことで，それ以降大きな変革のないまま今日に至っています。

クロノメーター（時辰儀）

（注５）天体の高度を測定することで緯度を求める計器としては，六分儀以前にもクロススタッフ（通称「ヤコブの杖」），アストロラーベ（全円儀），コードラント（四分儀），オクスタント（八分儀）などがありました。ちなみに，航海者が経度を正確に知ることができるようになったのは，イギリス人のジョン・ハリソンが高精度のぜんまい時計であるクロノメーター（時辰儀）を発明してからで，グリニッジ標準時と地方時（船内時）の差から経度が求められるようになりました（ルイーズ・ボーデン著『時計職人ジョン・ハリソン』，デーヴァ・ソベル著『経度への挑戦』参照）。航海計器の歴史については茂在寅男著『航海術』，飯島幸人著『航海技術の歴史物語』などに詳述があります。

§４．レーダー

レーダーは，極超短波のパルス電波を発射し，それが物標に当たって反射したものをスコープ上に輝点として表示することによって，物標の存在，その方位や距離などを探知するもので，Radio Direction and Rangingの頭文字を取ってそう呼ばれます。

レーダーは1930年頃からイギリス，フランス，ドイツ，アメリカなどで研究が進められ，1935年頃にはすでに実用化されていたのですが，第２次世界大戦中にその技術が急速に進歩しました。

現在のレーダーはコンピューターを組み込むことによってさまざまな応用が効くようになっており，スコープ上に表れた他船の進路と速力を表示することもできますし，他船との衝突を回避するために進路・速力を設定すれば，直ちにその予測結果を表示することができるものもあります。

§５．ロラン

２定点からの距離の差が一定となる点の軌跡はそれらの２点を焦点とする双曲線となりますが，その原理を用いて１対（２カ所）の発信局からの距離の差を測定して船位を求めるのが双曲線航法で，ロランはその一つです(注６)。広く普及したのはロランＣ方式で，船は２対のロランＣ局から発信されるパルス電波を受信することによって２本の位置の線を得，その交わるところを船位とします。

GPSの普及に伴って，アメリカとカナダは2010年にロランＣの運用をやめており，日本も国内最後のロランＣ局となった沖縄本島北部の慶佐次局を2015年に廃止しています。

§６．GPS

GPS（Global Positioning System）とは，地球上の高度約２万キロに打ち上げ

（注６）かつて双曲線航法として普及したものには，デッカもありました。ロランがパルス電波を用いるのに対し，デッカは連続波を用いるという違いがあります。１つの主局と３つの従局（この組をデッカ・チェーンと呼びます）から発信された電波の位相差を測り，位置の線を得ることによって船位を求めます。デッカはイギリスの企業デッカによって開発されたもので，第２次大戦末期のノルマンディー上陸作戦時の船舶誘導において画期的な成果をあげました。大戦後は世界の主要航路において広く使用されましたが，現在は使われていません。また，２箇所のオメガ局から発射される10～14kHzの超長波（VLF: Very Low Frequency）の位相差を測定して位置を求めるオメガも双曲線航法の一つですが，現在は運用されていません。世界に８箇所あったオメガ局の一つは対馬にありましたが，1998年に運用を終え，1999年に解体されています。

レーダー・アンテナ　写真左側は3,000MHz帯を使用するSバンドレーダー，写真右側は9,000MHz帯を使用するXバンドレーダーのアンテナ。波長の短い（3cm程度）Xバンドレーダーは電波の直進性が強く，指向性のある電波を発射できるとともに，物標からの反射波をとらえやすいです。波長の長い（10cm程度）Sバンドレーダーは電波の減衰が少なく，より遠くの物標を捕らえるのに都合がよいとともに，海面反射が少ないという特長があります。（写真提供：古野電気）

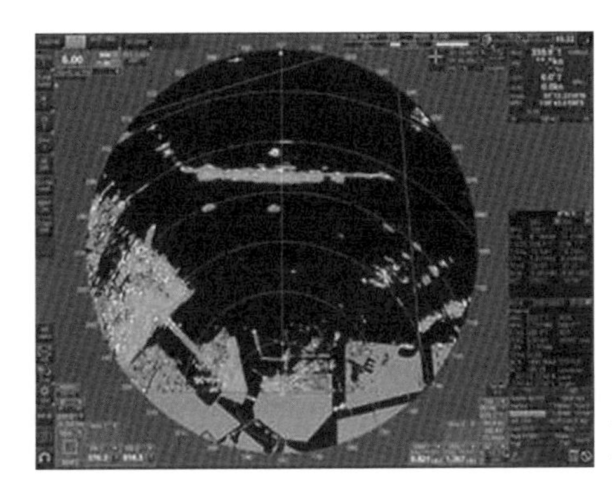

レーダー・スコープ　この写真は港内の映像ですが，電子海図上にレーダー映像を重畳表示しています。（写真提供：古野電気）

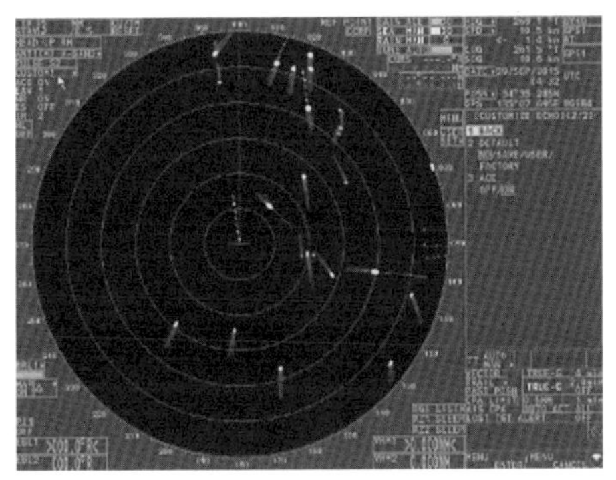

レーダー・スコープ　他船の動向を把握するために，エコートレイル機能を用いてその航跡を表示させています。相対トレイルでは，自船の動きと他船の動きが合成され，衝突回避のために相対的な動きを見たい場合には有効ですが，固定物標などの軌跡も表示されてしまいます。真トレイルでは，自船の動きとは無関係に他船の陸地に対する真の動きが航跡として表示され，固定物標は軌跡を描きません。（写真提供：古野電気）

られた人工衛星（6軌道×4衛星以上）による測位システムで，元々はアメリカ空軍のスペース・ミサイル本部（SAMOS）が開発してきたものです。GPS以前に普及していたNNSS（Navy Navigation Satellite System）が高速で飛行する航空機にとって利用しにくいものであったのに対し，GPSは全世界の陸，海，空いずれにおいても，全天候下で使えるという利点があります。コード測位の精度は誤差10メートル以内と非常に高く（注7），今日の船の多くはその受信機を備えています。

GPSプロッター この製品では電子地図上に自船の航跡を表示することや目的地，ルートの設定を行うことができます。（写真提供：古野電気）

§7．流圧式ログ

船首方向に開口したピトー管と呼ばれる管を船底から出すと，船の前進時にかかる水圧がピトー管の開口部にもかかります。その際の圧力は速力の2乗に比例するというピトーの原理を利用して船の対水速力を測定するものが流圧式ログです。

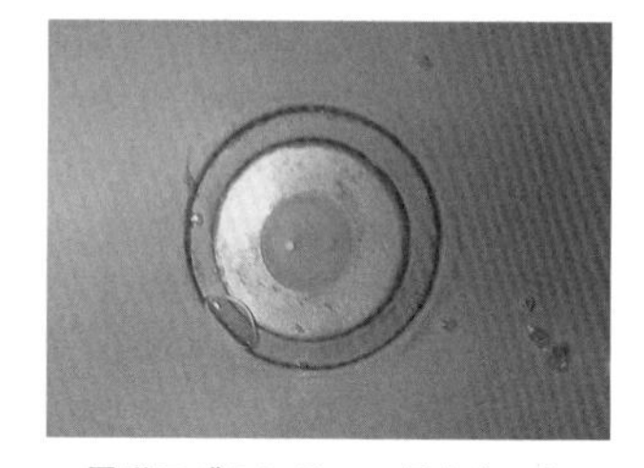

電磁ログセンサー 船底弁の先に取り付けられたセンサーに磁界を起こさせます。（写真提供：川崎重工業）

§8．電磁ログ

磁界中を運動する導体にはその速力に比例した起電力が生ずるという電磁誘導の法則を応用し，船の対水速力を測定するものが電磁ログ（Electromagnetic log）です。電磁ログは流圧式ログよりも精度が高く，後進時の計測も可能であることから，多くの船に取り付けられています。

§9．ドップラー・ソナー

船底から前後それぞれに向けて超音波を発すると，その反射波にはドップラー効果によって周波数のずれが生じますが，それを利用して船の速力を測定

（注7）海上保安庁が設置した中波ビーコンなどのディファレンシャルGPS局（DGPS局）は，GPS電波を受信してその誤差補正情報を発信しています。これによって，条件が良ければGPSの精度は誤差1メートル程度にまで向上します（第8章2項参照）。

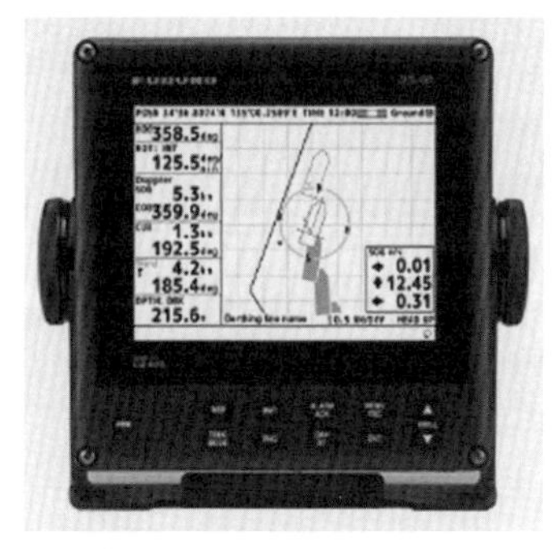

ドップラー・ソナー　船速の計測だけではなく，過去の自船位置から動態予測位置までを連続表示することができます。また，ジャイロスコープと接続することにより，船尾部左右方向の船速が計測可能です。（写真提供：古野電気）

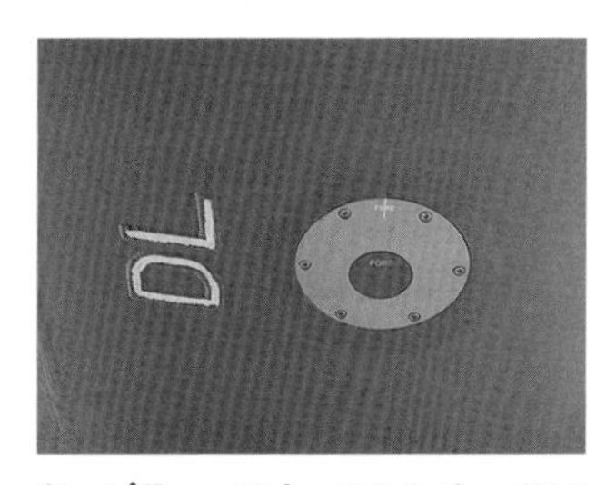

ドップラー・ソナーのセンサー（写真提供：川崎重工業）

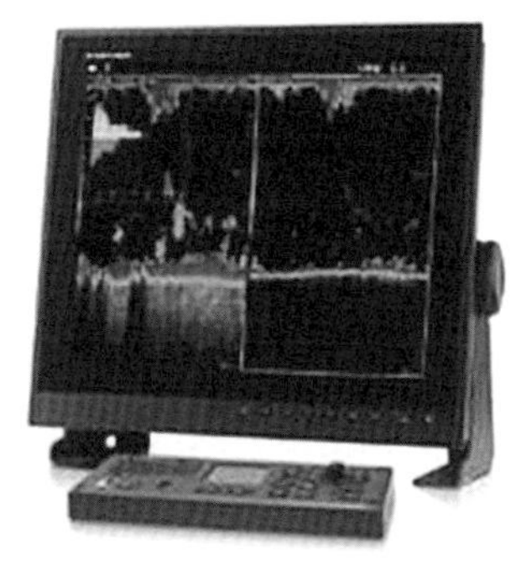

魚群探知機　海中の魚群分布や海底の起伏をカラー表示します。（写真提供：古野電気）

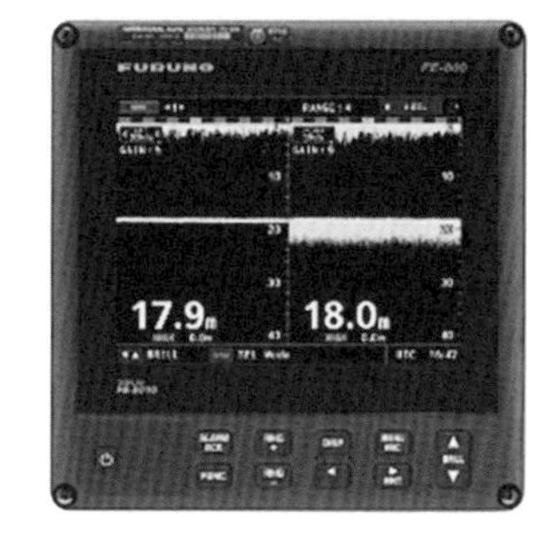

音響測深機　水深を測定し，水深履歴の表示や座礁予防のための警報を行います。（写真提供：古野電気）

するものです。左右方向に超音波を発射することで，船体の左右の動きを知ることもできますので，巨大船の離着岸などにも有効です。ドップラー・ソナー（Doppler sonar）は，水深が200メートルよりも浅い水域では対地速力（実際の速力）が測定でき，水深がそれよりも深い水域では対水速力が測定できます。

§10. 音響測深機

船底から海底に向けて超音波を発射し，それが海底に反射して戻ってくるまでの時間を測定することによって水深を導き出す計器を音響測深機（Echo sounder）と呼びます。ただし，船の後進時や高速航行時，また荒天時などには反射波の受信ができないことがあります。

漁船に装備されている魚群探知機も同様の原理で，その反射波を受信することにより魚群を発見するものです。

見張り（Look out）　ルックアウトは航海当直において最も基本的で重要な仕事であり，視覚と共に聴覚や嗅覚，また触覚（肌で空気の変化を感じ取る）を働かせ，さらにレーダーなども駆使して行わねばなりません。（写真提供：川崎汽船）

§11.　自動船舶識別装置

自動船舶識別装置（AIS：Automatic Identification System）は国際VHFを利用して船舶を自動識別する装置です。呼出符号，船名，位置，針路，速力，目的地などの情報をVHF帯電波で自動的に送受信し，船舶局相互間，船舶局と陸上局間で情報の交換を行います。ソフトウェアがあれば，データを受信した船舶の電子海図上やレーダー画面上に，それらのデータを表示することもできます。

テロリズムへの対処を目的として，2002年にSOLAS条約（海上における人命の安全のための国際条約）が改正されましたが，その改正条文中に自動船舶識別装置の設置に関する事項も盛り込まれました。ただし，各国軍艦や海上自衛隊の護衛艦，海上保安庁の巡視船，水産庁の漁業取締船などは職務遂行中には停波することが多く（注8），民間の船舶も海賊にシステムを悪用されるという懸念から，危険海域においては停波することが認められています。

§12.　自動針路保持装置

自動針路保持装置（Automatic heading control system）とは，人が操舵しなくても定められた針路上を船が直進できるように考案された装置で，通称オー

（注8）2017年6月17日に，下田市の南東約20キロの沖合で，日本郵船が運航するコンテナ船「ACXクリスタル」（全長222.6メートル，29,060トン）と米海軍横須賀基地所属のイージス艦「フィッツジェラルド」（全長154メートル，8,315トン）が衝突するという事故がありました。イージス艦は右舷艦橋付近に大きな損傷を受け，乗組員3人が負傷，7人が行方不明になりました。この際も，イージス艦は自動船舶識別装置を停波していました。

トパイロットとも呼ばれています。ジャイロレピーターにより，船が定められた針路から外れると偏角が検出され，それを修正して元の針路に戻すように舵が取られます。

自動針路保持装置はすれ違う船のほとんどいない大洋航海時には役に立ちますが，海潮流や風圧によって生じた流程（ドリフト：Drift）を自動修正することはできません。また，大洋航海中でも漂流物などの障害物が進路上に突然あらわれることもありますし，行き交う船が全くないわけではありませんので，自動針路保持装置を使用していても船橋での当直者は見張り（ルックアウト：Look out）に十分注意をはらっておく必要があります（注9，10）。

§13. 自動運航船

今日の海難の約8割はヒューマンエラーによるものだと言われています。また，世界の海上輸送量の着実な増加と船舶の大型化が続く一方で，今後は世界的に船員不足となる見通しもあります。そうした中で，海上ブロードバンド通信の発展，IoT（Internet of Things：モノのインターネット），AI（Artificial Intelligence：人工知能），各種センサーやビッグデータ処理技術の進歩，また自動船舶識別装置（AIS），電子海図表示システム（ECDIS：Electronic Chart Display and Information System）の普及（第8章3項参照）などを受けて，自動運航船の開発に向けての動きが近年多く見られます。

自動運航船とは，高度なセンサーや情報処理機能を有し，セキュリティの確保された衛星通信による陸上からの遠隔サポート機能を備えた船舶とその運航システムのことです。拡張現実（AR：Augmented Reality）技術を応用した操船支援や船内機器の保守整備，障害物の検知と回避行動が取れるシステム（注11），

(注9) 球体である地球表面上の2点間を結ぶ最短コースは，地球の中心を過ぎる平面と地球面の交線である大圏（Great circle）上を行くものです。大洋航海をする商船の船長は航海距離を最短とするために大圏コースをベースとした上で，島などの障害物や気象・海象上の条件なども考慮して最適な航路を選定します。このため，2点間を行き交う商船の多くがほぼ同じコースを航行することになり，外洋だから他船と接近する恐れがないとはいえません。

(注10) 近年は，GPSによって船の位置，船速，移動方向のデータを受信し，これらに基づいて舵角を制御することで，船に電子海図上にあらかじめ設定した変針点を通過させる自動航路保持装置（Automatic tracking control system）の開発も進んでいます。また，気象や海象のビッグデータを解析し，燃費最小の航路計画と定時運航の船速計画を支える最適航海計画支援システムも，今後はAI（Artificial Intelligence：人工知能）の進化によってその精度のさらなる向上が期待されています。

機器・貨物の遠隔モニタリング，準天頂衛星による精密測位と高機能舵，無人タグなどを用いた自動離着桟システムなど，さまざまな技術の実証実験が行われています。

2021年にIMO（国際海事機関）で開催された海上安全委員会第103回会合（MSC 103）において，自動運航船の国際ルールの策定に向けて，自動化レベルに応じ改正や解釈の整理が必要となる海事関連条約などが特定されました。この検討において，日本はSOLAS条約（海上における人命の安全のための国際条約）の多くの章の分析とりまとめを主導しています。結論としては，早期導入が期待される「船員の意思決定をサポートする自動化システムを搭載する自動運航船」については，SOLAS条約第IV（無線通信），V（航海の安全）及びXI-2（海上保安）章に自動化システムの定義を置く必要があるとされましたが，それ以外はほとんど条約改正や解釈が不要ということになりました。

（注11）アドバイス型障害物認識システム（IAS：Intelligence Awareness System）を有するロールス・ロイスは，2030年に無人遠隔操縦船，2035年に完全無人船を実現するというロードマップを公表しています。同社は2018年末にフィンランド国営のフィンフェリーと共同で世界初となる完全自動運航フェリーを発表し，着岸操船も含むデモ航海を成功させています。

8　航路標識と水路図誌

§1．航路標識の歴史

船が沿岸や狭い水道を航行する際に山や岬などの自然の目標物を頼りにするだけでは紛れやすく，また夜間は見えにくいことから，昼夜ともに見やすい標識を設置して航海の安全に備えることは洋の東西を問わず古くから行われてきました。こういう標識のことを航路標識と呼びます。

紀元前３世紀頃の地中海にはアレキサンドリア湾口ファロス島の「アレキサンドリアの大灯台」やロードス島の「ヘリオスの巨像」といった有名な灯台が既に建設されており，古代ローマ時代から中世にかけても地中海沿岸やドーヴァー，ブルターニュ地方などでは各地の塔の上に灯火を点し，船からの目印にしていました。

日本でも船の目標とするために浜や岬の突端で篝火を焚いたり狼煙を挙げるといったことは古代から行われており，河川や沿岸の浅瀬には目的地，船の通路，障害物の所在などを示す木柱も立てられました。この木柱のことを澪標，後に転じて水尾木と呼び，大阪市章のデザインはそれをもとにしたものです（注１）。

大阪市章　かつて難波江に設置されていた澪標の形をもとに1894年（明治27年）に制定されました。

江戸時代に入り菱垣廻船，樽廻船などによる内航海運が発展してくると，石造の台の上に木造の建物を設置した灯明台が日本各地に建てられるようになり，その中で菜種油に浸した灯心を燃やすようになりましたが，それ以外に海岸近辺の高台に建てられた寺社の常夜灯なども船の目印としてよく利用されました。

ヨーロッパでは17世紀から18世紀にかけて，石，レンガ，コンクリート製の灯台が数多く建てられました。18世紀後半になると反射鏡を用いたり，光源部

（注１）澪標は「身を尽くす」と掛詞になることから，万葉時代からよく和歌に詠み込まれてきました。「わびぬれば　今はた同じ　難波なる　みをつくしても　逢はむとぞ思ふ」（元良親王）。「難波江の芦のかりねの　ひとよゆゑ　みをつくしてや　恋ひわたるべき」（皇嘉門院別当）。「みをつくし恋ふるしるしに　ここまでも　めぐり逢ひける　えには深しな」（紫式部『源氏物語』）など。

灯明台　兵庫県の明石港入口に建てられたもので，江戸～明治時代にかけて使われていました。

観音埼灯台（初代）　三浦半島の観音崎に設置された日本で最初の西洋式灯台です。(写真提供：第五管区海上保安本部)

潮岬灯台　本州最南端となる和歌山県潮岬に位置する灯台です。(写真提供：森拓也)

犬吠埼灯台　NHKの連続テレビ小説『澪つくし』の舞台ともなった，銚子の犬吠埼に立つ灯台です。

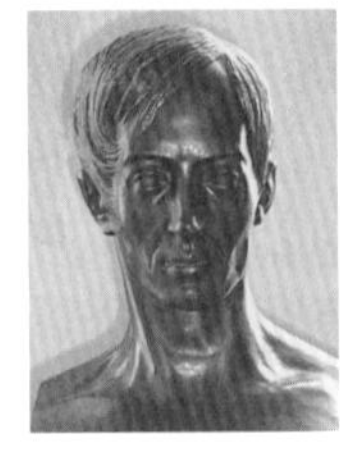

フレネル像とフレネルレンズ　フレネルレンズはフランス人のオーギュスタン・ジャン・フレネルが考案し，1823年にガロンヌ河口のコルドアン灯台で初めて実用化に成功しました。環状の細長いレンズを組み合わせることにより，光源から発された光を拡大します。

を回転させることによって，光の明るさを増したり，光の識別をしやすいような工夫が施されるようになりました。そして，19世紀にランプが光源として導入され，その光をレンズで拡大する方法が確立したことにより，灯台の性能は飛躍的に発展したのです。

五島列島福江島の大瀬埼灯台

こうした洋式の灯台は，明治元年にフランス人技師フランソワ・レオンス・ヴェルニーの指導によって観音埼灯台が建てられたことを皮切りに，日本でも建設されるようになりました。当時，灯台は近代文明の象徴でした。そして，潮岬，神子元島，佐多岬，剣埼，友ヶ島，石廊埼，犬吠埼，御前埼など28個もの灯台を建設し(注2)，航路標識と灯台管理法の指導も行ったイギリス人のリチャード・ヘンリー・ブラントンはその多大な功績によって「日本の灯台の父」と称されています。

東京湾海上交通センター　海上交通安全法の規定に基づき，東京湾の浦賀水道航路と中ノ瀬航路において航路航行義務，速力の制限などの交通ルールを定めるとともに，巡視船を常時配備し，安全上必要な指導を行っています。(写真提供：第五管区海上保安本部)

20世紀に入ると，こうした大型灯台とは別に，防波堤灯台や灯浮標(とうふひょう)（Light buoy）などの数も増え，無線方位信号所や双曲線航法用の電波標識も設けられるようになりました。また，日本では1977年以降，特定海域の海上交通に関する総合的な情報の提供と一定の船に対する航行管制を行う海上交通センターが，東京湾，備讃瀬戸，関門海峡，大阪湾，名古屋港，来島海峡に設けられています。

灯台の歴史を振り返る際に忘れてならないのは，自動化，無人化される以前

(注2) 地名が「～崎」となる場合でも，灯台名には昔から「埼」の字が使われています。日本の灯台については長岡日出雄著『日本の灯台』が，世界の灯台については国際航路標識協会編『世界の灯台』がわかりやすいです。

の灯台を守りながら，その土地で家族と共に暮らした灯台職員たちのことでしょう。灯台は往々にして辺鄙な岬の突端や崖の上，無人島などに位置していますので，その労働と生活は厳しいものだったでしょうが，彼らの努力によって沖を行く船の安全は守られてきたのです。木下恵介監督の映画『喜びも悲しみも幾歳月』はかつての灯台職員の暮らしぶりを垣間見させてくれる作品です（注３）。

航路標識の種類

<table>
<tr><th></th><th colspan="2">区分</th><th>種類</th></tr>
<tr><td rowspan="16">航路標識</td><td rowspan="8">光波標識</td><td rowspan="6">夜標</td><td>灯台</td></tr>
<tr><td>灯標</td></tr>
<tr><td>照射灯</td></tr>
<tr><td>導灯</td></tr>
<tr><td>指向灯</td></tr>
<tr><td>灯浮標</td></tr>
<tr><td rowspan="2">昼標</td><td>立標</td></tr>
<tr><td>浮標</td></tr>
<tr><td rowspan="6">電波標識</td><td rowspan="3">無線方位信号所</td><td>中波無線標識</td></tr>
<tr><td>レーマークビーコン</td></tr>
<tr><td>レーダービーコン</td></tr>
<tr><td colspan="2">AIS（船舶自動識別装置）信号所</td></tr>
<tr><td>双曲線航法用</td><td>ロランＣ局</td></tr>
<tr><td>衛星航法用</td><td>DGPS局</td></tr>
<tr><td colspan="2" rowspan="2">その他</td><td>船舶通航信号所</td></tr>
<tr><td>潮流信号所</td></tr>
</table>

§２．航路標識の種類

海上保安庁の分類法によると，航路標識は光波標識，電波標識，その他の標識の３つに大別されます。以前は，それ以外に音波標識（霧信号所）がありましたが，2010年３月末に完全廃止となりました。

光波標識には，夜標である灯台（Light house），灯標，照射灯，指向灯，導灯，灯浮標，昼標である立標，浮標があり，海外の河川港などでは定置した船の上に灯器を設置して入港船の目標とする灯船（Light ship）も見られます。浮標には音響信号として鐘を鳴らすもの（ベルブイ（Bell buoy）もあります。

ベルブイ（Bell buoy）　霧中時などに効果を発揮します。

光波標識の夜標はそれを正しく識別するために，光達距離，明弧，灯質が決まっています。こ

（注３）日本で最後まで残った有人灯台は，長崎県五島市男女群島の女島にある女島灯台でしたが，2006年12月５日に同灯台も無人化されました。

防波堤灯台　英語でLight houseと呼ぶのは中に人が住めるくらいの大きな灯台だけで，防波堤灯台を含むそれ以外の航路標識は通常ビーコン（Beacon）と呼ばれます。

神戸東垂水沖の平磯灯標　明石海峡の強潮の中に建てられた灯標で，サマセット・モームの小説『A friend in need』にも登場します。（写真提供：第五管区海上保安本部）

東京灯標　「男性と女性」をイメージしたデザインで，東京港のシンボルとして羽田沖に建てられています。（写真提供：全日本内航船員の会）

灯浮標　写真のものは水路中央や港の入口の可航水域に設置される安全水域標識です。

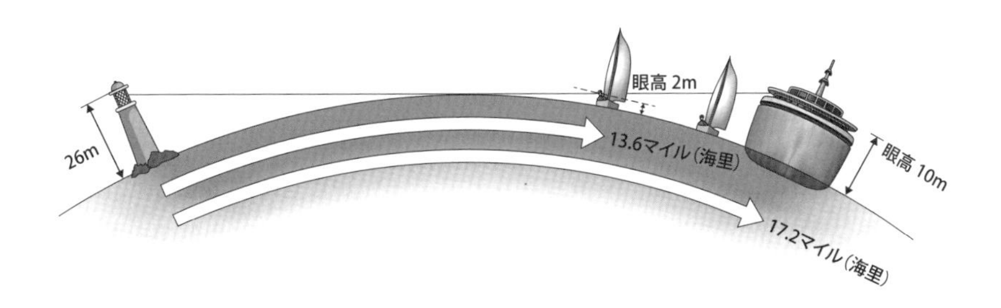

地理的光達距離　眼高：hm，灯高：Hmの場合，2.083（$\sqrt{h}+\sqrt{H}$）マイル（海里）。

潮流信号所　潮流は風向と異なり，流れて行く向きで表します。Eは東流（西から東に向かう潮），Wは西流（東から西に向かう潮）の意味です。（写真提供：第五管区海上保安本部）

船舶通航信号所　電光表示板の表示は，「O」が出航信号，「I」が入航信号，「F」が自由航行信号となります。

こでの光達距離とは天気の良い日に海面上5メートルの眼高から見える最大距離のことで（注4），その光が海面を照らす範囲を明弧といいます。灯質とは灯火の色と光り方のことで，灯火の色は白，紅，緑の3種に限られ，その光り方は不動光（一定の光が点いたまま消えないもの），閃光（一定の間隔で閃光を発するもの。閃光を続けて2回以上発するものを群閃光といいます），明暗光（一定の間隔で点いたり消えたりするもの），互光(異なる色の光を交互に発するもの）の4種を基本とし，これらを組み合わせることによってさまざまな灯質ができます。

電波標識には，無線方位信号所，船舶のAIS（船舶自動識別装置）受信機の地図画面上に航路標識のシンボルマークを表示させる信号を送信するAIS信号所，船の双曲線航法を支援するためのロランC局（日本は2015年に廃止（第7章5項参照）），衛星航法を支援するためのディファレンシャルGPS局（DGPS局）があります。DGPS局とは，船がGPSによって測定した位置の誤差補正値や，GPS衛星の異常情報を得るための電波を発射する施設です。

その他の標識には，海峡などで潮流の流向や流速の状態と変化を形象物，灯光，電光表示板，無線電話，一般電話などによって知らせる潮流信号所，レーダーやテレビカメラで港内や特定海域の船舶交通に関する情報を収集し，それ

（注4）光達距離には，光学的光達距離，名目的光達距離，地理的光達距離の3種類があります。地理的光達距離は，灯台の光が水平線に隠れない距離で，眼高と灯高のみから算出され，眼高をhm，灯高をHmとすると2.083（$\sqrt{h}+\sqrt{H}$）マイル（海里）となります。灯台表や海図には，眼高を平均水面上5メートルとして計算した数値を使用しています。

を電光表示板，無線電話，一般電話などによって知らせる船舶通航信号所があります。

§3．海　図

海図（Chart）は海の地図です。そこには緯度，経度，水深，海底の性質，海潮流，潮汐，航路標識，浅瀬岩礁，海岸線，陸上の目標物，偏差の量と毎年の変化量を書き添えた羅針図など，航海に必要な情報が詳しく記されています。船で航海をするときは海図の上に選定した航路の線を引き，それに従って変針点で針路を変えながら目的地に向かうのですが，都度測定した船位についても海図の上に記入していきます。海図は縮尺によって総図（General chart），航洋図（Sailing chart），航海図（General chart of coast），海岸図（Coast chart），港泊図（Harbor plan）に分類され，目的に応じて使い分けます。沿岸航海に際してよく使われるのは航海図です（注5）。

チャートワーク　海図の上に本船の位置を記入し，そこから次の変針点までの距離と針路を確認しています。（写真提供：日本郵船）

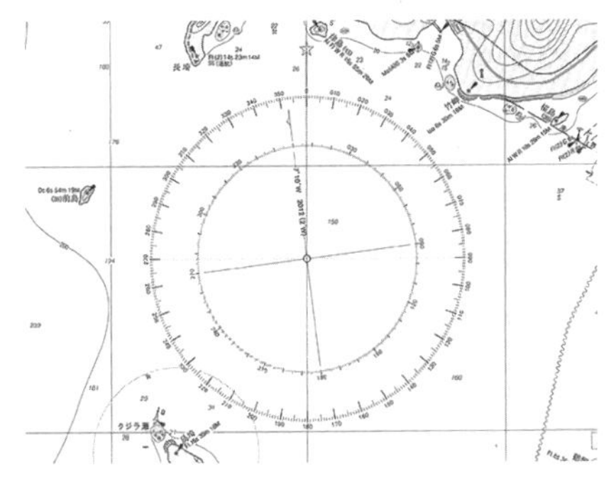

羅針盤（コンパスローズ）　外側の目盛が真方位の目盛で，☆印は真北（北極）を指しています。内側の目盛は磁針方位で，矢印は磁北（磁石の北極）を指しています。（第7章1項参照）

海図の多くは緯度線と経度線が直角に交わるようにした漸長図法（メルカトール図法）を用いて作られますが，これは船の針路線や物標の方位線を海図上に直線で引くことができるという利点があるためです。ただし，経度線が平行となる漸長図法では高緯度地域を作図することができません。また，港など

（注5）日本で海図を作成する責任を担っているのは海上保安庁海洋情報部です。海図については，沓名景義，坂戸直輝著『新版・海図の読み方』，杉浦邦朗著『海図をつくる』，吉野秀男著，拓海広志改訂増補協力『初心者のための海図教室（3訂増補版）』がわかりやすいです。また，地図と海図の歴史については，R·A·スケルトン著『図説探検地図の歴史』などが参考になります。

電子海図表示システム（ECDIS：Electronic Chart Display and Information System）（写真提供：古野電気）

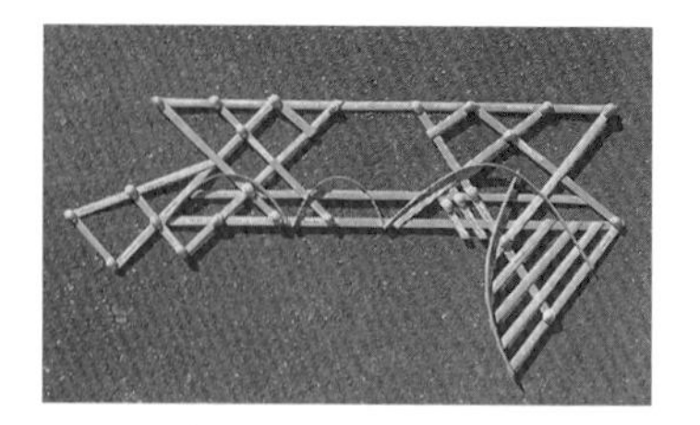

スティック・チャート　貝殻が島々の位置を示し，ココ椰子の葉柄は島に衝突することによって変化するうねりの方向を示しています。（写真提供：門田修（海工房））

の狭い範囲を詳細に描く海図には平面図法が用いられますが，この図法は地球表面の一部を平面と見なして描くものですので，広い範囲を描くことはできません。

海図上には羅針図（コンパスローズ：Compass rose）が描かれていますが，その内側の円は磁針方位を，外側の円は真方位を表示しています。磁気コンパスを用いて航行する際には磁針方位を，ジャイロコンパスを用いて航行する際には真方位を使います。

ところで，電子技術の発達に伴ってさまざまな航行支援装置が開発されています。船舶運航の自動化，省力化は今後も一層進むと予想されますので，それを前提とした安全の確保は重要な課題です。航海に不可欠な海図の電子化は既に行われており，航海用電子海図（ENC：Electronic Navigational Chart）として普及していますが，その上に本船の位置，針路，速力，予定航路などの情報やレーダー映像を重畳表示できる電子海図表示システム（ECDIS：Electronic Chart Display and Information System）も実用化されています（注6）。

（注6）2012年から2018年にかけて，国際航海に従事する500総トン以上の旅客船，3,000総トン以上の貨物船に対して，段階的にECDISの搭載が義務化されました。ECDISは，航行中の船舶が計画した航路からずれていないか，浅瀬などの危険な場所に近づいていないか監視しており，他の航海機器やセンサーから得たデータと海図データを照合して警告を発します。

星や太陽，波とうねり，海流や潮流，風，雲，鳥の動きなどの自然現象を身体知によって読み解きながら，近代的な航海計器や海図を使うことなくカヌーで大海を行き来していたかつてのミクロネシア人たちは，それぞれの海域での航海に必要な情報を，木の幹や竹の枠組みにココ椰子の葉の柄や貝殻などを結びつけて表した，スティック・チャートと呼ばれる特殊な海図を航海者の秘伝としていました。こうした近代以前の海図にもそれぞれの民族の海と航海についての知恵が凝縮されています。

§４．その他の水路図誌

航海に際して海図の他に必要となる水路図誌には，海域ごとの海面及び沿岸の地形，気象，海潮流，航路，針路法，港湾の設備やそこで供給可能な物資などを記した航海の案内書である水路誌，航路選定の資料として編集された航路誌，灯台などの航路標識の細目を記した灯台表，各地の毎日の潮汐を記した潮汐表，天測航海に用いる航海暦（航海用の天文暦）などがあります。

資料① 灯質（図解）

種類 Class	説明	略記 Abbr.	例示 呼称	例示 略記	例示 図解 Illustration
不動光 Fixed	一定の光度を維持し、暗間のないもの	F	不動白光	F W	
明暗光 Occulting	一定の光度を持つ光を一定の間隔で発し、明間又は明間の和が暗間又は暗間の和よりも長いもの	Oc			
単明暗光 Single Occulting	1周期内に一つの明間を持つ明暗光	Oc	単明暗白光 明6秒 暗2秒	Oc W 8s	8sec
群明暗光 Group Occulting	1周期内に複数の明間を持つ明暗光	Oc	群明暗白光 明6秒 暗1秒 明2秒 暗1秒	Oc (2) W 10s	10sec
等明暗光 Isophase	一定の光度を持つ光を一定の間隔で発し、明間暗間の長さが同一のもの	Iso	等明暗白光 明5秒 暗5秒	Iso W 10s	10sec
閃光 Flashing	一定の光度を持つ1分間に50回未満の割合の光を一定の間隔で発し、明間又は明間の和が暗間又は暗間の和より短いもの	Fl			
単閃光 Single Flashing	1周期内に一つの明間を持つ閃光	Fl	単閃赤光 毎10秒に1閃光	Fl R 10s	10sec
群閃光 Group Flashing	1周期内に複数の明間を持つ閃光	Fl	群閃赤光 毎12秒に3閃光	Fl (3) R 12s	12sec
複合群閃光 Composite Group Flashing	1周期内に二つの群閃光又は群閃光と単閃光の組合せを持つ閃光	Fl	複合群閃赤光 毎7秒に2閃光と1閃光	Fl (2+1) R 7s	7sec
長閃光 Long Flashing	1周期内に2秒の長さの一つの明間を持つ閃光	LFl	長閃白光 毎10秒に1長閃光	L Fl W 10s	10sec
急閃光 Quick	一定の光度を持つ1分間に50回の割合の光を一定の間隔で発し、明間の和が暗間の和より短いもの	Q			
連続急閃光 Continuous Quick	連続する急閃光	Q	連続急閃白光	Q W	
群急閃光 Group Quick	1周期内に複数の明間を持つ急閃光	Q	群急閃白光 毎10秒に3急閃光	Q (3) W 10s	10sec
			群急閃白光 毎15秒に6急閃光と1長閃光	Q(6) + L Fl W 15s	15sec

種　類 Class	説　明	略記 Abbr.	例　示		
			呼　称	略　記	図　解 Illustration
モールス符号光 Morse Code	モールス符号の光を発するもの	Mo	モールス符号白光 毎8秒にA	Mo (A) W 8s	8sec
連成不動閃光 Fixed and Flashing	不動光中に、より明るい光を発するもの	F Fl			
連成不動単閃光 Fixed and Flashing	不動光中に、単閃光を発するもの	F Fl	連成不動単閃白光 毎10秒に1閃光	F Fl W 10s	10sec
連成不動群閃光 Fixed and Group Flashing	不動光中に、群閃光を発するもの	F Fl	連成不動群閃白光 毎10秒に2閃光	F Fl (2) W 10s	10sec
互光 Alternating	それぞれ一定の光度を持つ異色の光を交互に発するもの	Al			
不動互光 Fixed Alternating	暗間のない互光	Al	不動白赤互光 白5秒　赤5秒	Al W R 10s	10sec
単閃互光 Alternating Single Flashing	1周期内の二つの単閃光が互光となるもの	Al Fl	単閃白赤互光 毎10秒に白1閃光、赤1閃光	Al Fl W R 10s	10sec
群閃互光 Alternating Group Flashing	1周期内の群閃光が互光となるもの	Al Fl	群閃白赤互光 毎15秒に白1閃光、赤1閃光	Al Fl (2) W R 15s	15sec
複合群閃互光 Alternating Composite Group Flashing	1周期内の複合群閃光の各群閃光又は群閃光と単閃光が互光となるもの	Al Fl	複合群閃白赤互光 毎20秒に白2閃光と赤1閃光	Al Fl(2+1) W R 20s	20sec

下記標識には、灯質略語の前に略語を付記する。

(1) 指向灯・・・・・・・Dir
Directional Lights

(2) 航空灯台・・・・・・Aero
Aero Lights

注意：上記「灯質（図解）」は、我が国の海図に採用されているものを掲載している。

資料② ＩＡＬＡ海上浮標式（Ｂ方式）

種別		意味	標体	頭標		図解				灯質	
			塗色	塗色	形状	灯浮標	浮標	灯標	立標	灯色	光り方
側面標識	左舷標識	1 標識の位置が航路の左側の端であること。 2 標識の右側に可航水域があること。 3 標識の左側に岩礁、浅瀬、沈船等の障害物があること。	緑	緑	円筒形 1 個					緑	単閃光（周期は3、4及び5秒） 群閃光（毎6秒に2閃光） モールス符号光 （A、B、C、及びD、周期は任意） 連続急閃光
	右舷標識	1 標識の位置が航路の右側の端であること。 2 標識の左側に可航水域があること。 3 標識の右側に岩礁、浅瀬、沈船等の障害物があること。	赤	赤	円錐形 1 個					赤	
方位標識	北方位標識	1 標識の北側に可航水域があること。 2 標識の南側に岩礁、浅瀬、沈船等の障害物があること。 3 標識の北側に航路の出入口、屈曲点、分岐点又は合流点があること。	上部黒 下部黄	黒	円錐形 2 個 縦 掲 （両頂点上向き）					白	連続急閃光
	東方位標識	1 標識の東側に可航水域があること。 2 標識の西側に岩礁、浅瀬、沈船等の障害物があること。 3 標識の東側に航路の出入口、屈曲点、分岐点又は合流点があること。	黒地に黄横帯 1 本	黒	円錐形 2 個 縦 掲 （底面対向）					白	群急閃光 （毎10秒に3急閃光）
	南方位標識	1 標識の南側に可航水域があること。 2 標識の北側に岩礁、浅瀬、沈船等の障害物があること。 3 標識の南側に航路の出入口、屈曲点、分岐点又は合流点があること。	上部黄 下部黒	黒	円錐形 2 個 縦 掲 （両頂点下向き）					白	群急閃光 （毎15秒に6急閃光と1長閃光）
	西方位標識	1 標識の西側に可航水域があること。 2 標識の東側に岩礁、浅瀬、沈船等の障害物があること。 3 標識の西側に航路の出入口、屈曲点、分岐点又は合流点があること。	黄地に黒横帯 1 本	黒	円錐形 2 個 縦 掲 （頂点対向）					白	群急閃光 （毎15秒に9急閃光）
孤立障害標識		標識の位置又はその付近に岩礁、浅瀬、沈船等の障害物が孤立していること。	黒地に赤横帯 1 本 以 上	黒	球 形 2 個 縦 掲					白	群閃光 （毎5秒又は10秒に2閃光）
安全水域標識		1 標識の周囲に可航水域があること。 2 標識の位置が航路の中央であること。	赤 白 縦じま	赤	球 形 1 個					白	等明暗光（明2秒暗2秒） モールス符号光 （毎8秒にA） 長閃光（毎10秒に1長閃光）
特殊標識		1 標識の位置が工事区域等の特別な区域の境界であること。 2 標識の位置又はその付近に海洋観測施設等の特別な施設があること。	黄	黄	X 形 1 個					黄	単閃光（周期は任意） 群閃光（毎20秒に5閃光） モールス符号光 （AとUを除く、周期は任意）

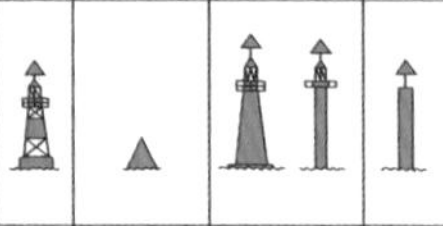

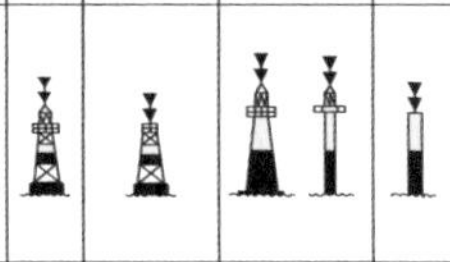

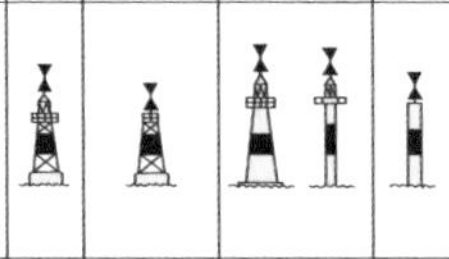

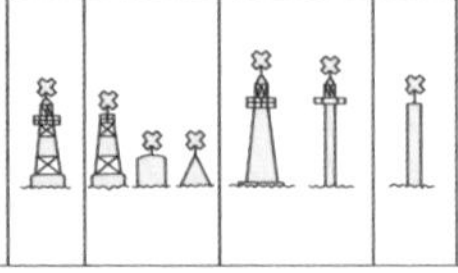

備考 1 航路及び標識の左側（右側）とは、水源に向かって左側（右側）をいう。
2 ＩＡＬＡ海上浮標式のうち、我が国の海図に採用されているものを掲載している。

資料③　海図図式（抜すい）

海図図式には，「国際水路機関（IHO）海図仕様書」に基づき，海上保安庁刊行の航海用海図に記載してある記号及び略語が収録されています。
ここに掲載したのは図式の一部です。詳しくは海上保安庁海洋情報部編集・日本水路協会発行の水路書誌第6011号「海図図式」を参照してください。

> 海図図式のレイアウト
> 表の左から順に　①「国際水路機関海図仕様書」の番号（a, b …は海上保安庁独自の記号），②同仕様書の記号，③用語，④海上保安庁刊行の海図の記号です。

航路　Tracks

①	②	③	④
1	270,5° 2 Bns ≠ 270,5°	指導線 （実線、航路 ≠：～と一線） *Leading line* *(firm line is the track to be followed , ≠ means " in line ")*	270.5° 2 Bns ≠ 270.5°
2	270,5° Island open of Headland 270,5°	見通し線 （指導線以外）、避険線 *Transit* *(other than leading line) , clearing line*	270.5° 島と鼻 ≠ 270.5°
3	090,5°－270,5°	推薦航路 （固定標で示したもの） *Recommended track based on a system of fixed marks*	090.5°－270.5°
4	090,5°－270,5°	推薦航路 （固定標で示さないもの） *Recommended track not based on a system of fixed marks*	090.5°－270.5°
5.1	DW (see Note)	一方通航航路及び深水深航路 （固定標で示したもの） *One-way track and DW track based on a system of fixed marks*	DW
5.2	270° DW	一方通航航路及び深水深航路 （固定標で示さないもの） *One-way track and DW track not based on a system of fixed marks*	DW
a		固定標で示す深水深航路 （最小水深を示したもの） *DW track based on a system of fixed marks* *(with the least depth)*	DW 25m
b		固定標で示さない深水深航路 （最小水深を示したもの） *DW track not based on a system of fixed marks* *(with the least depth)*	DW 25m DW 25m
6	7,0 m 7,3 m	最大喫水が図載されている推薦航路 *Recommended track with maximum authorised draught stated*	7.0 m 7.3 m

潮流及び海流　Tidal Streams and Currents

No.	INT	記事	JP
40	2, 5 kn	上げ潮流 *Flood tide stream with rate*	2.5 kn
41	→	下げ潮流 *Ebb tide stream*	2.5 kn
42	→	海流 *Current in restricted waters*	
43	2,5 – 4,5 kn Jan – Mar (see Note)	海流（流速及び季節を付記する） *Ocean current with rates and seasons*	1.5 kn
44		急潮、波紋、激潮 *Overfalls , tide rips , races*	
45		渦流 *Eddies*	
46	A	潮流表(記事)を記載する地点 *Position of tabulated tidal stream data with designation*	A
47	a	潮位が作表されている海上の地点 *Offshore position for which tidal levels are tabulated*	

等深線　Depth Contours

No.	INT	INT	記事	JP
30	2, 0, 2, 3, 5, 8, 10, 15, 20, 25, 30, 40, 50, 75, 100, 200, 300, 400, 500, 600, 700, 800, 900, 1000, 2000, 3000, 4000, 5000, 6000, 7000, 8000, 9000, 10000	2, 0, 2, 3, 5, 8, 10, 15, 20, 25, 30, 40, 50, 75, 100, 200, 300, 400, 500, 600, 700, 800, 900, 1000, 2000, 3000, 4000, 5000, 6000, 7000, 8000, 9000, 10000	干出の等深線　*Drying contour* 低潮線　*Low water line* 航海用海図及び海底地形図の縮尺や目的により、浅い区域を１つ、または複数の色調の青、あるいは青色の帯で示す。 海図によっては、等深線や表示数値を青色で示している。 *Blue tint , in one or more shades , or tint ribbons are shown to different limits according to the scale and purpose of the chart and the nature of the bathymetry. On some charts , contours and values are printed in blue.*	0, 2, 5, 10, 20, 30, 50, 100, 200, 500, 1000, 2000, 3000, 4000, 5000
31	20, 50	20, 50	概略等深線 *Approximate depth contours*	20

浮標及び立標 Buoys and Beacons			
1		浮標及び立標の位置 *Position of buoy or beacon*	
a		真の位置に記載できない浮標及び立標 *Buoy and beacon out of position*	
浮標及び立標の色 Colours of Buoys and Beacons			
2	 G B G G G	緑及び黒（記号は黒塗りつぶし） *Green and black (symbols filled black)*	 G B G G G
3	 R R Y Y R	緑及び黒以外の単色 *Single colour other than green and black*	 R R Y Y R
4	 BY GRG BRB	横縞の複色 （塗色略語は上から下の順で記載） *Multiple colours in horizontal bands , the colour sequence is from top to bottom*	 BY GRG BRB
5	 RW RW RW	縦縞または対角縞の複色 （塗色略語は濃い色から順に記載） *Multiple colours in vertical or diagonal stripes , the darker colour is given first*	 RW RW RW
6		光反射器 *Retroreflecting material*	Refl
注：通常、海図には表示しないが、灯なしの標識には光反射器が取り付けられていることがある。IALA の勧告では、照射灯の下に黒の縞が現れる。 *Note : Retroreflecting material may be fitted to some unlit marks. Chart do not usually show it. Under IALA Recommendations , black bands will appear under a spotlight.*			
夜標　Lighted Marks			
7	 Fl.G G　Fl.R R	標準海図の夜標 *Lighted marks on standard charts*	Fl R R　Fl G G
8	 Fl.R R　Iso RW　Fl.G G	多色刷海図の夜標 *Lighted marks on multicoloured charts*	
頭標及びレーダ反射器 Topmarks and Radar Reflectors			
9		IALA 海上浮標式の頭標（立標の頭標は立体） *IALA System buoy topmarks (beacon topmarks shown upright)*	
10	 Name 2 R	立標の頭標、色、レーダ反射器及び名称 *Beacon with topmark , colour , radar reflector and designation*	 No 2 G
11	 Name 3 G	浮標の頭標、色、レーダ反射器及び名称 *Buoy with topmark , colour , radar reflector and designation*	 No 3 R
注：通常、浮き標識のレーダ反射器は、海図に記載しない。 *Note : Radar reflectors on floating marks usually are not charted.*			

灯色及び記号 Colours of Lights and Marks			
11.1	W	白（分弧及び互光灯のみ） *White (for lights , only on sector and alternating lights)*	灯色表示 *Colours of lights shown* 標準海図 *on standard charts* 多色刷海図 *in multicoloured charts* 多色刷海図の分弧 *in multicoloured charts at sector lights* 
11.2	R	赤 *Red*	
11.3	G	緑 *Green*	
11.4	Bu	青 *Blue*	
11.5	Vi	紫 *Violet*	
11.6	Y	黄 *Yellow*	
11.7	Y	オレンジ *Orange*	
11.8	Y	こはく *Amber*	
周期 Period			
12	2,5s　90s	周期（秒または1/10秒単位で表示） *Period in seconds and tenths of a second*	2.5s　90s
灯高 Elevation			
13	12m	灯高（メートル） *Elevation of light given in metres*	12m
光達距離 Range			
14	15M	灯が1個の光達距離 *Light with single range*	15M
	15/10M	灯が2個の光達距離 *Light with two different ranges*	15/10M
	15-7M	灯が3個以上の光達距離 *Light with three or more ranges*	15-7M
配置 Disposition			
15	(hor)	横掲灯 *Horizontally disposed*	(hor)
	(vert)	縦掲灯 *Vertically disposed*	(vert)
	(△) (▽)	三角掲灯 *Triangular disposed*	
灯略記記載例 Example of a Full Light Description			
16	Name ☆ Fl(3)WRG.15s 21m 15-11M Fl(3)　*Class of light : group flashing repeating a group of 3 flashes* WRG.　*Colours : white , red , green , exhibiting the different colours in defined sectors* 15s　*Period : the time taken to exhibit one full sequence of 3 flashes and eclipses : 15 seconds* 21m　*Elevation of light : 21 metres* 15-11M　*Nominal range : white 15M , green 11M , red between 15 and 11M*		☆ Fl(3) W R G 15s 21m 15-11M Fl(3)　灯質：群閃光（周期中に3閃光する） W R G　灯色：白、赤、緑（分弧限界線により色が変わる） 15s　周期：一定の周期毎に3閃光発する（15秒） 21m　灯高：平均水面からの高さが21メートル 15-11M　光達距離：白 15M、緑 11M、赤 11～15Mの間

9　航海のルールと信号

§1．海事法規

海上航行に関係のある法規のことを総称して海事法規といいます。海事法規は古代フェニキア時代から存在していたと考えられています。歴史上有名なものとしては紀元前3～2世紀頃に東地中海のロード島で発達したロード海法，12世紀頃に大西洋沿岸で使われたオレロン海法，14世紀イタリアのアマルフイ海法，15世紀に地中海で使われていたウィスビー海法，16世紀フランスのギドン・ド・ラ・メール，17～19世紀イギリスの航海条例などがあり，日本にも室町時代に制定されたといわれる廻船式目や(注1)，豊臣時代に制定された海路諸法度などがあります。

現在の日本における海事法規の中で特に重要なものには，船舶法，船舶安全法，船員法，船舶職員及び小型船舶操縦者法，海難審判法，海上衝突予防法，港則法，海上交通安全法，海洋汚染等及び海上災害の防止に関する法律，水先法，検疫法，出入国管理及び難民認定法，関税法，海商法（商法中の海商編），国際海上物品運送法，海上運送法，港湾運送事業法と，国際法である国連海洋法条約などがあります。その中でも，海上衝突予防法は船の航行に関するルールを定めたものであり，航海者はその内容を熟知しておく必要があります(注2)。

§2．海上衝突予防法

海上衝突予防法は1889年に制定された国際海上衝突予防規則に準拠して1892年に制定された法律で，現行法は1972年に改正された国際海上衝突予防規則をそのまま国内法化しています。この法律は海洋，あるいは海洋とつながっている河川や湖沼において適用され，その適用水域を航行する小さなろかい舟から巨大タンカー，水上航空機，平時における軍艦に至るあらゆる船舶が対象とな

(注1) 廻船式目は当時の海上運送における慣習法を条文化したものですが，正式な名称はなく，廻船大法，船法度，船法とも呼ばれていました。

(注2) 日本の海事法規については，国土交通省海事局監修『海事法規の解説』が参考になります。また，海上衝突予防法については，鈴木卓也著『CGコミック・海上衝突予防法』が漫画による解説でわかりやすいです。もちろん，毎年更改される国土交通省大臣官房総務課監修『実用海事六法』は必携書です。

りますので，マリンレジャーとしてヨットやモーターボート，カヤックなどでの航海を楽しむ人たちも知っておく必要があります。以下，海上衝突予防法で規定されている航海のルールと信号のうち，重要なものを紹介します。

§3．あらゆる視界の状態における船舶の航法

船の航行中は視覚，聴覚及び状況に適したあらゆる方法（レーダーなど）を用いて見張りをすること，周囲の状況を考慮した安全な速力で航行すること，他船との衝突の恐れがあるかどうかについてはあらゆる方法を用いて判断すること，衝突を避けるための動作は十分余裕のある時期に行うことなどが規定されています。

また，航行幅が2～3マイル以下の狭い水道や航路筋を航行する際のルールとして，できるだけ右側に寄って航行すること，避航義務は①動力船，②帆船，③漁ろうに従事している船舶の順に発生すること（注3），他船を追い越す場合は追い越される船の同意を信号で確かめること，やむをえない場合を除いて錨泊を禁止することなどが規定されています。

§4．互いに他の船舶の視野の内にある船舶の航法

2隻の帆船が互いに接近して衝突する恐れがある場合，左舷に風を受けている帆船は右舷に風を受けている帆船の進路を避けねばなりません。また，両船が同じ舷に風を受けている場合は，風上側に位置する帆船が風下側の帆船の進路を避けねばならないと規定されています。

追越し船を，ある船舶の正横後22度30分を超える後方の位置（夜間においては，追い越される船舶の舷灯が見えない位置）から当該船舶を追い越す船舶と定義します。追越し船は海上衝突予備法上の他の規定にかかわらず，追い越さ

（注3）海上衝突予防法の定義：船舶＝水上輸送の用に供する船舟類（水上航空機を含む）。動力船＝機関を用いて推進する船舶（機関のほか帆を用いて推進する船舶であって帆のみを用いて推進しているものを除く）。帆船＝帆のみを用いて推進する船舶及び機関のほか帆を用いて推進する船舶であって帆のみを用いて推進しているもの。漁ろうに従事している船舶＝船舶の操縦性能を制限する網，なわその他の漁具を用いて漁ろうをしている船舶（操縦性能制限船に該当するものを除く）。運転不自由船＝船舶の操縦性能を制限する故障その他の異常な事態が生じているため他の船舶の進路を避けることができない船舶。喫水制限船＝船舶の喫水と水深との関係によりその進路から離れることが著しく制限されている動力船。操縦性能制限船＝①航路標識，海底電線又は海底パイプラインの敷設，保守又は引揚げ，②浚渫，測量その他の水中作業，③航行中における補給，人の移乗又は貨物の積替え，④航空機の発着作業，⑤掃海作業，⑥船舶及びその船舶に引かれている船舶その他の物件がその進路から離れることを著しく制限するえい航作業などに従事しているために，他の船舶の進路を避けることができない船舶。

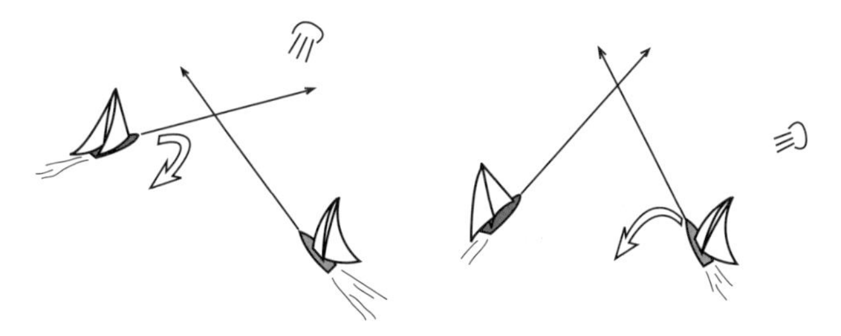

帆船同士の見合い航行

①風を受ける舷が異なる場合⇒左舷に風を受ける帆船が避航します。
②風を受ける舷が同じ場合⇒風上の帆船は風下の帆船を避航します。
この他に，左舷に風を受けている帆船は，風上にいる他の帆船が風をどちらの舷から受けているか不明な時は，その帆船を避航します。

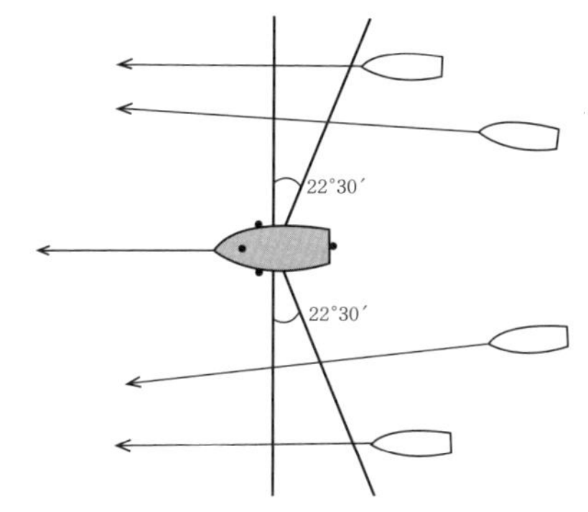

追越し航行　追越し船は追い越される船を確実に追い越し，かつ相手の船から十分遠ざかるまでその船の進路を避けなければなりません。

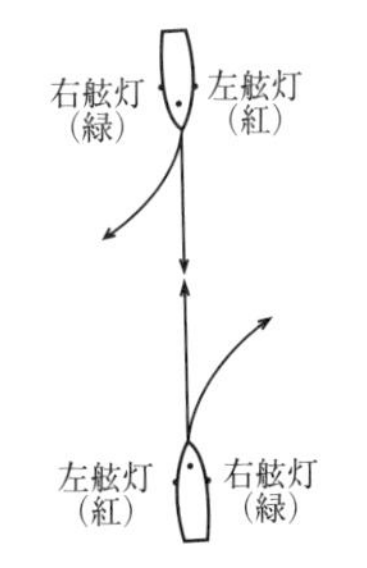

動力船同士の行き会い航行　各動力船は互いに他の動力船の左舷側を通過することができるように，それぞれ針路を右に転じなければなりません。

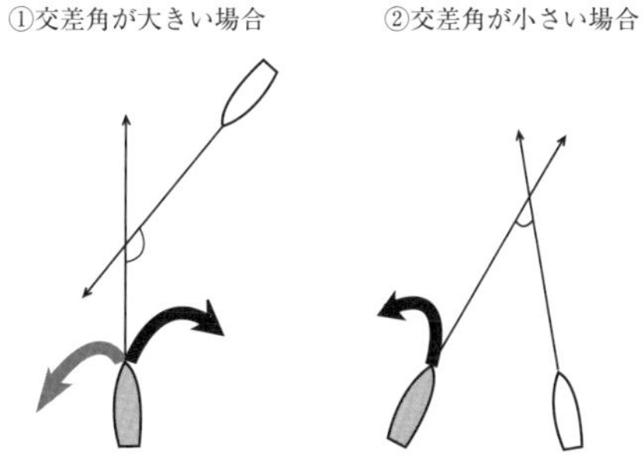

動力船同士の横切り航行　他船を右舷側に見る船は他船の進路を避けなければなりません。

れる船の進路を避けねばなりません。

2隻の動力船が真向かい，またはほとんど真向かいに行き会う場合（夜間においては，船首方向で他船のマスト灯2個をほとんど垂直線上に見るとき，または他船の両舷灯を見るとき），各動力船は互いの左舷側を通過できるように，それぞれの進路を右に転じなければなりません（注4）。

2隻の動力船が互いに進路を横切り，衝突の恐れがある場合は，他船を右舷側に見る動力船が他船の進路を避けねばなりません。やむをえない場合を除き，他船の船首方向を横切ってはいけません。

海上衝突予防法では，上記のように2隻の船舶が見合い関係（行き会い，横切り，追い越し）になる場合に，他船の進路を避けねばならない船のことを「避航船」，他方を「保持船」と呼びます。避航船が避航義務を持つのに対して，保持船の方は針路と速力を保つ義務を持ちます。ただし，保持船は避航船が同法の規定に基づく適切な動作を取っていない場合に限り，避航船との衝突を避けるための動作を取ることができます。

異なる種類の船が見合い関係になる場合は，操縦性能の優れている方が他船を避けねばなりません。その順は，①動力船，②帆船，③漁ろうに従事している船舶，④運転不自由船及び操縦性能制限船と規定されています（注5，6）。また，①②③の船は喫水制限船の通航を妨げてはなりません。

§5．視界制限状態における船舶の航法

視界制限状態においては，ただちに機関を操作できるよう「スタンバイ・エンジン」の状態にしておくこと（第11章3項参照），レーダーを活用した見張りを行うこと，前方に他船がいるときはやむをえない場合を除いては進路を左に転じてはならないこと，自船の正横（船首から90度の方向）より後方に他船が

（注4）自船と同じ向きに進んでいる船のことを同航船，逆に向かってくる船のことを反航船と呼びます。

（注5）『ハワイの若大将』という映画の冒頭部に，“若大将”こと加山雄三が乗っていた小型ヨットと，若大将の恋人役の“澄子”こと星由里子が操縦するモーターボートが衝突するシーンがありましたが，この場合には動力船であるモーターボートを操縦していた澄子さんの方に避航義務があります。

（注6）この優先順位は全ての海域において適用されますが，狭い水道や分離通航帯などにおいては例外があり，動力船に対して優先権のある帆船，動力船や帆船に対して優先権のある漁ろうに従事している船舶であっても，優先順位の低い船の通航を妨げることは禁止されています。

伊豆の安良里港に停泊する「光進丸」　ミュージシャンの加山雄三（弾厚作）が自ら設計した船。総トン数104トン，全長30.6mというのは，通常のプレジャーボートの域を超えていましたが，残念なことに2018年4月3日停泊中に火災を起こして沈没しました。「光進丸」については，映像記録『光進丸〜海と歌と加山雄三〜』が参考になります。

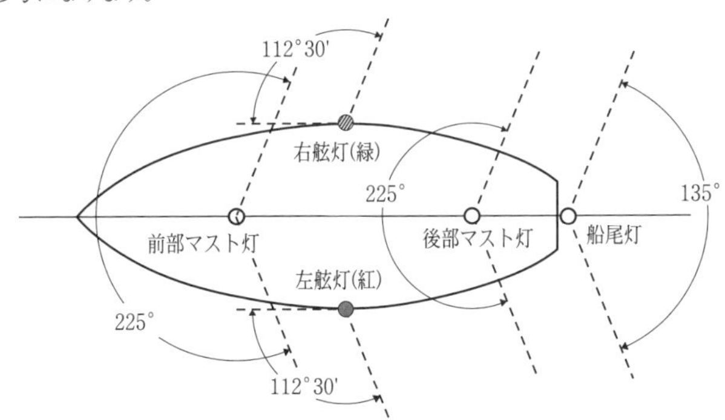

船の灯火の位置と他船から見える範囲

いるときはその船の方に進路を転じてはならないことなどが規定されています。

§6．灯火及び形象物

海上衝突予防法は，日没から日出までの間及び視界制限状態において船舶が点灯せねばならない灯火と，昼間に表示せねばならない形象物についても規定しています。船の灯火には，船の中心線上に取り付けられるマスト灯（白灯），舷側に取り付けられる舷灯（左舷灯は紅灯，右舷灯は緑灯）（注7），船の中心線上に取り付けられる両色灯（左側が紅色，右側が緑色），船尾に取り付けられる船尾灯（白灯）あるいは引き船灯（白灯），360度にわたる全周を照らす全周灯，一定の間隔で毎分120回以上の閃光を発する全周灯の閃光灯などがあります。

航行中の動力船は，マスト灯を前部に1個，後部に1個（前部マスト灯よりも高く。ただし，長さ50メートル未満の船は省略可），両舷に1対の舷灯（長さ20メートル未満の船は両色灯をもって代えることができる），船尾灯を1個点灯せねばなりません。ただし，長さ7メートル未満の動力船で，最大速力が7ノットを超えないものは，これらに代えて白色の全周灯を点灯しても構いません。また，浮揚航行中のエアクッション船は黄色の閃光灯を点灯します。

霧中号角（Fog horn） 濃い霧などで視界がきかないときに，大きな音を出して自分の船の位置を知らせます。

船舶その他の物件を曳航したり，押して航行している動力船は，マスト灯を垂直方向に増掲する他に，引き船灯の表示をせねばなりません。また，昼間において本船の船尾から曳航物の後端までの距離が200メートルを超える場合は，菱形形象物の掲示をせねばなりません。ただし，押している動力船と押されている動力船が結合して一体となっている場合は，これらの船を1隻の動力船と見なします。

錨泊中の船舶は前部に白色全周灯1個と，できる限り船尾に近く前部の全周灯よりも低い位置に白色全周灯1個を掲げねばなりません。ただし，長さ50メートル未満の船舶は，これらの灯火に代えて白色の全周灯1個を掲げることができます。昼間は前部に球形の形象物1個を掲げます。長さ7メートル未満の船舶は，錨泊している水域が狭い水道等や錨地もしくはその付近，他の船舶が通常航行する水域である場合を除き，灯火又は形象物を表示することを要し

（注7）かつて寿屋（現在のサントリー）は「赤玉ポートワイン」という名前のお酒（ポルトワインとは異なる同社オリジナルの製品）を製造・販売していましたが，これは舷灯の色を覚える際の語呂合わせに便利で，「紅球はポート（左舷）側」と覚えます。

球形形象物	円すい形形象物	円筒形形象物	菱形形象物	鼓形形象物
錨泊中等	機走中の帆船等	喫水制限船	えい航船等	漁ろう中の漁船

※すべて黒色と定められています。定められた形状を網で形作ったものが一般的です。

船で使われる形象物

ません。

§７．音響信号及び発光信号

長さ100メートル以上の船は汽笛と号鐘，銅鑼（どら）を，長さ12メートル以上100メートル未満の船は汽笛と号鐘を備えねばなりません。長さ12メートル未満の船にはその義務はありませんが，それらに代わる音響信号設備を備えなければなりません。汽笛の音には，１秒程度吹鳴する短音（・）と，４～６秒間継続して吹鳴する長音（－）があります。閃光を発する発光信号は音響信号の補助的役割をなすもので，音響信号を送る際に併用することができます。操船信号及び警告信号には以下のものがあります。

① 針路信号：進路を右に転じている場合は短音１回（・），左に転じている場合は短音２回（・・），機関を後進にかけている場合は短音３回（・・・）を発します。

② 追越し信号：他船の右舷側を追い越す場合は長音２回，短音１回（－－・），左舷側を追い越す場合は長音２回，短音２回（－－・・），また，他船に追い越されることを同意した場合は長音１回，短音１回，長音１回，短音１回（－・－・）を発します。

③ 疑問信号：他船と衝突の恐れがあるにもかかわらず，他船の意図や動作を理解できない場合に短音を５回以上（・・・・・，，，）発します。

④ 湾曲部信号：狭い水道などの湾曲部に接近するときは長音１回（－）を発し，他方からそこに向かっている船も同じ信号（－）でこれに応じます。

また，霧中など視界制限状態で航行中の船舶は以下の音響信号を発することとされています。

①　対水速力を有して航行中の動力船（以下の③④の規定の適用があるものを除く）は，２分を超えない間隔で長音１回（－）を発します。

②　対水速力を有さずに航行中の動力船（以下の③④の規定の適用があるものを除く）は，約２秒間隔の長音２回（－－）を２分を超えない間隔で発します。

③　航行中の帆船，漁ろうに従事している船舶，運転不自由船，操縦性能制限船及び喫水制限船（他の動力船に引かれているものを除く），他の船舶を引くかもしくは押している動力船は，２分を超えない間隔で，長音１回に引き続き短音２回（－・・）を発します。

④　他の動力船に引かれて航行中の船舶（２隻以上ある場合は，最後部のもの）は，乗組員がいる場合は，２分を超えない間隔で，長音１回に引き続く短音３回を発します（－・・・）。この信号は，できる限り，引いている動力船が行う上記③の規定による信号の直後に行わなければなりません。

海上衝突予防法は上記の音響信号以外に，視界制限状態における錨泊船の音響信号や，注意喚起信号などについても定めていますが，遭難信号については国土交通省令で定める信号を行うものとし，それらの信号を遭難して救助を求める場合以外には行ってはならないとしています。遭難信号には次のようなものがあります。

①　約１分の間隔で行う１回の発砲その他の爆発による信号

②　霧中信号器による連続音響による信号

③　短時間の間隔で発射され，赤色の星火を発するロケットまたはりゅう弾による信号

④　無線電信，その他の信号方法によるモールス符号のSOS（・・・－－－・・・）の信号

⑤　無線電話による「メーデー」という語の信号

⑥　国際信号旗のＮ旗及びＣ旗を縦に上から並べて掲げる信号

⑦　方形旗であって，その上方または下方に球またはこれに類似する形状のもの１個を付けた信号

⑧　船舶上の火炎（タールおけ，油たるなどの燃焼によるもの）による信号

⑨　落下傘の付いた赤色の炎火ロケット，または赤色の手持ち炎火による信

郵便はがき

63円切手を
お貼り下さい

1 6 0 - 0 0 1 2

(受取人)

東京都新宿区南元町4の51
(成山堂ビル)

㈱成山堂書店 行

お名前	年　齢　　　歳 ご職業
ご住所(お送先)　(〒　　－　　)	1. 自　宅 2. 勤務先・学校
お勤め先(学生の方は学校名)	所属部署(学生の方は専攻部門)
本書をどのようにしてお知りになりましたか A. 書店で実物を見て　B. 広告を見て(掲載紙名　　　) C. 小社からのDM　D. 小社ウェブサイト　E. その他(　　　)	
お買い上げ書店名 市　　町　　書店	
本書のご利用目的は何ですか A. 教科書・業務参考書として　B. 趣味　C. その他(　　　)	
よく読む 新　聞	よく読む 雑　誌
E-mail(メールマガジン配信希望の方) @	
図書目録　送付希望　・　不　要	

—皆様の声をお聞かせください—

成山堂書店の出版物をご購読いただき、ありがとうございました。今後もお役にたてる出版物を発行するために、読者の皆様のお声をぜひお聞かせください。

代表取締役社長
小 川 典 子

本書のタイトル（お手数ですがご記入下さい）

■ 本書のお気づきの点や、ご感想をお書きください。

■ 今後、成山堂書店に出版を望む本を、具体的に教えてください。

こんな本が欲しい！（理由・用途など）

■ 小社の広告・宣伝物・ウェブサイト等に、上記の内容を掲載させていただいてもよろしいでしょうか？（個人名・住所は掲載いたしません）

はい ・ いいえ

ご協力ありがとうございました。

（お知らせいただきました個人情報は、小社企画・宣伝資料としての利用以外には使用しません。25.4）

号

⑩　オレンジ色の煙を発することによる信号

⑪　左右に伸ばした腕を繰り返しゆっくり上下させることによる信号

⑫　無線電信による警急信号

⑬　無線電話による警急信号

⑭　イパーブ（Emergency Position Indicating Radio Beacon：衛星を利用した非常用位置指示無線標識）による信号

⑮　①～⑭の他に，海上保安庁長官が告示で定める信号

§8．港則法と海上交通安全法

港則法は日本全国の約500の港において適用され（第15章３項参照），海上交通安全法は船舶交通のふくそうする東京湾，伊勢湾，瀬戸内海において適用される海上交通法規です。港則法と海上交通安全法は海上衝突予防法に準拠して作られた法律ですので，そこに規定がない場合は海上衝突予防法の規定に従いますが，港内においては港則法上の規定が優先され，前記した３つの海域（港内を除く）においては海上交通安全法の規定が優先されます。

海上交通安全法の適用される海域には以下の航路があり，同法は航路における一般的航法と，航路ごとの航法を定めています。

・東京湾：浦賀水道航路，中ノ瀬航路

・伊勢湾：伊良湖水道航路

・瀬戸内海：明石海峡航路，備讃瀬戸東航路，備讃瀬戸北航路，備讃瀬戸南航路，宇高東航路，宇高西航路，水島航路，来島海峡航路

§9．国際信号旗

船はIMO（International Maritime Organization：国際海事機関）が採択した国際信号書で規定される国際信号旗を用いて，自船の状態や意思，あるいは航路，港の中で接岸しようとしている場所を知らせます。複数の信号旗を組み合わせることによって，さまざまな通信を行うことが可能です。

§10．国連海洋法条約

人類のコモンズ（共有物）である海を誰もが自由に利用すべきだとする考えは昔からありました。古代ローマ時代に制定されたローマ法大全には「海は自然法によって万人の共有物であり，空気と同様に海の使用は万人に自由に開か

国際信号旗の掲揚（写真提供：全日本内航船員の会）

出港準備とＰ旗 船が出港する際には国際信号旗のＰ旗を掲揚します。

地球上の水域	区分		内容	無害通航	海洋環境の保護と保全
	公　海		排他的経済水域の外側の海洋。海底は深海底開発利用に関する規定に従います。		
	（資源領海）	大陸棚	（海底のみ）		
		排他的経済水域	（領海基線から200マイル以内）		
		群島水域	（内水と領海の二面性を有します）		
		国際海峡	（幅員24マイル以内の場合は中央線までが両対岸国の領海となります）		
	領水	領　海	（領海基線から12マイル以内）		
		内　水	湖川，湖沼		
			港湾，内海		

国連海洋法条約による海洋の分類

れている」と書かれていますが，この海洋自由の原則は西洋文明圏においてその後も引き継がれていきます。一方，アジアでは入浜権（入会権）などの慣習法によって地先の海の漁業資源を管理することも行われましたが（注8），平和的通商を行うための海上交通の自由についてはやはり古い時代から広く認められていました。ところが，17世紀に「国際法の父」と称されたフーゴー・グロチウスが海洋自由の思想を理論化すると，残念ながらそれは1960年代に至るまで先進諸国による植民地獲得と経済的利益独占の正当化にも利用されました。

その後，国連の海洋法会議を経て，海洋法は海洋自由だけではなく，沿岸国の権益を認めると共に，海洋管理の考え方を強く盛り込んだものに改正されました（1994年に国連海洋法条約（海洋法における国際連合条約）として発効）。それによって現在ではほとんどの国が領海を領海基線から12マイル，排他的経済水域を領海基線から200マイルとすることに同意しています（注９）。従来公海は領海の外側と規定されていましたが，本条約によって「いずれの国の排他的経済水域，領海若しくは内水又はいずれの群島国の群島水域（注10）にも含まれない海洋のすべての部分」と定義され，その範囲は狭まりました。

また，領海が12マイルとされたことから，国際海峡においてもその幅が24マイル以内であれば中央線までが両対岸国の領海ということになりました。沿岸国は領海を航行する外国船の無害通航権を保障しますし，通過通航制度（国連海洋法条約において国際海峡を対象に定められた，船舶の自由通航を認める制度）にも従わねばなりません。しかし，外国船も領海内では沿岸国の法令，特に運送と航行に関する法令を遵守する義務がありますので，それは船舶の国際海峡航行にも大きな影響を与えるようになりました（注11）。

ところで，国連海洋法条約は公海上の船舶は登録先の旗国に「排他的管轄権を服する」としており，「いずれの国も，自国を旗国とする船舶に対し，行政上，

（注８）日本，アジアの地先の海での伝統的な資源管理法については，中村尚司，鶴見良行編『コモンズの海』，秋道智彌著『なわばりの文化史』『コモンズの人類学』，秋道智彌編『自然はだれのものか』，秋道智彌，角南篤編著『海はだれのものか』，村井吉敬著『サシとアジアと海世界』，川口祐二著『海辺の歳時記』などで身近な事例が紹介されています。

（注９）領海基線とは，海岸の低潮線，港湾もしくは湾内に引かれる線のことです。国連海洋法条約では，海岸が著しく曲折しているか，海岸に沿って至近距離に一連の島がある場所においては，領海の範囲を測定するための基線として，適当な地点を結ぶ直線基線の方法を用いることができるとしており，日本も15の海域において162本の直線基線を採用しています。

（注10）国連海洋法条約は，群島国（フィリピン，インドネシア，フィジー，モーリシャス，パプアニューギニア，バハマなど）の群島の最も外側の島々を結んだ直線を基線とすることを認めています。ただしこの基線を引くにあたっては以下の条件があります。

①基線の内側にある水域の面積と陸地の面積の比が１：１から９：１の間でなければならない。

②基線の長さは100海里以下でなければならない。ただし、基線全体の長さの３パーセントまでであれば125海里まで認められる。

③群島全体の輪郭から外れて基線を引いてはならない。

技術上及び社会上の事項について有効に管轄権を行使し及び有効に規制を行う」ことと定めています（旗国（Flag state）主義）。しかし，海難事故による海洋汚染や海賊への対処においては，従来の旗国主義の原則だけでは対応できないケースが多々あります。また，船舶所有者の国と船舶登録者の国が異なる便宜置籍船（第19章１項参照）の場合は，さらに問題が複雑になります。そこで，近年では入港国（Port state）や沿岸国（Costal state）による管轄権の範囲を広げる動きも高まってきています。

（注11）国連海洋法条約が船舶の通航に与える影響については，日本海運振興会国際海運問題研究会編『海洋法と船舶の通航』にわかりやすく解説されています。また，文献的には少し古いですが，高梨正夫著『新海洋法概説』も参考になります。いわゆる「200海里問題」（排他的経済水域外で自由に漁業活動ができないことを「問題」と呼んだ，1970年代当時の感覚にこそ問題があった気がしますが）が日本の漁業と食に与えた影響については，今村奈良臣，陣内義人編『新海洋時代の漁業』，岸康彦著『食と農の戦後史』などが参考になります。秋道智彌，角南篤編著『日本人が魚を食べ続けるために』は，今後の日本の漁業と魚食を考える上で参考になります。近年世界では深海で産出される鉱物などの資源をめぐる紛争が増えており，コモンズとしての海の利用について新たな枠組みが求められる時代に入っています（谷口正次著『オーシャンメタル』，竹田いさみ著『海の地政学』，加藤泰浩著『太平洋のレアアース泥が日本を救う』など参照）。ところで，日本には元来日本の領土であったのに外国の実効支配などによって日本人が容易に訪ねることができない島々があり，それらの島の状況については山本皓一著『日本人が行けない日本領土』，中澤孝之著『図解島国ニッポンの領土問題』，山田元彦著『日本の国境』『日本の海が盗まれる』などが参考になります。また，中国は海洋の資源や戦略拠点の権益が死活的に重要だと規定する領海法を1992年に制定し，それに基づいてベトナム，フィリピン，マレーシア，ブルネイ，台湾との間で領有権を争ってきた南シナ海の南沙諸島，ベトナム，台湾との間で領有権を争ってきた南シナ海の西沙諸島，そして日本の領土である東シナ海の尖閣列島を，自国領だと一方的に宣言しています。石油などの天然資源を産出する南シナ海は中東や欧州と東アジアを結ぶ重要な海上交通路でもあり，中国の主張は国連海洋法条約が保証する各国船舶の航行の自由を妨げるものです。国際法よりも国内法を優先して強引な海洋進出を図る中国の行動に対して，日本政府などは強い懸念を表明していますが，私たちはその背景に対する歴史・地政学的理解も持っておく必要があるでしょう（サミュエル・ハンチントン著『文明の衝突』，秋元千明著『戦略の地政学』，エドワード・ルトワック著『自滅する中国』『中国4.0』，玉木俊明著『逆転の世界史』『物流は世界史をどう変えたのか』，ジェイムズ・スタヴリディス著『海の地政学』，ダニエル・ヤーギン著『新しい世界の資源地図』，三船恵美著『中国外交戦略』，横山宏明著『中華思想と現代中国』，浦野起央著『地政学と国際戦略』，北岡伸一，細谷雄一編『新しい地政学』，佐藤優著『地政学入門』『佐藤優の地政学入門』，茂木誠著『日本人が知るべき東アジアの地政学』，國分俊史著『経済安全保障の戦い』，ヘンリー・A・キッシンジャー著『キッシンジャー回想録 中国』，清水克彦著『台湾有事』，渡部悦和，尾上定正，小野田治，矢野一樹著『台湾有事と日本の安全保障』，東アジア情勢研究会編『台湾有事どうする日本』など参照）。

資料④　海上衝突予防法（第三章）　灯火及び形象物の図解

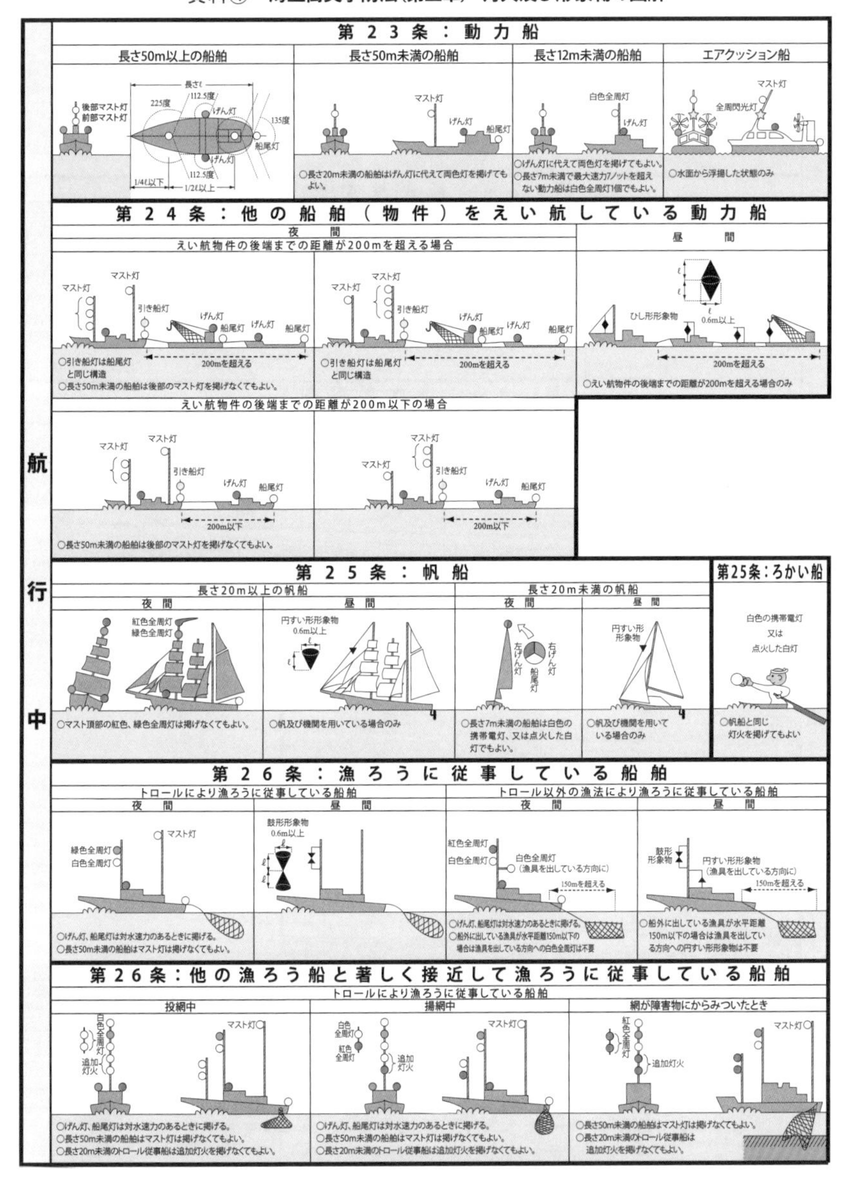

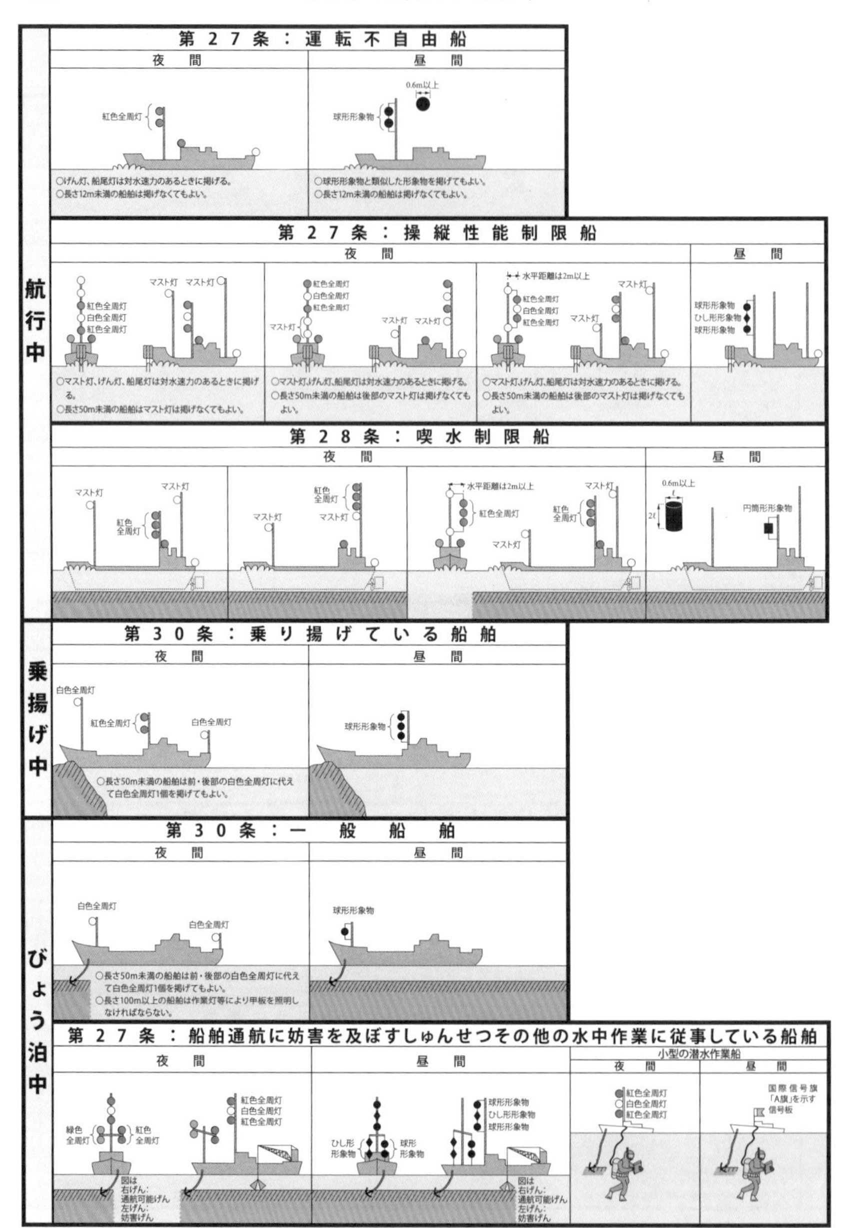

航行中
第27条：運転不自由船
夜間
昼間
紅色全周灯
○げん灯、船尾灯は対水速力のあるときに掲げる。
○長さ12m未満の船舶は掲げなくてもよい。
0.6m以上
球形形象物
○球形形象物と類似した形象物を掲げてもよい。
○長さ12m未満の船舶は掲げなくてもよい。
第27条：操縦性能制限船
夜間
昼間
紅色全周灯
白色全周灯
紅色全周灯
マスト灯
○マスト灯、げん灯、船尾灯は対水速力のあるときに掲げる。
○長さ50m未満の船舶はマスト灯は掲げなくてもよい。
○マスト灯、げん灯、船尾灯は対水速力のあるときに掲げる。
○長さ50m未満の船舶は後部のマスト灯は掲げなくてもよい。
水平距離は2m以上
球形形象物
ひし形形象物
球形形象物
第28条：喫水制限船
夜間
昼間
マスト灯
紅色全周灯
水平距離は2m以上
0.6m以上
2ℓ
ℓ
円筒形形象物
乗揚げ中
第30条：乗り揚げている船舶
夜間
昼間
白色全周灯
紅色全周灯
白色全周灯
○長さ50m未満の船舶は前・後部の白色全周灯に代えて白色全周灯1個を掲げてもよい。
球形形象物
びょう泊中
第30条：一般船舶
夜間
昼間
白色全周灯
白色全周灯
○長さ50m未満の船舶は前・後部の白色全周灯に代えて白色全周灯1個を掲げてもよい。
○長さ100m以上の船舶は作業灯等により甲板を照明しなければならない。
球形形象物
第27条：船舶通航に妨害を及ぼすしゅんせつその他の水中作業に従事している船舶
夜間
昼間
小型の潜水作業船
夜間
昼間
緑色全周灯
紅色全周灯
紅色全周灯
白色全周灯
紅色全周灯
図は右げん：通航可能げん 左げん：妨害げん
ひし形形象物
球形形象物
球形形象物
ひし形形象物
球形形象物
国際信号旗「A旗」を示す信号板

資料⑤ **国際信号旗**　**文字旗** (Alphabetical flags) **と1字信号**

文字	意味	符号
A	私は、潜水夫をおろしています。微速で十分避けて下さい。	・－
B	私は、危険物を荷役中または運送中です。	－・・・
C	イエス（肯定または“直前の符字は肯定の意味に解して下さい”）。	－・－・
D	私を避けて下さい。私は、操縦が困難です。	－・・
E	私は針路を右に変えています。	・
F	私は操縦できない。私と通信して下さい。	・・－・
G	私は水先人がほしい。私は揚網中です。	－－・
H	私は、水先人を乗せています。	・・・・
I	私は、進路を左に変えています。	・・
J	私を十分避けて下さい。私は火災中で、危険貨物を積んでいます。または、私は危険貨物を流出させています。	・－－－
K	私は、あなたと通信したい。	－・－
L	あなたは、すぐ停船して下さい。	・－・・
M	本船は停船しています。行き足はありません。	－－
N	ノウ（否定または“直前の符字は否定の意味に解して下さい”）。	－・
O	人が海中に落ちた。	－－－
P	**港内で**、本船は、出港しようとしているので全員帰船して下さい。**洋上で**、本船の漁網が障害物にひっかかっています。	・－－・
Q	本船は健康です。検疫交通許可証を交付して下さい。	－－・－
R	受信しました。	・－・
S	本船は機関を後進にかけています。	・・・
T	本船を避けて下さい。本船は2そう引きのトロールに従事中です。	－

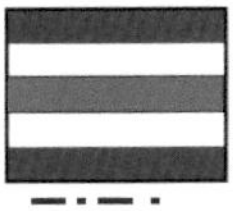

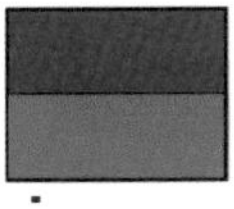

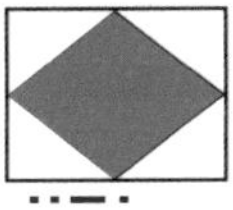

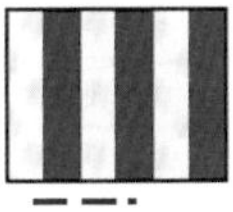

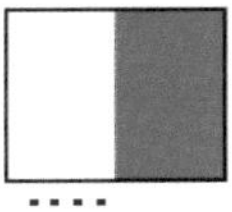

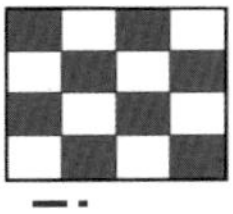

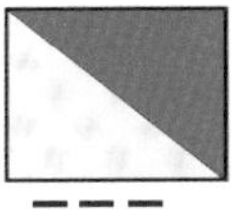

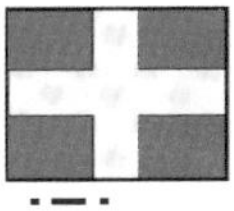

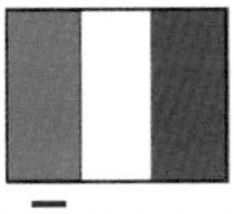

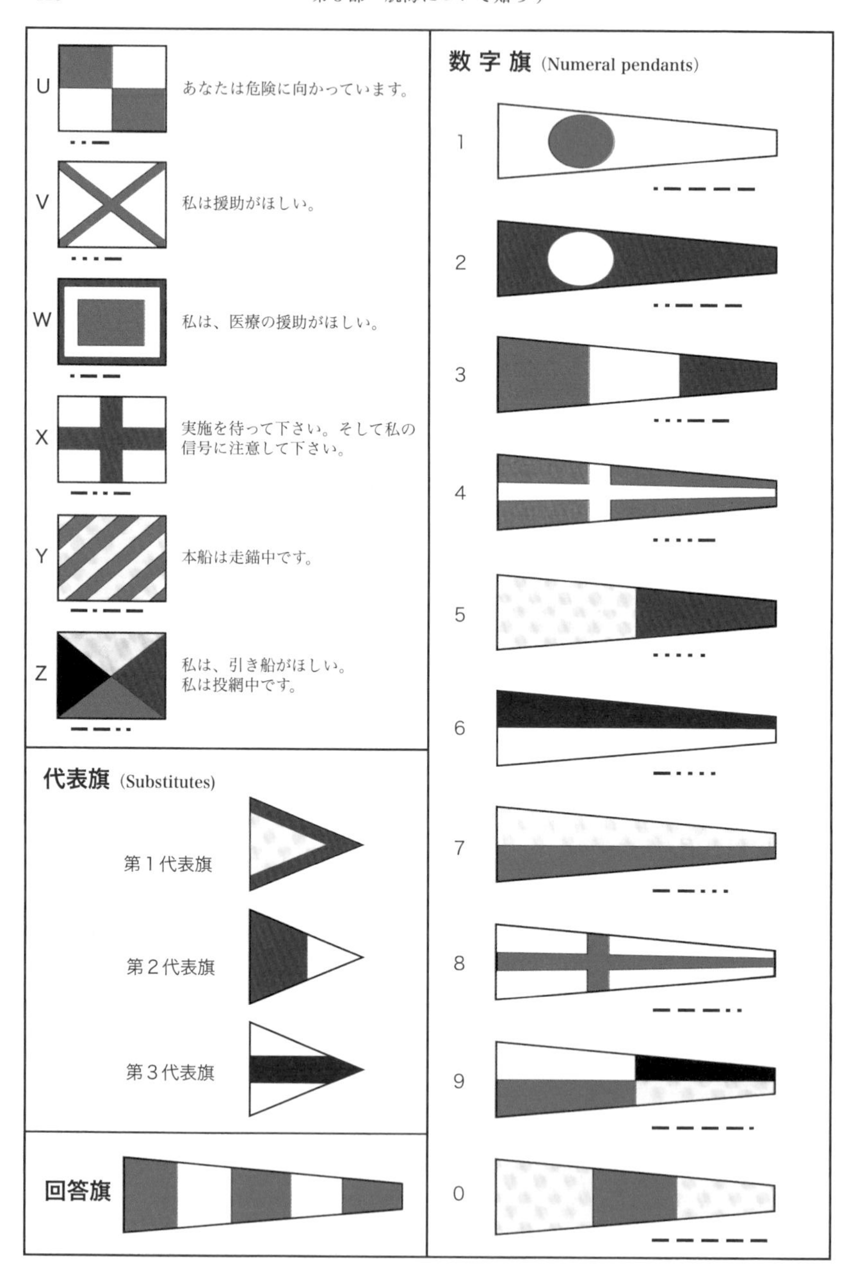
U
あなたは危険に向かっています。
V
私は援助がほしい。
W
私は、医療の援助がほしい。
X
実施を待って下さい。そして私の信号に注意して下さい。
Y
本船は走錨中です。
Z
私は、引き船がほしい。
私は投網中です。
代表旗 (Substitutes)
第1代表旗
第2代表旗
第3代表旗
回答旗
数字旗 (Numeral pendants)
1
2
3
4
5
6
7
8
9
0

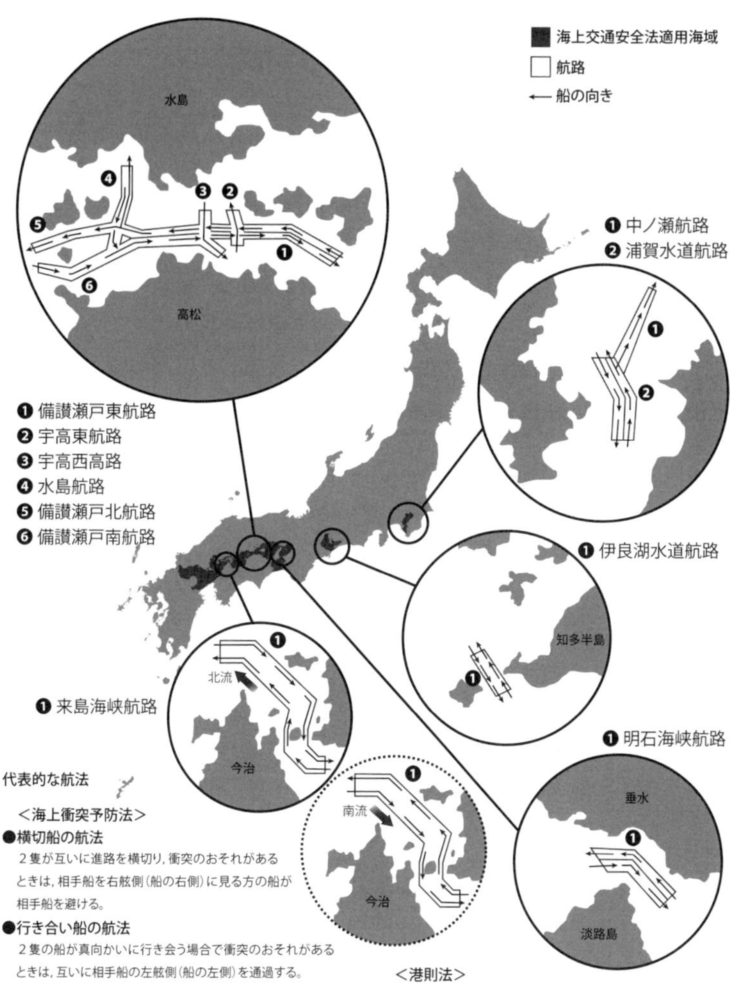

代表的な航法

＜海上衝突予防法＞

●横切船の航法

２隻が互いに進路を横切り，衝突のおそれがあるときは，相手船を右舷側（船の右側）に見る方の船が相手船を避ける。

●行き合い船の航法

２隻の船が真向かいに行き会う場合で衝突のおそれがあるときは，互いに相手船の左舷側（船の左側）を通過する。

●船の状況（運転不自由の船，漁業に従事している船等）による優先関係

＜海上交通安全法＞

●航路を航行する義務

長さ50メートル以上の船舶は航路を航行する。

●航路航行船の優先

航路を出入りしようとしたり，横断しようとする船舶が出会い衝突の恐れがある場合は，航路を航行中の船舶が優先される。

●速力の制限

航路の定められた区間においては12ノット未満で航行する。

＜港則法＞

●出航船の優先

港の防波堤の入口付近で衝突のおそれがある場合は，入航船に対して出航船が優先する。

●右小回り，左大回り

防波堤などの突端や停泊船を右舷に見て航行するときはできるだけこれに近寄り，左舷に見て航行するときはできるだけ遠ざかって航行する。

●港内での避航義務

狭い港内では運動性能が悪く操船範囲が限られる大型の船舶を，操船自由度の高い汽艇（総トン数20トン未満の汽船をいう）等が避けなければならない。

主な航路と航法

10　船の位置の求め方

§1．船位の測定

一口に航海術といってもその意図する範囲は非常に広いのですが，航海術の基本は「船の位置（船位）を求めること」と「船の向かう進路を決めること」，そして「船を正しく操ること」にあります（注1）。古来，私たちの祖先は実にさまざまな方法でそれらを行ってきました。例えば，本書の「はじめに」で紹介したミクロネシアの航海者たちは，海域ごと，季節ごと，時間帯ごとに水平線から出没する星の位置を記憶して頭の中にスターコンパス(星図)と海のイメー

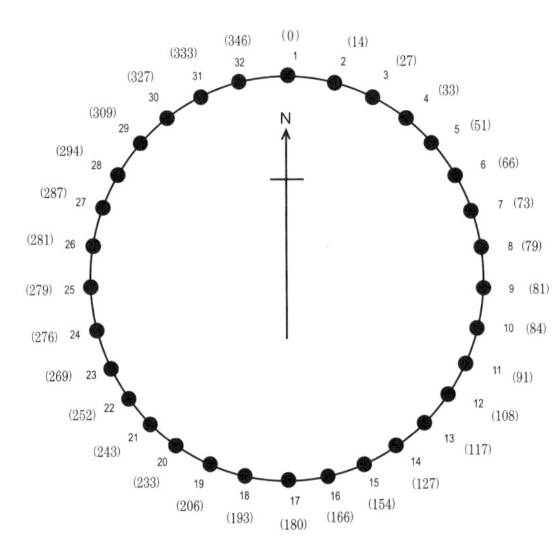

ミクロネシアのスターコンパス（星図）の一例　円周上に星や星座の出没する32方位を配したもので，（　）内の数字はコンパスで検証した方位角です（はじめに参照）。ミクロネシアの伝統的航海術についてはデービッド・ルイス著『We, the Navigators』，秋道智彌著『海洋民族学』，ステファン・D・トーマス『The Last Navigator』などを参考にしてください。また，秋道智彌はサタワル島に伝わる航海術について，『国立民族学博物館研究報告』にも多数報告しています。（図版提供：秋道智彌）

（注1）このことは，企業やNPOなどの組織経営における原則のメタファーでもあると筆者は考えています。経営においても「社会・市場における自組織の位置を定めること」，「自組織の向かう進路を決めること」，そして「自組織を効果的に正しく運営すること」が必要です。ただし，社会・市場の海は常に変化しており，航海の拠り所とする海図自体が変わり続けることに対する認識も不可欠です。

ジマップを描き，それを頼りに海を渡っていました（注2）。これは実に驚くべき技能ですが，航海計器なしで大洋を渡るにはこうした身体感覚に頼らざるをえなかったのでしょう。

近年の航海計器の発達は目覚しく，現在ではGPSで得た位置情報をディファレンシャルGPS局（DGPS局）からの情報で補正することによってごく簡単に高精度の船位が得られるようになりました。しかし，洋上においては不意にどのような事態が発生するかわからず，航海者はそうした不測の事態に備えてさまざまな方法で船位を得られるようにしておく必要があります。ここでは沿岸航法，天文航法，電波航法における船位測定法の中から代表的なものを幾つか選んで紹介してみます（注3）。

§2．沿岸航法：交差方位法

交差方位法（Cross bearing）は陸地の見える沿岸航海時によく使われる方法です。山頂や島，灯台など海図上に記載されている物標を2個以上（通常は3つ）選んで，そのコンパス方位を測定します。そして，海図上でそれぞれの物標から方位の線を引くと，その線の交わる点が本船の位置ということになります（注4）。

3つの物標を選んで測定した場合，3本の線が1点で交わらず，小さな三角形を作ることがありますが，これを誤差三角形と呼びます。誤差三角形が小さ

（注2）スター・ナビゲーションと通称される，一種の推測航法です。現代においても，ポリネシア系ハワイ人の航海者ナイノア・トンプソンは祖先の航海術を体得するための訓練の一つとしてプラネタリウムに通い，さまざまな海域において季節と時間帯ごとに水平線から出没する星や星座を映像から記憶し，それをダブルカヌー「ホクレア」による実際の航海において役立てたといいます（ウィル・クセルク著『星の航海術をもとめて』，サム・ロウ著『Hawaiki Rising』，ベン・フィニー著『Sailing in the Wake of the Ancestors』，星川淳著『星の航海師』，トリスタン・ダーリー著『ナチュラル・ナビゲーション』など参照）。「ホクレア」は2007年に日本までの航海も行っており，最後の寄港地・横浜で開催された記念シンポジウムには筆者も登壇させていただきました。ところで，星の和名や民俗にまつわる文献としては，野尻抱影著『日本の星』，『星の民俗学』などがよく知られていますが，近年に出版された石橋正著『星の海を航く』，北尾浩一著『日本の星名辞典』も非常に参考になります。

（注3）航法，船位測定法については松本吉春著『地文航法』，岩永道臣，樽美幸雄著『天文航法』，辻稔著『航海学』が詳しいです。また，電子航法については，藤井弥平著『電子航法のはなし』がわかりやすいです。

（注4）沿岸漁業の漁師は付近の山や岬などの目標を2～3カ所選び，その見える方向や距離を感覚的につかむことで漁場の場所を特定する山だてという方法を昔から使っていますが，これも交差方位法の一種だといえます。山だてはスクーバダイビングにおいても潜水ポイントを把握するための有効な手段です。

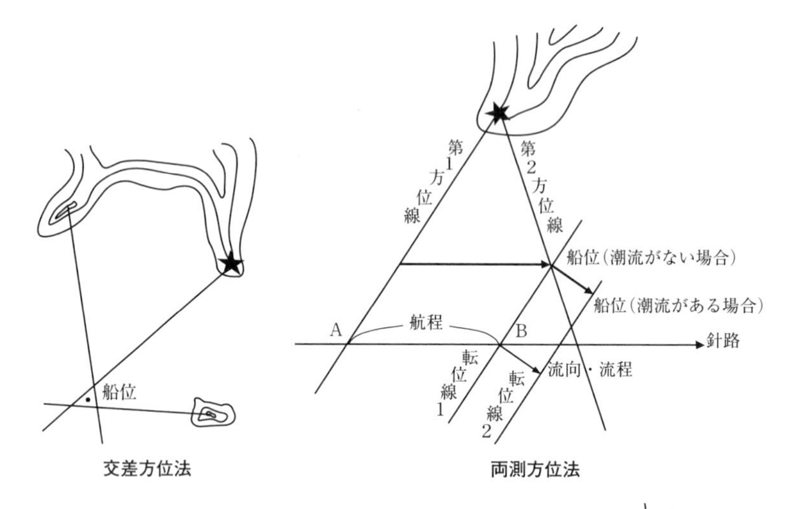

交差方位法　　両測方位法

い場合は，三角形の中心を船位としますが，浅瀬や暗礁などの危険物が近くにある場合は，三角形上で最も不利な場所を船位とするのが無難です。

§３．沿岸航法：両測方位法

船が一定の針路を走っている時に，前方にある物標の方位を測定し，それから適当な時間を経た後に再び同じ物標の方位を測定した上で，海図上にそれぞれの方位線を引きます。第一方位線上の任意のA点から針路方向に線を引き，２度の測定の間に船が走った航程だけ離れた点をBとします。A点とB点を結ぶ線を第一方位線と平行に移動させると，B点と第二方位線が重なった点が船位となります。両観測点間を流れる潮流の流向，流程がわかっている場合は，その分だけ移動させて船位を出します。この方法を両測方位法（Running fix）と呼びます。

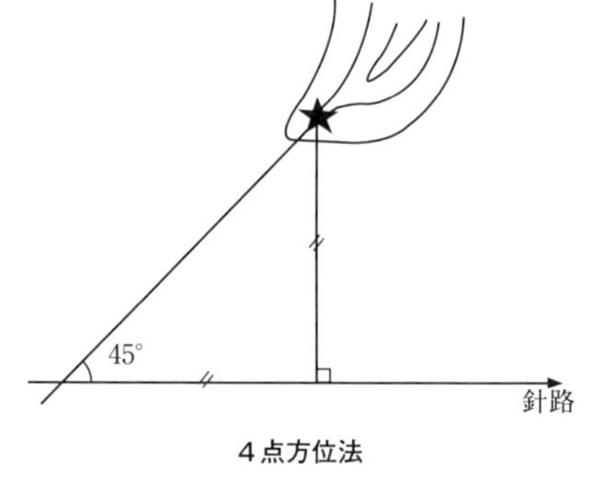

４点方位法

§４．沿岸航法：４点方位法

船が一定の針路を走っている時に，前方にある物標の方位が船首から４点（45度）に見えたときから（注５），同じ物標が正横（船首から90度の方向）に見えるときまでに走った距離を測れば，この距離は本船から物標までの正横距離となり，船位を得ることができます。４点方位法（Four points）はとても簡便な方法なので，交差方位が取れない場合の正横距離決定用としてよく用いられます。

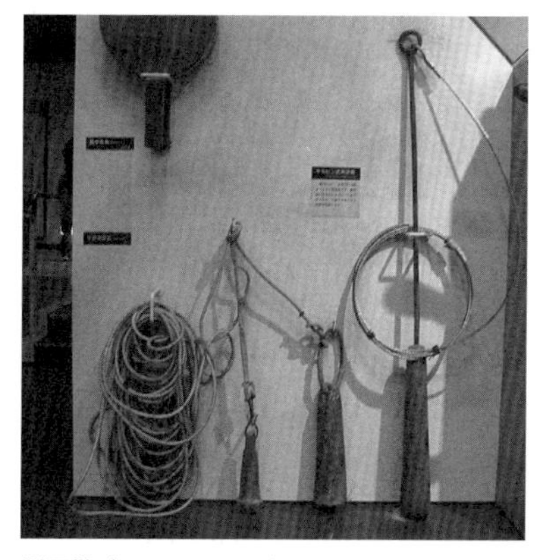

測深儀（レッド：Lead）　錘を水中に落とし，水中に入った索の長さから水深を測定します。

§５．沿岸航法：水深連測法

連続して水深を測ることによって船位を求める方法です。トレーシング・ペーパーに緯度線と推定針路を記入し，測深によって得た水深及び底質，時刻を順を追って針路線上に記入していきます。紙片を緯度線と平行に保ちながら海図上を移動し，水深及び底質の一致する場所を概略の船位とします。

§６．天文航法：位置の線航法

天文航法は天体観測によって船位を求める方法です。六分儀（セクスタント）を用いて天体の高度を観測し，同時にクロノメーター（時辰儀）で計測した時間により，天体の位置を航海暦から読み取れば，球面三角法の計算によって，その天体を観測した高度で見ることのできる地球上の位置の軌跡を導き出すことができます。この軌跡は，地球の中心と天体を結ぶ直線が地球の表面と交わる点を中心とする大きな圏になりますが，この圏のことを位置の圏，もしくは等高度の圏と称します。

方位の異なる２つの天体を観測して，２個の位置の圏を描けば，そこに生じる２つの交点のうちのいずれかが船位ということになり，推測位置に基づいてどちらか１つを船位として特定することができます。しかし，実際には図上に位置の圏を描くことは容易ではないので，推測位置付近のごく狭い範囲における位置の圏を天体の方位に直角に交わる直線と見なすことによって作図をします。この直線のことを位置の線と称します。

（注５）１点（１ポイント）とは羅針盤の全周360度を32分割したもので，２点間の角度は11度15分になります。また，羅針盤の全周を時計に見立てて12分割し，正面（進行方向）を12時，右正横を３時，真後ろを６時，左正横を９時というふうに表現することもあります。

北	N	0°	南	S	180°
北北東	NNE	22° 30′	南南西	SSW	202° 30′
北東	NE	45°	南西	SW	225°
東北東	ENE	67° 30′	西南西	WSW	247° 30′
東	E	90°	西	W	270°
東南東	ESE	112° 30′	西北西	WNW	292° 30′
南東	SE	135°	北西	NW	315°
南南東	SSE	157° 30′	北北西	NNW	337° 30′

コンパスカード

六分儀（セクスタント）による天体高度の観測（写真提供：日本郵船）

同時に3個の天体を観測して3本の位置の線を引けば，その交わりは三角形になることが多いのですが，その場合は三角形の中心を船位とします。また，昼間の太陽のように1つの天体しか観測できない場合は，時間をずらして2度にわたって天体高度の観測を行い，最初の観測で得た位置の線を2回目の観測時までに走った針路と距離だけ移動させ，それと2回目の観測で得た位置の線との交点を2回目の観測時の船位とします。

なお，天体を使った船位測定法にはこの方法以外に，太陽が子午線に正中した時に太陽の高度と赤緯によって緯度を求める太陽子午線高度緯度法や(注6，7)，北極星の高度を利用して緯度を求める北極星緯度法があります。

(注6）外洋航海中の船では正午に太陽が真南にくるよう（正中）に毎日時計の針を調整していきます（午前の「パーゼロ」直の仕事)。これを時刻改正といい，正午の船位を正午位置（Noon position）と称します。これにより，西から東へ向かう航海では1日は24時間よりも短く，東から西へ向かう航海では1日は24時間よりも長くなります。飛行機で東西に移動する際にはこの差が大き過ぎて時差ぼけが起こるのです。

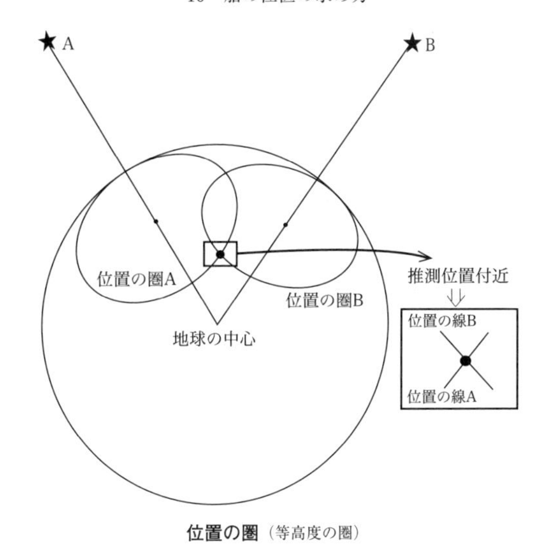

位置の圏（等高度の圏）

§7．電波航法：ロラン航法

主従2局のロランC局が発するパルス電波が到着する時間の差が同じとなる地点を線で結んでいくと双曲線が描かれます。ロラン航法ではこの双曲線のことを位置の線と呼びます。位置の線が1本だけだと船位を決めることはできませんので，主局ともう1つ別の従局による位置の線を求め，それらの交わる点を船位とします。ただし，ロランCの運用は多くの国において終息しており，日本も2015年に同システムの運用を廃止しました（第7章5項参照）。

（注7）赤緯と赤経は，地球から見た天体の位置を示すのに使われます。全ての恒星が貼り付いている天球なるものを仮定すると，地球からは天球が回転しているように見えますが，回転の軸となる2点は動きません。この天球上の2点を天の北極，南極と称し，それぞれの赤緯を+90°，−90°と定めます。また，赤経は北半球における春分点を基点とし，東回りに15°＝1時として，24時までの数字で表します。

11　操船術

§1．船の操縦性能

操船は船長及び航海士にとって基本的な仕事です。十分な航海の知識があったとしても，操船ができないと船は無事に入出港し，海を渡ることができません。操船に際しては，まず自船の操縦性能をよく把握する必要があります。その基本となるのは，旋回性能（針路変更性能），保針性能（針路保持性能），停止性能（緊急停止性能）です（第4章6項参照）。船の操縦性能は，舵力，船体の惰力，スクリュープロペラの作用といった諸要因に加え，風，波，海潮流，積荷の重量，接近船との吸引作用などによっても影響を受けるため，注意が必要です。

§2．操舵号令

船は自動車のように船長や航海士自らが操舵するのではなく，周囲の状況や本船の状態に目配りしながら号令を発し，それを受けた操舵手が舵輪を操作して舵を取ります。その際に発せられる操舵号令については，IMO（国際海事機

船橋（ブリッジ）での操舵風景（写真提供：川崎汽船）

関）が以下のような標準操舵号令を勧告しています（注1）。

① 右に舵を取るとき（右回頭）：スターボード（Starboard：面舵）の後に必要な舵角をつけて号令します（"Starboard twenty" で「舵角を右に20度」）。右一杯に舵を取るときは，"Hard-a-starboard"（面舵一杯）と令し，舵角35度を取ります。

② 左に舵を取るとき（左回頭）：ポート（Port：取舵）の後に必要な舵角をつけて号令します（"Port ten" で「舵角を左に10度」）。左一杯に舵を取るときは，"Hard-a-port"（取舵一杯）と令し，舵角35度を取ります。

③ 舵角を戻してゆっくり回頭させるとき：イーズ・トゥー（Ease to：～に戻せ）の後に必要な舵角をつけて号令します（"Ease to five" で「舵角５度に戻せ」）。また，舵を中央に戻す場合はミジップ（Midships：舵中央）と令します。

④ 変針中に所定の針路に船首を向けたいとき：発令者が変針中に"Midships" と令し，船首が回頭惰力によって所定の針路に近づいたときに，ステディ（Steady）と号令します。そして，船首が所定のコースに向いた瞬間に "Steady as she goes" と令します。操舵手は "Steady" の号令を受けると，船首の振れを抑えるために反対側に少し当て舵を取り，"Steady as she goes" のときは発令されたときのコンパス示度を告げ（"Steady on ～"），そのコースに針路を定めます。

⑤ 所定のコースや目標物に船首を向けたいとき：ステア（Steer）の後にコンパス示度や目標物の名称をつけて号令します（"Steer one zero five" で「コース105度に舵を取れ」，"Steer on No. 1 Buoy" で「１番ブイに向けろ」）。操舵手は，指示された方向に船首が定針したら "Steady on ～" と告げます。

ちなみに，船では右舷側のことをスターボード（Starboard）と呼びます。これは，ヴァイキング時代には船の右舷側にステアリング・オール（Steering oar：舵取り用の櫂）操舵機が据えつけられていたことに由来し，古英語の steoboard（操船する側の舷（Steering board））から来ています。

他方，船の左舷側はポート（Port）と呼ばれます。これはかつて船を港に横

（注１）操舵号令，機関号令など，操船や航海に関わる各種の通信用語については，高木直之，内田洋子著『海事基礎英語』が参考になります。

付けする際に右舷側に付いていたステアリング・オールを妨げぬよう，左舷側を接岸させたことに由来します。英国では荷役舷という意味で左舷側をladeboardと称していたのですが，それが16世紀頃にlarboardに転じたと言われています。しかし，starboardとlarboardは紛らわしいので，後に港を意味するportに改められました。

飛行機で使われる用語の多くは船からきているのですが，飛行機は今でも乗客が乗り降りするタラップは全て左舷側に付けますので，古い時代の船の伝統がそんなところに残っているのは興味深いことです。

§3．機関号令（エンジン・テレグラフの発令）

船は洋上では常用出力による航海速力（Sea speed）で走りますが，出入港時や狭水道を通過する際などにはエンジン・テレグラフを使って船橋から機関室に指示を出し，機関室はそれに応じて主機の出力を操作します。その状態をスタンバイ・エンジンといい，その際の速力を航海速力に対してスタンバイ速力（Stand by speed）と称します。エンジン・テレグラフを使った機関号令（エンジン・オーダー）には以下のようなものがあります。

① フル・アヘッド（Full ahead：前進全速）：船速は常用出力の70～80％程度

② ハーフ・アヘッド（Half ahead：前進半速）：同45～55％程度

③ スロー・アヘッド（Slow ahead：前進微速）：同35～45％程度

④ デッド・スロー・アヘッド（Dead slow ahead：前進最微速）：同20～30％

エンジン・テレグラフ（写真提供：日本郵船）

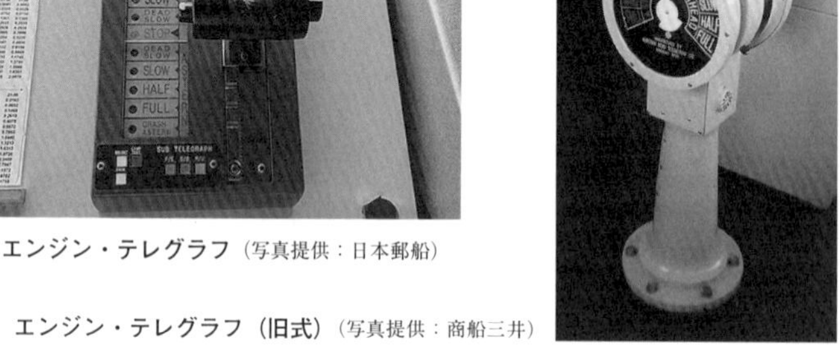

エンジン・テレグラフ（旧式）（写真提供：商船三井）

程度

⑤　ストップ・エンジン（Stop engine：エンジン停止）

後進の場合は，上記のアヘッド（Ahead）がアスターン（Astern）に置き換えられますが，後進速力は前進速力よりも遅く，"Full astern" で "Half ahead" 程度の出力にしかならないため，万一のときに出力を一杯出させるために "Again full astern"（後進全速一杯），あるいはエンジンが壊れることを覚悟で急停止させる必要が生じたときのために "Crash astern" と記したエンジン・テレグラフもあります。

また，本船が停泊作業に入り，主機使用を終了する際には "Finished with engine"（機関終了），本船が出港時のスタンバイ速力から航海速力に移り，出港部署配置を解いて航海当直に入る際には "Ring up engine" という指令を発します。この航海速力における前進全速をNavigation full，スタンバイ速力における前進全速をManoeuvring fullと呼び，両者を区別するようにしています。

ちなみに，従来日本の外航船の多くは燃料費を節約するために，良質のA重油とコールタールのように高粘度のC重油を燃料油として使い分けており，スタンバイ・エンジンのときはA重油を用い，航海速力中はC重油を用いるのが一般的でした。しかし，IMO（International Maritime Organization：国際海事機関）によるSOx（硫黄酸化物）規制強化を受けて，2020年１月以降はC重油を燃料油に使えなくなっています（第５章１項参照）。

§４．港内操船

港内での操船は難易度が高いことから，水先法の規定などにより外航船などの大きな船はその港での操船に精通した水先人（パイロット：Pilot）に操船を任せるケースが多いのですが（注２），総トン数3,000トン未満の内航船などでは経済的な理由もあって，船長が操船することが多いです（注３）。

（注２）日本には現在39の水先区（水先人が業務を提供できる区域）があり，そのうちの11区域が強制水先区となっています（港域としては，横須賀，佐世保，那覇，横浜川崎，関門。水域としては，東京湾，伊勢湾，大阪湾，備讃瀬戸（水島港を含む），来島海峡，関門（通峡船のみ））。強制水先区では総トン数などが規定の条件を満たす船は必ず水先人を依頼せねばなりません。ただし，防衛庁やアメリカ合衆国及び国際連合の艦船，内航の定期旅客船やフェリーは強制水先の対象から除外されています。

（注３）ただし，横須賀，佐世保，那覇においては，強制水先対象となる船のトン数は3,000トンよりも小さく設定されています。

総トン数1万トン以上の大型船や長さ200メートル以上の巨大船になると，狭い港内では自船の力だけで回頭することができませんので，2～4隻のタグボートを船の前後に取り，引き回して回頭します。

水先人による操船（入港スタンバイ）（写真提供：商船三井）

総トン数2,000トンから5,000トン程度の大きさの船では，サイドスラスターを船首尾に有していれば回頭や横移動が容易になりますので，タグボートを使わなくても自力で岸壁に離着岸することができます。

パイロット・ボート 水先人（パイロット）の乗下船に使用されます。水先人の乗船中は国際信号旗のH旗を掲げます。

長さが100メートル以下の船の場合，その水域の広さが自船の長さの3倍程度あれば，舵と機関を巧みに使って前後進を繰り返すことによって回頭することができますし，総トン数5,000トン以下の船であれば錨（Anchor）を利用して回頭する用錨回頭という方法もよく用いられます。

ここでは，船が港内において自力で離着岸する際の操船法をいくつか紹介してみます。事例とする船はごく一般的に見られる1軸右回りのスクリュープロペラ船としますが，1軸右回り船は後進をかけるとプロペラ放出流の影響を受けて船体を右に回頭させながら船尾を左舷の方へ押すという性格を持っています。

① 左舷付けの自力着岸操船法：岸壁に対して15～20度くらいの進入角を保ち（小型船の場合は進入角を大きめに取ります），2ノット程度の微速で接近します。係船位置までの距離が船の長さの2倍くらいになるところまで近づいたときにエンジンを後進にすれば，行き足が止まった頃にプロペラ放出流の影響で船尾が左に振れ，船体が岸壁とほぼ平行になりますので，そこで係留索を岸壁に送って巻き詰めて係船します。

② 右舷付けの自力着岸操船法：できるだけ岸壁線に沿うように，1ノット

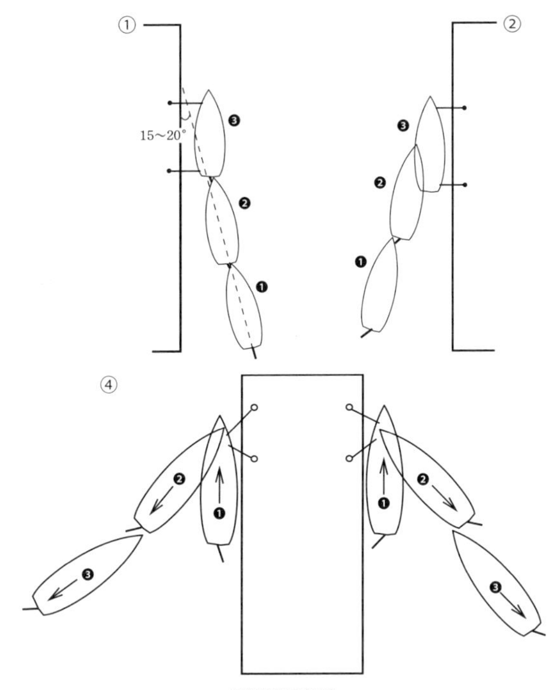

離着岸操船法

①左舷付けの自力着岸操船法
②右舷付けの自力着岸操船法
④自力離岸操船法
(注) 操船術全般については，本田啓之輔著『操船通論』，井上欣三著『操船の理論と実際』の説明がわかりやすいです。また小型船舶操縦士向けに作られた日本船舶職員養成協会編『小型船舶操縦士教本』は，小型船舶の操船の基本や航行に必要なことが一通りまとめられており，参考になります。

以下の微速で惰力前進します。係船位置にきたところで係留索を素早く岸壁に送って巻き詰めて係船します。後進機関をかけて行き足を止めようとすると船首が岸壁に接触するか，船尾が岸壁から離れることもありますので，サイドスラスターを使うケースが多いです。また，岸壁線に対して斜めコースで進入せざるをえない場合は，岸壁手前で船を停め，舵を左舷一杯に切りながら短時間だけ前進エンジンを掛けます。その後，前進惰力で岸壁に接近しながら左舷錨を海中に投下し，用錨回頭で船を左に回頭させながら行き足を止めて接岸します。

③　風潮がある時の自力着岸操船法：風潮を船首に受けるようにし，岸壁に対して小角度に保ちながら極超微速で接近すれば自力接岸は可能です。ただし，沖の方から吹く風（Onshore wind）を受ける時の操船は非常に困難ですので(注4)，用錨操船をするか，タグボートの支援を受ける必要があります。

タグボート　タグボートは小さくても馬力が大きく，総トン数100トン程度のものでも1,800馬力，200トン程度のものでは2,900〜3,400馬力くらいあります。

④　自力離岸操船法：船首索（Head line）と前方スプリングを残して，船を係留していた係留索を取り込みます。船首が岸壁と接触する恐れのある部分にフェンダー（Fender：防舷物）を当てながら舵を岸壁側一杯に取り，ゆっくり前進力をかけると船尾が岸壁から離れてきます。そうしたら後進エンジンを掛けながら舵を岸壁と反対側に取り，残していた係留索を放して離岸します。

タグボートの操船盤　ジョイスティック・コントロールシステムを採用したものです。（写真提供：全日本内航船員の会）

⑤　風潮がある時の自力離岸操船法：風潮の方向に応じた操船の方法がありますが，いずれも係留索をうまく使いながら，風潮を利用して船体を岸から放していくという共通点があります。ただし，沖の方から吹く風を受ける時の操船は非常に困難ですので，サイドスラスターを使うかタグボートの支援が必要です。

§5．係留索

船を岸壁に係留する際，船を定位置に留めておくために係留索（Mooring

(注4) 逆に，陸から沖に向かって吹く風のことをOffshore windといいます。

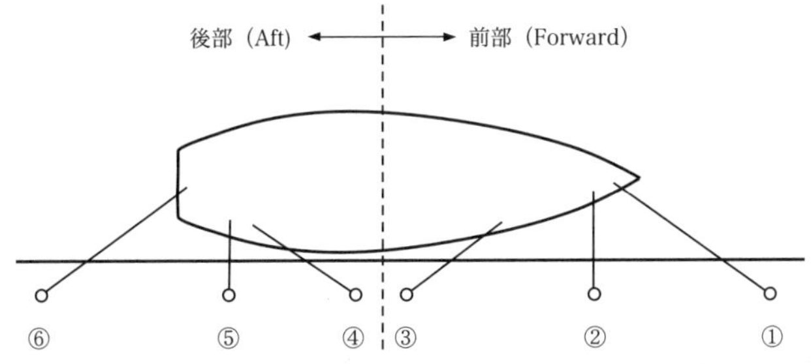

係留索 ①船首索（Head line：おもてもやい，おもてながし），②前方ブレストライン（Forward breast line：おもてちかもやい），③前方スプリング（Forward spring：おもてスプリング），④後方スプリング（Aft spring：ともスプリング），⑤後方ブレストライン（Aft breast line：ともちかもやい），⑥船尾索（Stern line：とももやい，ともながし）。

line：もやい綱）を取ります。船の前後揺れ（Surging）にはスプリング（Spring），左右揺れ（Swaying）と船首揺れ（Yawing）にはブレストライン（Breast line），また船の全体的な移動や回頭を抑えるには船首尾索（ながし）を取ります。

係留索として用いられるホーサー（hawser：直径40ミリ以上のロープ）は，外航貨物船の場合には直径が60～80ミリにもなり，船から人力で岸壁に向けて投げることはできません。そこで，先にヒービング・ライン（Heaving line）という細いロープを投げ，それを使って岸壁側から係留索をたぐり寄せます。

§6．錨泊

船を沖合に錨泊させる際に考慮すべきことは，平穏な海面が確保できていること，水面が十分広くて航路筋ではないこと，万一走錨（Dragging anchor：錨泊中に強い風と波のために錨ごと船が流されること）しても対応できるだけの余裕水面を風下側に確保しておくこと，適当な水深であること（総トン数1万トン級の貨物船で15～20メートル程度），錨かきの良い底質の場所を選ぶこと（粘土質の軟泥，砂泥の混合土が望ましい），付近に船舶の交通が少なく，漁礁や海底ケーブルのような障害物がないことなどです。錨泊時に繰り出す錨鎖の長さ（L）は水深（D）に対して，通常時（風速20m/s程度まで）はL=3D＋90，荒天時（風速30m/s程度まで）はL=4D＋145を目安とします（単位はメートル）（注5，6）。

錨泊の方法としては，船首のいずれか一方の舷の錨を使用する単錨泊，船首両舷の錨を適当な距離をおいて投下する双錨泊（泊地が狭い場合に使用），船首

ボラードに係留索を取る

係船（写真提供：川崎汽船）

ラットガード　係留索を伝ってネズミが停泊中の船に入り込むのを防ぐために取り付けます。

係留作業（左写真提供：全日本内航船員の会，右写真提供：商船三井）

（注５）最近の走錨事故としては，2018年９月４日に関西地方を襲った台風21号チェービーの風浪を受けてタンカー「宝運丸」が走錨し，関西空港の連絡橋に衝突したものが記憶に新しいです。国土交通省の運輸安全委員会によると，過去10年間で100トン以上の船舶による走錨事故は68件発生しており，詳しい状況が判明した52隻のうち51隻は単錨泊であったとのことです。また，約９割が目安となる長さの錨鎖を出していなかったとのことです。

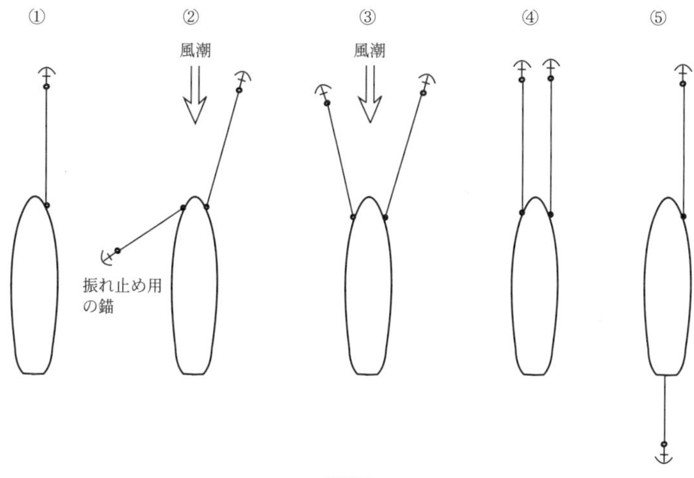

錨泊法

①単錨泊：船首両舷いずれか一方の錨を使う，最もよく見られる錨泊法です。
②単錨泊：荒天時に，通常の単錨泊に加え，振れ止め用の錨も投錨するものです。
③双錨泊：係泊する水面の広さに制約がある場合に使われる方法です。
④２錨泊：一方向から強い風浪や河川の流れなどを受ける時に使われる方法です。
⑤船首尾錨泊：泊地水面に制約がある場合に，中小型船でよく使われる方法です。

ストックアンカー（有銲錨）　左側がストックアンカー。右側は収納されているAC14型（Admiraly Cast Type No.14）のストックレスアンカーです（注７）。

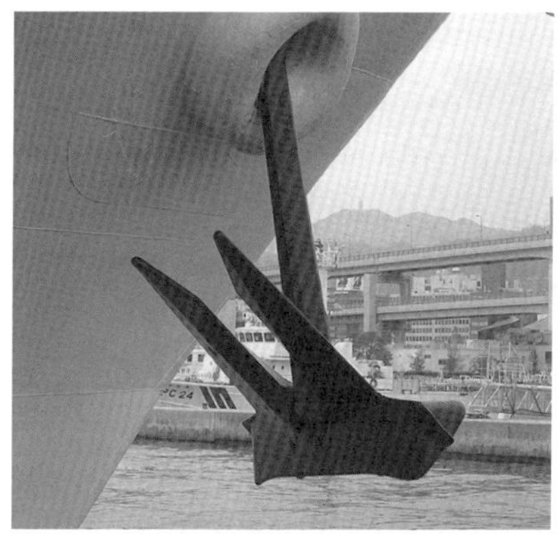

AC14型のストックレスアンカー（無銲錨）　出港作業に際し，万一に備えていつでも投錨できるように錨をスタンバイしています（注７）。

（注６）小型のヨットやモーターボートの場合，錨索（アンカーロープ）の長さは，通常時で水深＋船首乾舷の３倍以上，強風・高波時で５倍以上を目安とします。ところで，船員用語では投錨のことを「レッコ・アンカー」と言いますが，「レッコ」とは「Let ○○ go」を略したもので（正しくは「Let anchor go」でしょうが），係留索を放すときにも「レッコ・ホーサー」「レッコ・○○ライン」「レッコ・スプリング」などという風に用いられます（第11章５項参照）。

両舷の錨を同時に投下する２錨泊（一方向から強い風や水の流れを受ける場合に使用），船首尾の錨を使用する船首尾錨泊（泊地が狭い場合に使用）がありますが，それぞれに利点と欠点がありますので，状況を見て適切な錨泊法を選択します。

ところで，錨は錨泊のためだけにあるのではなく，用錨操船に用いることによって，船を回頭させたり，行き足を止めたり，あるいは船を横方向に移動させるときの補助としたり，船を後退させるときに船首の振れを防ぐといった役割も果たします。また，緊急時に船に急ブレーキを掛けたり，船が座礁したときの船固めや引き下ろしに錨が用いられることもあります。

用錨回頭　錨を巻き揚げることによって回頭しています。（写真提供：全日本内航船員の会）

小型船では荒天航海中に錨を海中に吊るして船の安定を保つこともあります。このような用い方をするものをシーアンカー（Sea anchor：海錨）と呼びますが，通常は錨よりもパラシュート型のシーアンカーを用います（注８）。そういえば，堀江謙一著『太平洋ひとりぼっち』には，同氏がヨット「マーメイド（初代）」で太平洋を単独横断中に台風に遭遇した際，アンカー・ロープに錨をつけて海に流し転覆を防いだという記述がありました。

揚錨時に，船橋にいる船長と船首（一等航海士が担当）もしくは船尾（二等

（注７）帆船時代の錨は，錨の爪と直角方向にストックを通し，爪が海底にしっかりと突き刺さるようにしたストックアンカーでした。しかし，ストックアンカーは大きくなると船への収納が困難なため，蒸気船時代に入るとストックのないストックレスアンカーが登場しました。当初のストックレスアンカーは把駐力（Holding power：錨が底質との間で生み出す抵抗の力）が弱かったのですが，その後多くの改良が加えられてきました。AC14型は1960年にイギリス海軍技術研究所が発表したものです。

（注８）荒天によって航行が困難となった場合の操船法には，風浪を船首の斜め前から受けながら舵が効く程度の速力を維持してその場にとどまる踟躕（ちちゅう）法（Heave to），機関を停止して船を風浪下に漂流させる漂蹰法（Lie to），風浪を船尾の斜め後ろから受けながら波に追われて進む順走法（Scudding）がありますが，シーアンカーは漂蹰法の際に使用されます。江戸時代の弁才船も荒天時には帆を下ろして漂蹰法を取ったそうですが，当時の船乗りはそのことを「つかし」と呼び，碇綱を海中にたらすことを「たらし」と呼んでいました。

航海士が担当）での作業を担当する航海士や甲板長・員の間の号令・報告のやり取りについて簡単に下記しておきます。

まず，船長から「ヒーブ・イン・ケーブル（Heave in cable：錨鎖を巻き上げよ）」という号令が出ます。船上では船長の号令に対してはその内容の確認のために，必ず号令を復唱した後にsirを付して返答します（本章２項の操舵号令や３項の機関号令についても同様）。つまり，この場合は「Heave in cable, sir」です。錨鎖を巻き上げる作業中は，常にその張っている方向や状態（張り具合など）を報告します。「The cable is leading 2 o'clock, a little tight, sir（錨鎖が２時の方向に軽く張っています）」といった感じです。錨鎖がたるんでいる時は「スラック・サー（Slack, sir）」と報告します。

やがて，錨鎖が真下に来ると「The cable is leading light below, sir（錨鎖が真下に来ました）」と報告し，錨鎖が水深の1.5倍くらいの長さになったら「ショートステイ・サー（Short stay, sir）」と報告します（ショートステイとは錨が半分起き上がった状態で，日本語では近錨といいます）。次に立ち錨の状態になったら「アッペンダン・アンカー・サー（Up and down anchor, sir）」と報告しますが（注９），これは錨鎖が真下に来る，船が大きく振動する，ウィンドラスの巻き上げ音が変わるといったことから判断します。

やがて，錨が海面に出てきたら「アップ・アンカー・サー（Up anchor, sir）」，錨鎖が絡んだり錨鎖に異物が絡まったりしておらず錨が正しく収まった場合は「クリア・アンカー・サー」(Clear anchor, sir)」と報告しますが，小型船ではこれらをまとめて「クリア・アンド・アップ・アンカー・サー（Clear and up anchor, sir：錨鎖の絡みや異物の絡みもなく，無事に錨が揚がりました）」と報告することもあります。もし，錨鎖に異常があって，すぐに錨を収納出来ないような状況であれば「ファウル・アンカー・サー（Foul anchor, sir）」と報告します。

（注９）「Up and down」という英語は「アッペンダン」と聴こえるため，日本の船員は日本語での会話においても船や物が上下に移動する状態のことをそう表現します。

12　海難とその対処

§1．海難とは何か？

海難というのはあまり聞きたくない言葉ですが，実際には航海の歴史は海難の歴史でもあります（注1）。航海者は海難を避けるためにさまざまな準備と訓練を行い，万一海難の恐れに遭遇しても速やかに正しく対処することでそれを防ぐか，あるいはその被害を最小限に食い止めねばなりません。

海難審判法では海難のことを，①船舶に損傷が生じたとき，または船舶の運用に関連して船舶以外の施設に損傷を生じたとき，②船舶の構造，設備，または運用に関連して人に死傷を生じたとき，③船の安全または運航が阻害されたとき，と定義づけています。

他方，海上保安庁がその業務遂行上定義づけている海難とは，①船舶の衝突，乗り揚げ，火災，爆発，浸水，転覆，行方不明，②船舶の機関，推進器，舵の故障，その他船舶の故障，③船舶の安全が阻害された事態のことです。

上記以外に，海商法では積荷の損失にかかわることも海難と称しますが，要は広く船の航行に関連して起こるあらゆる災害のことを表現するものだと理解

福井県三国沖で起きたタンカー「ナホトカ」の沈没事故（写真提供：日本財団）

（注1）海難の歴史については，大内建二著『海難の世界史』がわかりやすいです。

すればよいでしょう。もちろん，その中には船を狙った海賊行為やテロも入ります（注2）。マノエル・ド・オリヴェイラ監督の映画『永遠の語らい』で描かれた旅客船を狙った卑劣なテロなどは，現実には決して起こさせてはならない海難です。

しかし，最近では船の事故ばかりではなく，海上に建設された石油掘削設備などに関わる事故も海難の範疇に入ってきています。また，タンカーの座礁や火災，沈没といった事故が大規模な海洋汚染を引き起こすケースなど（注3），海難が環境や社会に与える影響も大きくなってきていますので，もう少し大きな視野に立って海難について考えていく必要もあり

タンカーの沈没事故による流出油の回収作業
（写真提供：海上災害防止センター）

（注2）ICC（International Chamber of Commerce：国際商業会議所）の下部組織・IMB（International Maritime Bureau：国際海事局）の調査によると，今でも世界では毎年200件前後の海賊による被害が発生しています。その中でも特に発生件数が多いのは東南アジアとアフリカです。スールー海の海賊を取材した門田修著『海賊のこころ』や，現代の海賊の動向を取材した土井全二郎著『現代の海賊』，山田吉彦著『海のテロリズム』，山崎正晴著『ソマリアの海で日本は沈没する』などが参考になります。また，2009年にソマリア沖で起こった「マースク・アラバマ」シージャック事件について，同船のリチャード・フィリップス船長が書いた『キャプテンの責務』（映画『キャプテン・フィリップス』（ポール・グリーングラス監督）の原案）も興味深いです。

最近の海賊等事案の発生状況（抜粋）

年	2008	2009	2010	2011	2012	2013	2014	2015	2016	2017	2018	2019	2020
東南アジア	54	46	70	80	104	128	141	147	68	76	60	53	62
アフリカ	189	266	259	293	150	79	55	35	62	57	87	71	88
マラッカ・シンガポール海峡	8	11	5	12	8	10	9	14	9	4	3	12	23
ソマリア周辺海域	111	218	219	237	75	15	11	0	2	9	3	0	0
合計	293	410	445	439	297	264	245	246	191	180	201	162	195

（注）数字は全船舶数（国際海事局・IMBの資料による）。マラッカ・シンガポール海峡およびソマリア周辺海域の件数はそれぞれ東南アジア，アフリカの内数。

（注3）日本では1997年に福井県三国沖で起こったロシア船籍タンカー「ナホトカ」の沈没事故の記憶が生々しいですが，このときに流出した重油は約6,200トンといわれています。しかし，近年世界で起こったタンカーの海難による環境被害はそれよりもはるかに深刻なものが多いのが実情です（1989年にアラスカのプリンス・ウィリアム湾で座礁した「エクソン・バルディス」は37,000トンの原油を流出。1991年にアンゴラ沖で炎上した「ABTサマー」は260,000トンの原油を流出。1993年にイギリス北部のシェットランド諸島で座礁した「ブレア」は85,000トンの原油を流出。1996年にイギリスのミルフォードヘイブン港外で座礁した「シー・エンプレス」は72,000トンの原油を流出。1999年にフランスのブレスト沖で沈没した「エリカ」は10,000トン以上の原油を流出など）。

ます。

ちなみに，日本で発生する海難の40％は，乗り揚げ（貨物船，作業船に多い），衝突（貨物船，漁船に多い），機関故障（漁船が大半）で，これらは三大海難種類と呼ばれています。また，小型船舶においてはその3つ以外にも，運航阻害（バッテリー過放電，燃料欠乏，ろ・かい喪失及び無人漂流のこと）と転覆が多いです。海難事故の大半は操縦者の何らかのミス（ヒューマンエラー）によって発生しています。

ここでは，不幸にして航行中あるいは停泊中の船に海難が発生した場合にとられる対処法のうち，ごく基本的なものを紹介します（注4）。

§2．衝突時の対処

衝突事故によって生じた船体破口（写真提供：海上災害防止センター）

船が他船と衝突したときはあわてて後進させたりせずに，まずエンジンを停止し，必要であれば前進微速で自船を他船に押しつけたままの状態を保ちます。次に，船首方位，時刻，船位，衝突角度などを確認します。両船ともに沈没の恐れがないときは係船索で船の姿勢を保持し，浸水区画の防水，排水作業を行いますが，いずれかの船に沈没の恐れがある場合は直ちに安全な方へ乗船者を移します。可能な限り人命の救助，船体及び積荷の保安処置に最善を尽くさねばならないことはいうまでもありませんが，両船とも沈没の恐れがあるときは遭難信号を発し，総員退船の措置を取ります（注5）。

§3．乗り揚げ時の対処

船が操船ミスのために暗礁や浅瀬に乗り揚げることを座礁（Stranding），沈没などを免れるために故意に船を浜辺や浅瀬に乗り揚げることをビーチング（Beaching）といいます。船が座礁した場合はあわてて後進させたりせずに，

（注4）海難の予防，海難の処置，洋上サバイバルについて解説した本には，船舶安全学研究会編『船舶安全学概論』，野間寅美著『生きるための海—海のサバイバル』などがあります。海上保安庁による救難活動については，海上保安庁特殊救難隊編集委員会編『海難救助のプロフェッショナル　海上保安庁特殊救難隊』，前屋毅著『洋上の達人—海上保安庁の研究』，北岡洋志著『海上保安庁特殊救難隊』や佐藤秀峰の漫画『海猿』などが参考になります。

まずエンジンを停止し，時刻と船位を確認します。それから乗り揚げ箇所や船底タンク，舵，プロペラ，主機などの状態，乗員と積荷の状況，喫水及びトリムの変化や船体の傾斜などを点検し，船体周囲の水深，底質，海底起伏，潮位，風浪，潮流などが本船の姿勢保持に与える影響を予測します。調査の結果，自力での離礁ができないと判断すれば，船がそれ以上動くことのないように錨などを使って船固めをします（注 6）。

§４．火災時の対処

「船は水よりも火を恐れる」ということわざの如く，船における火災は絶対に避けたいものです。万一船内で火災が発生したら，すぐに防火部署配置をとり初期消火にあたります。火元と火災状況を確認し，火災現場にいたる電流を切断すると共に火災現場のベンチレーター（通風筒），ハッチ（艙口）などの開口部を密閉して空気を遮断します。船が航行中であれば減速して火元が風下になるように操船し，火災の性質や倉内の状況，積荷の状態などを考慮した上で，最も有効な消火方法をとります。火災部分と隣接する倉内に延焼の恐れのある可燃性・爆発性貨物がある場合は移動させるか海中投棄します。消火に際して注水を行う場合は，それによって船が沈む恐れもありますので，排水作業も同時に行います。消火不能と判断し

船の火災事故：（写真提供：海上災害防止センター）

（注５）日本で最初の動力船（蒸気船）同士の衝突事故は1867年（慶応３年）の「いろは丸」（160トン）と「明光丸」（887トン）によるもので，笠岡諸島の六島（映画『瀬戸内少年野球団』のロケ地として知られる真鍋島の隣）沖で起こりました。「いろは丸」は坂本龍馬率いる海援隊が伊予大洲藩から借りていた船で，「明光丸」は紀州徳川藩の船でしたが，「明光丸」は夜間であったのに航海灯を点けておらず，見張りも立てていませんでした。「明光丸」は「いろは丸」の右舷に衝突した後，あわてて機関をいったん後進にかけ，さらにもう一度「いろは丸」に突っ込み直すという行動を取ったため，「いろは丸」は沈没してしまいました。その後，龍馬は紀州藩と激しい折衝を行い，最終的に賠償金として７万両という大金を得ました。ただし，この事故において「いろは丸」側にまったく落ち度がなかったのかというと，それにも疑問は残ります。

（注６）数ある座礁事故の中でも，1914年にアーネスト・シャクルトン率いる南極探検船「エンデュアランス」が氷塊に阻まれて座礁した事故は有名ですが，事故後17ケ月に及ぶ漂流生活を乗り越えて28名の乗組員が生還した記録から学ぶことは多いです（アーネスト・シャクルトン著『エンデュアランス号漂流記』，アルフレッド・ランシング著『エンデュアランス』参照）。

救命浮環（Life buoy）

自己点火灯と自己発煙信号（写真提供：全日本内航船員の会）

た場合は総員退船せざるをえませんが（注7），その時機を誤らぬようにせねばなりません。

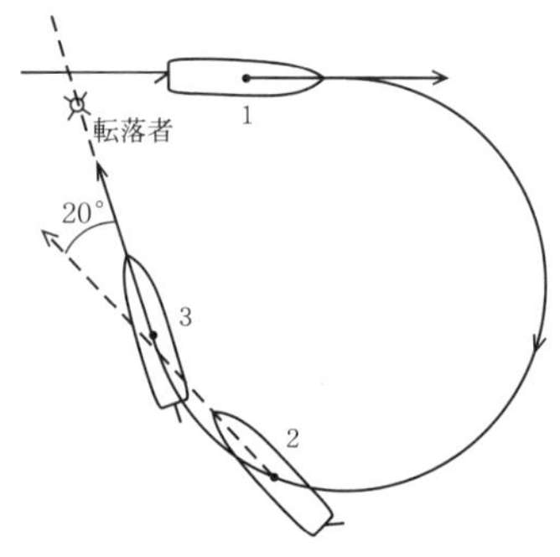

シングルターン　転落直後の転落者を救助する場合，とっさの操船法として有効です。

§5．船外転落者の救助

洋上において人が海に転落すると，大きなうねりに呑み込まれてしまい，船の上から視認することが難しくなります。ですから，落水者を発見したら大声で「人が右舷側の（左舷側の）海中に落ちた！」と叫びながら，手近にある救命浮環（Life buoy），自己発煙信号，自己点火灯，あるいは浮力や目印になりうるものを落水者の方に投げます（注8）。

（注7）船から脱出する際には救命胴着（Life jacket）を着用しますが，保温性に富んだイマーション・スーツ（Immersion suit）やジャンパー，コートなどで厚着をすることも忘れてはいけません。万一海中に転落した場合，厚着はウェットスーツ効果で体温の低下を防いでくれますし，怪我も防いでくれます。救命艇や救命筏で脱出しても他の船や航空機に見つけてもらうまでは漂流を余儀なくされますので，そこに積まれている機器の使い方に通じておく必要もあります。漂流についてはアラン・ボンバール著『実験漂流記』，斉藤実著『漂流実験』やスティーヴン・キャラハン著『大西洋漂流76日間』といった，実体験に基づく興味深い本があります。また，中世～近世日本における漂流については，高田衛・原道生編『漂流奇談集成』，網野善彦他編『海と列島文化別巻・漂流と漂着』，大庭脩著『漂着船物語』などが興味深い事例を紹介しています。漂流はしばしば文学のテーマともなっていますが，よく知られているものにジュール・ベルヌ著『十五少年漂流記』，ダニエル・デフォー著『ロビンソン漂流記』，G・ガルシア・マルケス著『ある遭難者の物語』などがあります。

（注8）帆走中のヨットでの落水者（MOB（Man overboard））救助法については幾つかのものが考案されていますが，以下の方法がポピュラーです。

① クローズホールド（Close hauled）で風上に切り上がって帆走中にMOBが出た場合。MOBに向けてブイを投下した後，タッキング（Tacking：風上側への方向転換）の要領で艇をラフィング（Luffing：風上に向けてヘッドアップ）させます。

② ラフィングに合わせて，メインシート（Main sheet：メインセイルを調整するためのロープ）を引き込みます。ただし，ジブシート（Jib sheet：ジブセイルを調整するためのロープ）は緩めません。

③ やがてジブセイルが裏風を受けるようになると，その力で艇はさらに旋回します。回頭を続けて艇が風下側に向かう状態になれば，ランニング（Running：真後ろから風を受けての帆走）で進みます。

④ 艇がMOBを正横に見る位置まで来たら，MOB側にジャイブ（Gybe：風下側への方向転換）を行います。さらに回頭を続けて，クローズホールドで風上に向かいます。

⑤ 艇がMOBよりも風上側に達したら，タッキング。それから，ヒーブツー（踟蹰法（ちちゅう））（Heave to）：ジブセイルに裏風を受けることで後進力を起こし，メインセイルが作る前進力と釣り合わせることで停船・微速前進させること。舵は風上側に切っておく）の状態を作り，艇をゆっくりとMOBに接近させます。

⑥ クローズホールド以外で帆走中にMOBが出た場合は，MOBに向けてブイを投下した後に，艇をいったんクローズホールドの状態にしてから，上記①～⑤を行います。

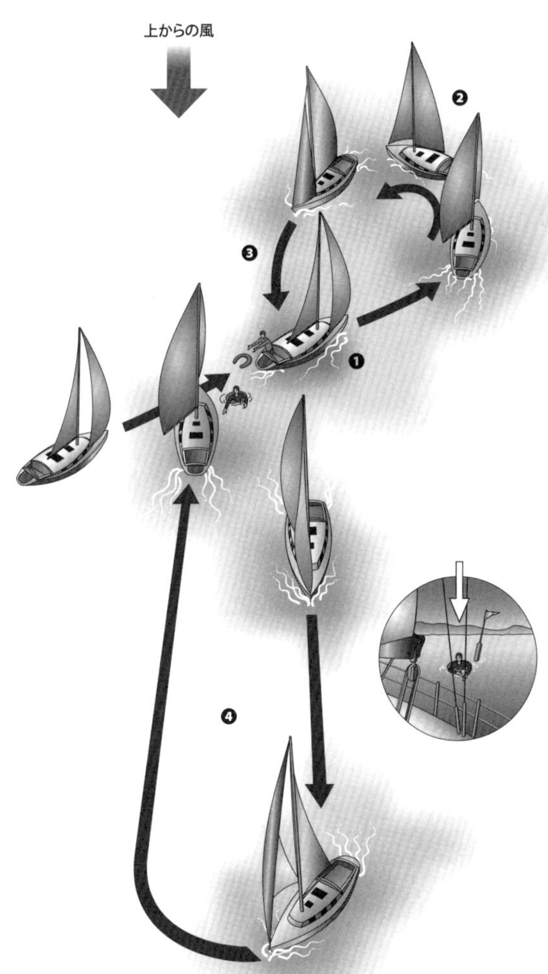

ヨットでの落水者（MOB）救助法例

練習帆船「日本丸」の救命艇操練　船では定期的に様々な海難事故を想定しての操練を行います。（写真提供：大森洋子）

救命艇（写真提供：商船三井）

発見者の報告を受けた操船者は，直ちに転落した舷の方向に舵を一杯に取り，エンジンを停止します。また，マスト上などの高いところに見張りを立てて落水者を見失わぬようにし，救命部署要員を招集して救命艇の降下準備をします。船尾が落水者を過ぎたところで，エンジンを後進にかけて行き足を止め，救命艇を下ろして救助に向かいます（救命艇による落水者への接近は風上側からが望ましい）。

このようなタイミングで船を停止させることができない場合の落水者への接近操船法として，シングルターン，ダブルターン，ウィリアムソンターン，シャルノウターンなどがありますが，転落直後の転落者を救出するにはシングルターンが最も有効です。シングルターンは落水者の方へ舵角一杯（35度）に取って船を急旋回させ，船首が落水者に向く20度手前で舵を中央に戻して停止操船にします。その状態で落水者を視認できない場合は250度回頭したところで舵を中央に戻し，停止操船に移りながら落水者の発見に努めます。

§6．共同海損

海難によって商船の船体や貨物が非常な危険にさらされた際に，船長はその安全を図るために船の帆柱を切り倒したり，積荷を海中に投棄したりすることが認められています。船舶や貨物の共同の安全をはかるため，故意かつ合理的にこうした「異常な費用」が支出された場合に，その犠牲によって利益を受けた関係者（救われた船舶の所有者，貨物の荷主など）が本船の到着地における価格に応じて失われた費用を按分負担することを共同海損（General average：GA）制度といいます（第17章３項参照）。

こうした制度は，紀元前３～２世紀頃に東地中海の海運において活躍したロード島民が定めたロード海法に起源が見られ，その根底には「共同の利益のために生じた損害は共同の負担によって補償されねばならない」という思想があります。日本でも江戸時代に振合，総振といった共同海損の概念に基づく損害の共同負担の考えが普及し，弁才船の船乗りは荒天に際してはね荷（積荷を海中に投棄すること）を行いました。近代海運史上では1877年にヨーク・アントワープ規則（Y.A.R.）が成立し，それ以降数多くの改定を重ね，今日の海上運送契約にはほぼ例外なくこのルールが採用されるようになっています。

§7．海難審判

本章の第１項に海難審判法における海難の定義を記しましたが，国土交通省の海難審判所（注９）ではこうした海難に対して審判を行います。海難発生の原因が船員の職務上の故意または過失による場合，船員及び船社は行政審判としての懲戒（免許の取り消し，業務の停止，戒告）を受けますが，海難審判の本旨は懲戒を行うことではなく，海難の原因を明らかにし，その再発を防止することにあります。

地方海難審判所は，函館，仙台，横浜，神戸，広島，北九州（門司区），長崎に，また那覇には門司の支所が設けられ，それぞれの管轄区域において発生した海難について審判を行いますが，重大な海難（注10）については東京の海難審判所で調査・審判を行います。地方海難審判所及び海難審判所の裁決で懲戒処

（注９）海難審判所は2008年10月１日に発足し，旧海難審判庁が行っていた業務のうち，懲戒処分業務を承継しました。旧海難審判庁が行っていた海難事故の原因究明業務については，国土交通省の外局として新設された運輸安全委員会が承継しています。

分を受け，その処分に不服のある場合は，裁決言い渡しの翌日から30日以内に東京高等裁判所に裁決取消しの訴えをすることができます。

(注10) 重大な海難とは，以下のことを指します。(1)旅客のうちに，死亡者もしくは行方不明者または2人以上の重傷者が発生したもの，(2)5人以上の死亡者または行方不明者が発生したもの，(3)火災または爆発により運航不能となったもの，(4)油等の流出により環境に重大な影響を及ぼしたもの，(5)次に掲げる船舶が全損となったもの。①人の運送をする事業の用に供する13人以上の旅客定員を有する船舶，②物の運送をする事業の用に供する総トン数300トン以上の船舶，③総トン数100トン以上の漁船，(6)前各号に掲げるもののほか，特に重大な社会的影響を及ぼしたと海難審判所長が認めたもの。

13　気象と海象

§1．船は動く気象観測所

かつて日本各地には日和山と呼ばれる山があり，そこで観天望気を行って天候の変化を予測し，港の船に出航を促したり，止めたりしていました（注1）。江戸時代の弁才船による航海では，陸上の目印を目当てに航海する地乗り（沿岸航海）だけではなく，松前から佐渡沖，隠岐沖を通って一気に下関へ向かうといった沖乗りも多く行われていましたので，天候の予測は非常に重要なことだったでしょう。

今日でも航海に際して天候や海潮流の状況を予想することは，船の安全を図るために欠かせないことで，そのための気象・海象知識は航海士にとって必須のものです。しかし，実はそれだけではなく，船は動く気象観測所でもあり，航海士には気象観測に関する国際的な規則などについての知識が求められます。

地球表面の70％を占める海での気象観測データは気象解析や天気予報のために欠かすことができませんが，それを気象観測船からのデータだけで充足することはできません。そこで，気象業務法ではWMO（World Meteorological Organization：世界気象機関）の合意に基づき，①遠洋，近海または沿海区域（100トン未満を除く）を航行する旅客船，②遠洋，近海または沿海区域を航行する総トン数300トン以上の船舶，③総トン数100トン以上の漁船は，気象観測機器を備えることと，グリニッジ標準時における3時間ごとの気象・海象を観測して気象庁に報告することが義務付けられているのです（注2）。

船上での気象・海象観測の仕事をリーサイド（Lee side）と称しますが，その本来の意味は「風下側」です（風上側はウェザーサイド（Weather side））。これ

（注1）日和山については，南波松太郎著『ものと人間の文化史60・日和山』が詳しいです。古来，船の航海中の見張り（Look out）は視覚，聴覚，嗅覚を駆使して行うものでしたが，加えて天候の予測においては触覚（肌で空気の変化を感じ取る）と観天望気の知識が必要でした。

（注2）3時間ごとの観測義務があるのは東経100度～西経160度，北緯0度～北緯65度の海域においてです。それ以外の海域では，日本船はグリニッジ標準時における6時間ごとの観測が義務付けられています。

は，航海中に安全に観測を行うには風上舷側よりも風下舷側の方が適しているからでしょう。ここでは，船が航海中に行わねばならない気象・海象観測の項目を紹介し，航海者にとって特に重要な気象・海象現象をいくつか簡単に説明します（注3）。

§2．気象・海象観測の項目

船で行う気象・海象観測の項目には以下のようなものがあります。

① 気圧：アネロイド気圧計を用いて測定します。気圧の変化は天候変化の兆しであり，航海する上で非常に重要な情報となりますので，多くの船は自記気圧計を備えています。

② 気温と湿度：船橋付近の百葉箱に入れられた乾球温度計と，水に浸したガーゼなどを水銀球に巻きつけた湿球温度計を用います。

③ 水温：採水バケツで海水を汲み上げ，その中に水銀温度計を入れて測定します。大型船の場合は船底や機関の冷却水取入口を利用して測定する方法があります。

④ 風向と風速：風向・風速計を使う場合は，針路と船速を勘案して真の風向，風速を求めますが，真風向風速計を使うと自動的に真の風向，風速が表示されるので便利です。目視による場合，風向は風浪の来る方向をコンパスで測り，風速は海面状態を観察してビューフォート風力階級表に当てはめます（注4）。

⑤ 雲：雲の種類と雲量を目視で観測します。雲量は雲の濃淡にかかわらず全天を覆っている時を10とし，雲の全天に占める割合で0から10に分けて表します。

⑥ 天気：快晴，晴，曇，霧雨，霧，ひょう，電光，もや，しゅう雨，はやて，雨，雪，雷鳴，煙霧などの中から該当する天気を選びます。

⑦ 視程：大気の澄んでいる状態を示すものですが，水平方向の見通しのきく距離によって表します。

（注3）海洋における気象についてわかりやすく解説した本に，福地章著『海洋気象講座』，能沢源右衛門著『新しい海洋科学』などがあります。また，海洋自然の歴史や大きな変動については，ティアート・H・ファン・マンデル著『海の自然史』が参考になります。

（注4）ビューフォート風力階級表は，後にイギリス海軍提督となったフランシス・ビューフォートが1805年に考案したもので，気象庁の風力階級表もこれに拠っています。

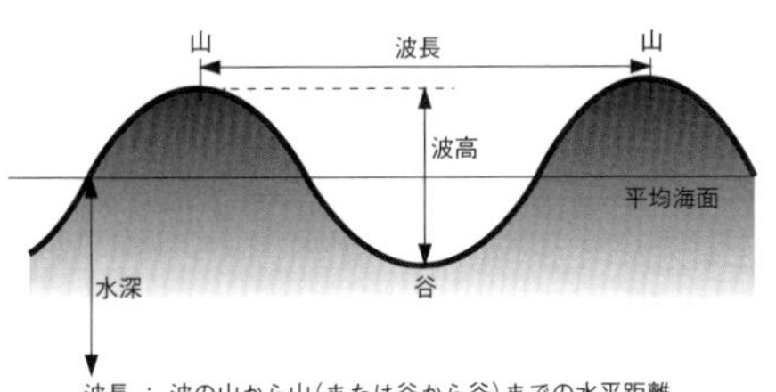

波の特性

⑧　波浪：波のやってくる方向はコンパスで観測しますが，うねりの上に風浪がある場合はそれらを混同せぬよう，注意が必要です。波の周期は，波の山の頂上に目標物を見たときから，その目標物が再び波の頂上に見えてくるまでの時間をストップウォッチで測定します。波高は船のほぼ中央部で船が波の底にきたとき，波の頂上と水平線が一線になる船体上の位置を求め，喫水線からの高さを観測すればつかめます。

海の波は風によって起こされる風浪と呼ばれるもので，その動きは大体風向と一致しますが，風向の変化に伴って波の進行方向も変わり，これらが渾然としている場合もあって，それがさらに発達すれば白波になり，ついには海上一面が白波に覆われることもあります。風浪が発生域を離れて他の静かな海面や別の風域に進んできたものとか，風域内で風が止んだ後に減衰しながら残っている波のことを，うねりと呼びます。風浪とうねりはしばしば混在しており，それらをまとめて波浪と呼びます。

ところで，実際の海面の波の波高や周期は均一ではありません。そこで，複雑な波の状態を分かり易く表すために統計量を用います。ある地点で連続する波を１つずつ観測したとき，波高の高い方から順に全体の１/３の個数の波を選び，これらの波高および周期を平均したものをそれぞれ有義波高，有義波周期と呼び，その波高と周期を持つ仮想的な波を有義波と呼びます。気象庁が天気予報や波浪図等で用いている波高や周期は有義波の値ですが，有義波は熟練した観測者が目視で観測する波高や周期に近いと言われています。

風力０
風速：0.3m/s 未満（１kt 未満）
名称：平穏　Calm
陸上の様子：静穏，煙はまっすぐに昇る。
海上の様子：鏡のような海面

風力１
風速：0.3以上1.6m/s 未満（１～４kt 未満）
名称：至軽風　Light air
陸上の様子：風向は煙がなびくのでわかるが風見には感じない。
海上の様子：うろこのようなさざ波ができるが，波頭に泡はない。

風力２
風速：1.6以上3.4m/s 未満（４～７kt 未満）
名称：軽風　Light breeze
陸上の様子：顔に風を感じる。木の葉が動く。風見も動き出す。
海上の様子：小波の小さいもので，まだ短いがはっきりしてくる。波頭はなめらかに見え，砕けていない。

風力３
風速：3.4以上5.5m/s 未満（７～11kt 未満）
名称：軟風　Gentle breeze
陸上の様子：木の葉や細かい小枝絶えず動く。軽い旗が開く。
海上の様子：小波の大きいもの，波頭は砕け始める。泡はガラスのように見える。ところどころ白波が現れることがある。

風力４
風速：5.5以上8.0m/s 未満（11～17kt 未満）
名称：和風　Moderate breeze
陸上の様子：砂ぼこりが立ち，紙片が舞い上がる。小枝が動く。
海上の様子：波の小さいもので，長くなる。白波がかなり多くなる。

風力５
風速：8.0以上10.8m/s 未満（17～22kt 未満）
名称：疾風　Fresh breeze
陸上の様子：葉のある潅木が揺れ始める。池や沼の水面に波頭が立つ。
海上の様子：波の中ぐらいのもので，いっそうはっきりして長くなる。白波がたくさん現れる（しぶきを生ずることもある）。

風力６
風速：10.8以上13.9m/s 未満（22～28kt 未満）
名称：雄風　Strong breeze
陸上の様子：大枝が動く。電線が鳴る。傘は差しにくい。
海上の様子：波の大きいものができ始める。至るところで白く泡だった波頭の範囲がいっそう広くなる（しぶきを生ずることが多い）。

ビューフォート風力階級表　(1)

風力 7
風速：13.9以上17.2m/s 未満（28～34kt 未満）
名称：強風　Near gale
陸上の様子：樹木全体が揺れる。風に向かっては歩きにくい。
海上の様子：波はますます大きくなり，波頭が砕けてできた白い泡は，筋を引いて風下に吹き流され始める。

風力 8
風速：17.2以上20.8m/s 未満（34～41kt 未満）
名称：疾強風　Gale
陸上の様子：小枝が折れる。風に向かっては歩けない。
海上の様子：大波のやや小さいもので，長さが長くなる。波頭の端は砕けて水煙となり始める。泡は明瞭な筋を引いて風下に吹き流される。

風力 9
風速：20.8以上24.5m/s 未満（41～48kt 未満）
名称：大強風　Strong gale
陸上の様子：人家にわずかな損害が起こる（煙突が倒れ，瓦がはがれる）。
海上の様子：大波。泡は濃い筋を引いて風下に吹き流される。波頭はのめり，崩れ落ち，逆巻き始める。しぶきのため視程が損なわれることもある。

風力10
風速：24.5以上28.5m/s 未満（48～56kt 未満）
名称：全強風　Storm
陸上の様子：陸地の内部では珍しい。樹木が根こそぎになる。人家に大損害が起こる。
海上の様子：波頭が長くのしかかるような非常に高い大波。大きな塊となった泡は濃い白色の筋を引いて風下に吹き流される。海面は全体として白く見える。波の崩れ方は，激しく衝撃的になる。視程は損なわれる。

風力11
風速：28.5以上32.7m/s 未満（56～64kt 未満）
名称：暴風　Violent storm
陸上の様子：めったに起こらない。広い範囲の破壊を伴う。
海上の様子：山のように高い波（中小船舶は，一時波の陰に見えなくなることもある）。海面は風下に吹き流された長い白い泡の塊で完全に覆われる。至るところで波頭の端が吹き飛ばされて水煙となる。視程は損なわれる。

風力12
風速：32.7m/s 以上（64kt 以上）
名称：颱風　Hurricane
陸上の様子：―
海上の様子：大気は泡としぶきが充満する。海面は，吹き飛ぶしぶきのために完全に白くなる。視程は著しく損なわれる。

（注）気象庁ではこの12階級の上にさらに5段階（13～17）の風力階級を設定しています。
風についての読み物としては，ライアル・ワトソン著『風の博物誌』が面白いです。

（写真提供：気象庁）

ビューフォート風力階級表（2）

① 巻雲（絹雲）Ci

雲の中では一番高いところに現れる羽毛状の雲。高気圧に覆われたようなときに出るので天気は比較的良い。（筋雲）

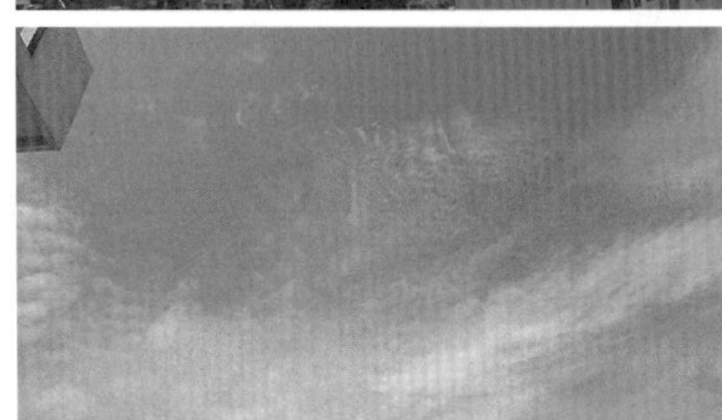

② 巻積雲（絹積雲）Cc

6,000メートル以上の高いところに現れるうろこ状の雲。不連続面に出るので雨の降る前兆となることが多い。（いわし雲）

③ 巻層雲（絹層雲）Cs

6,000メートル以上の高いところにでき空一面に薄く広がる。この雲が出ると天気が悪くなることが多い。（薄雲）

④ 高積雲 Ac

2,000メートル以上のところに現れる。秋の晴天に見られるが，次第に雲が厚くなってくるときは天気が崩れる。（ひつじ雲）

⑤ 高層雲 As

2,000メートル以上のところに現れ，空一面に広がる。太陽や月は曇りガラスを通したようにぼんやりと見える。（おぼろ雲）

10種雲形 (1)

⑥ 乱層雲　Ns

中層雲であるが，低いときは500メートルあたりにも現れる雲。しとしとと長く続く雨や雪を降らせる。（雨雲）

⑦ 層積雲　Sc

2,000メートル以下に現れる。暗色の雲が大きなかたまりになって広がり，雲海をつくることもある。（うね雲）

⑧ 層雲　St

空の低いところにできる，ふんわりした感じの雲。よく山にかかるが，地面まで降りてくると霧になる。（霧雲）

⑨ 積雲　Cu

日中，暖められた空気が上昇することによって成長する。晴天時にできる雲だが，大きく発達すると積乱雲になる。（わた雲）

⑩ 積乱雲　Cb

積雲が発達した雲。頂の部分は乱れており，夕立や雷を起こす。10～15キロの高さまで登っていくこともある。（入道雲）

写真提供　①②③④⑥⑦⑨⑩：石垣島地方気象台，⑤⑧：榊原保志（信州大学）

10種雲形　（2）

§３．気象・海象現象の解説

① 海陸風：天気の安定した暖かい夏頃に海岸地方でよく吹く風です。日中は陸地が海よりも暖められるため，陸地の空気が上昇気流を生じて気圧が低くなり，海側から陸に向かって風が吹きますが，これを海風といいます。また，夜になると陸地が海よりも冷たくなって気圧が高くなり，海に向かって風が吹きますが，これを陸風といいます。陸風と海風が入れ替わる朝方と夕方には無風状態となり，いわゆる朝凪，夕凪がこれにあたります。

② 季節風：夏季は海洋から大陸へ，冬季は大陸から海洋へと，その季節の間はほぼ一定方向に吹く風のことを季節風といいます。日本付近では，夏はアジア大陸の気圧が低くなり，太平洋の気圧が高くなるので，南または南東の季節風が吹き，冬になると大陸は冷えて気圧が高くなり，太平洋の気圧が低くなるので，北または北西の季節風が吹きます。

③ 雲：雲はできる高さから上層雲（地上5,000～13,000メートル），中層雲（地上2,000～7,000メートル），下層雲（地上2,000メートル以下）に分けられます。また，下層から上層に向けて垂直に発達していく雲のことを対流雲と呼びます。雲は天気の変化の兆しとなるので，よく観察せねばなりません。

・上層雲：巻雲（絹雲），巻積雲（絹積雲），巻層雲（絹層雲）。
・中層雲：高積雲，高層雲，乱層雲。
・下層雲：層積雲，層雲。
・対流雲：積雲，積乱雲。

④ 霧：海上を行く航海者にとっては時化（しけ）と霧が最も厄介な現象ですが（ただし，帆船の場合は無風状態も時化以上に厄介です），霧には以下のようなものがあります。

・放射霧（輻射霧）：夜間の放射冷却のために空気温度が露点温度以下に下がり，空気中の水蒸気が凝結して発生します。陸上で発生する霧の大半はこれで，日出から１時間くらいの間によく発生します。海上では雨上がりの夜半過ぎに急に晴れると発生しやすいです。

・移流霧（海霧）：低温な海面や地面に暖かく湿気の多い空気が流れ込み，下層から冷却されて露点温度以下になると，空気中の水蒸気が凝結して発生します。初夏，北海道から三陸沖合に至る冷たい親潮流域一帯に暖かい小笠原気団が北上してくると，この霧がよく発生します。

・前線霧：前線付近で発生する霧。雨が降ると，その水滴からは常に蒸発が起こって湿度が上がります。この大気層を通る雨滴と地上に落ちた雨滴の蒸発によって大気が冷却され，霧が発生します。

・蒸発霧（蒸気霧）：寒冷な気団が暖かい河川や海上を渡るとき，水面から発生した水蒸気がこの寒冷気団に冷やされて霧となったものです。

⑤　潮汐：月は地球と共に，共通の重心の周りを公転しており，それによって生じる遠心力は地球の中心で月の引力と釣り合っています。公転による遠心力は中心でも地表のどこでも同じですが，引力は月に近いほど強くなります。このため，月に近い場所では引力が遠心力に勝り，反対の場所では遠心力が引力に勝って，共に水面を上昇させようとする力が働き，その中間の場所では水面を下げようとする力が働きます。引力と遠心力が起潮力（潮汐力）となって海面を上下運動させる現象が潮汐（Tide）で，半日あるいは1日の周期で海面が高くなったり（満潮），低くなったり（干潮）します（注5）。地球に対して月と太陽が直線上に重なるときは（新月や満月の頃），月と太陽による起潮力の方向が重なるために干満の差が最大となり，これを大潮といいます。また，月・地球・太陽が直角に並ぶとき（上弦あるいは下弦の半月の頃）には干満の差が最小となり，これを小潮とい

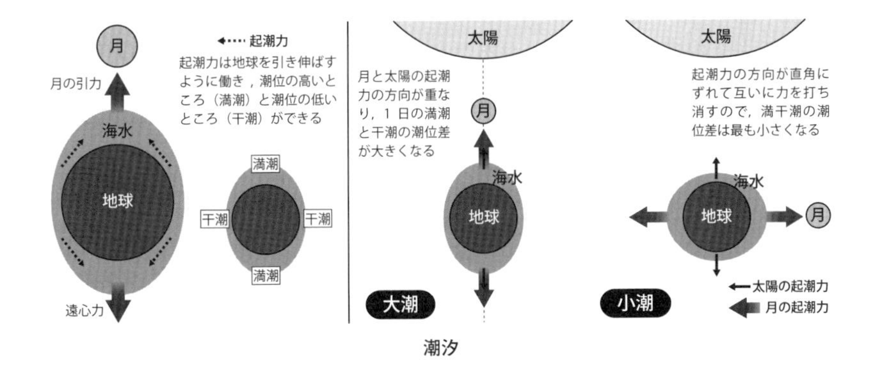

潮汐

（注5）地球は1日に1回自転するため，多くの場所では満潮と干潮を1日に2回迎えます。月は約1ケ月周期で地球の周りを公転していますので，満潮と干潮の時刻は毎日約50分ずつずれていきます。

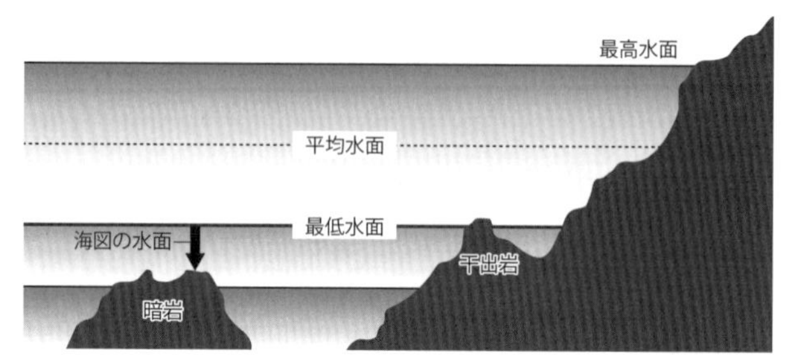

潮位　潮位とは基準面からの海面の高さのことですが，波浪など短周期の変動は平滑除去しています。また，基準面は東京湾の平均的な海面の高さ（東京湾平均海水面：TP）です。（海上保安庁の図をもとに作図）

います。大潮と小潮の間は中潮ですが，小潮の末期に干満の変化がゆるやかになるときを長潮，その後次第に干満の差が大きくなってゆくときを若潮と呼びます。潮位は海面と基準面（平均的な海面の高さ）の差で，この場合の海面は波浪などの短周期の変動を平滑除去したものとします。潮汐に従って海水が水平方向に運動することを潮流といい，周期的に流れの方向がほぼ180度変わります（注６，７）。

⑥　海流：海洋の水は一定の場所にとどまっているわけではなく，風や太陽熱，地球の自転によるコリオリの力などの影響を受けながら地球規模で大循環をしており，その海水の流れが海流（Ocean current）です。例えば，地球には偏西風と貿易風という強い風が吹いていますが，北太平洋では偏西風が北緯45度を中心としたあたりで西から東へ吹き，貿易風が北緯15度を中心としたあたりで東から西へ吹いており，これらの強い風が海水を動

（注６）上げ潮（低潮（干潮）から高潮（満潮）に移る時）中に最強となる方向の潮流を上げ潮流，下げ潮（高潮（満潮）から低潮（干潮）に移る時）中に最強となる方向の潮流を下げ潮流といいます。また，潮流が流れの方向を変える時刻のことを転流時（スラック（Slack））といい，その前後に海水の流れが一時的に止まることを憩流と呼びます。瀬戸内海は干満の差が激しく，非常に速い潮流が流れる場所が多くあり，最大時流速では，鳴門海峡10.5ノット，来島海峡10.3ノット，関門海峡9.4ノット，大畠瀬戸6.9ノット，明石海峡6.7ノット，速水瀬戸5.7ノット，備讃瀬戸3.4ノットに達します。

（注７）潮流を利用して発電を行うことを，潮力発電と呼びます。湾内に設けた堰に満潮時に海水を導入し，干潮時に堰を閉鎖して海水をタービンに送り込み，タービンの回転力を利用して発電機を回します。海流を利用して発電を行うことを海流発電と呼びますが，潮力発電は海流発電の一種として捉えられることもあります。

油壷験潮場　神奈川県三浦市の油壷湾にある験潮場。験潮場とは国土地理院が設置した潮位観測所のことです。海上保安庁が設置したものは験潮所，気象庁が設置したものは検潮所と呼ばれます。土地の高さは平均海面を基準に取りますが，実用的には地上のどこかに高さの基準点が必要です。このため，1891年（明治24年）に千代田区永田町に水準原点がつくられ，当時隅田川河口の霊岸島で行われた潮位観測により，水準原点建物内部の水晶板のゼロ目盛りの高さが，東京湾平均海面上24.500mと決定されました。しかし，1923年（大正12年）の関東大地震による地殻変動を受けて原点の高さは同上24.4140mに，さらに2011年（平成23年）の東北地方太平洋沖地震による地殻変動を受けて同上24.3900mに改定されました。現在では，油壺験潮場で実施する潮位観測及び定期的に行われる水準原点～油壺間の水準測量によって水準原点の高さを点検しています。

現在の霊岸島水位観測所（東京都中央区湊にある，海の仲間たちの交流サロン「HHH」より）　隅田川のテラス護岸施工に伴い，霊岸島水位観測所は1994年に元の位置から約36m下流に移設されました。現在でも荒川水系の工事実施基本計画や改修計画の策定及び改訂のための基礎データの観測を続けています。湊から対岸の新川（霊岸島），埋立地となった石川島・佃島，中央大橋越しの深川などを眺めていると，往時の江戸湊の賑わいが偲ばれます。

かしています。海流には暖流と寒流があります。暖流は低緯度から高緯度へ向けて流れ，周囲の大気を暖めて水蒸気を供給することによって，暖流沿岸では温暖で湿潤な気候となりがちです。日本周辺を流れる暖流には，黒潮と対馬海流があります。寒流は高緯度から低緯度へ向けて流れ，周囲の大気を冷やして水蒸気を発生させないため，寒流沿岸は冷涼で乾燥した気候になりがちです。日本周辺を流れる寒流には，親潮とリマン海流があります。黒潮とメキシコ湾流は2大海流と呼ばれ，幅約100キロ，厚さ約700～1,000メートル，速度２～５ノットに達する，正に「海を流れる大河」ですので，航海に際してもそれを利用したり避けることは重要です（注８）。

§４．台風

大型の熱帯性低気圧のうち，北太平洋南西部や南シナ海で発生するものを台風（Typhoon），メキシコの南・西方海域やメキシコ湾，カリブ海，オーストラリア東方で発生するものをハリケーン（Hurricane），インド洋のベンガル湾，アラビア海，マダガスカル島近辺，チモール海で発生するものをサイクローン

(Cyclone) と呼びます。日本では中心付近の最大風速が秒速17.2メートル以上のものを台風と呼び，32.7メートルを超えると強い台風，43.2メートルを超えると非常に強い台風，54.0メートルを超えると猛烈な台風と表現しますが，国際的には秒速32.7メートル以上のものをTyphoonと呼びます。

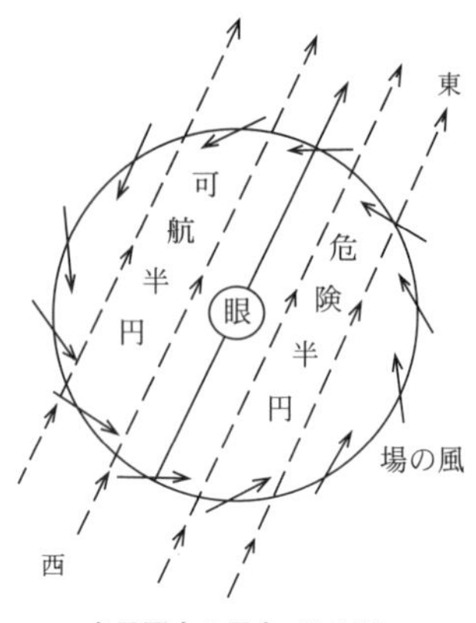

台風圏内の風向（北半球）

北半球では低気圧は左渦巻き状の場の風を吹かせますが（南半球では右渦巻き状になります），低気圧も大気の一般流に流されて西から東に進むため，台風の左半円では両者が力を打ち消し合うことによって風が比較的弱まり，右半円はその逆で風が強まります。このため，台風の左半円を可航半円（Navigable semicircle），右半円を危険半円（Dangerous semicircle）と呼びます。航行中の船は可能な限り台風を避けねばなりませんが，どうしても台風を避けられない場合は可航半円の方にいるように努めます。

台風に伴う強風が沖から海岸に向かって吹くと，海水は海岸に吹き寄せられ

（注8）黒潮の源泉域は台湾南東方あたりで，ここから北上した流れが東シナ海を抜けて行きます。黒潮の一部は対馬海流となりますが，本流は奄美大島と屋久島の間を通り，九州南岸を洗って四国沖，潮岬沖，伊豆半島沖，三宅島と御蔵島の間を抜けて房総半島沖に達します。黒潮はそこから東に向きを変えて黒潮続流となり，やがて北太平洋海流に移行しますが，黒潮反流となって日本の南方海域に向かう流れもあります。中世に熊野の那智浜や土佐の足摺岬などから補陀落（観音浄土）を目指して渡海を企てた行者が房総や沖縄にたどり着いた事例がありますが（注9），これらは黒潮と黒潮反流に流されたものなのでしょう。川合秀夫著『黒潮遭遇と認知の歴史』は，黒潮をめぐる文化史として参考になります。縄文人は丸木舟を漕いで本土から八丈島まで渡っていたのですが，その航海は困難を極めたことでしょう。黒潮を越えねば渡れない八丈島まで流された江戸時代の流人の記録として近藤富蔵著『八丈実記』，小説として団紀彦著『るにんせん』は興味深いです。

（注9）中世日本の補陀落信仰，中国道教の蓬莱信仰や媽祖信仰，沖縄のニライカナイ信仰，ポリネシアのハワイキ伝説，ジャワのニャイ・ロロ・キドゥル信仰など，海の彼方や海底に神仏や聖人の住む場所があるという考えは世界各地で見られます。また，寄り神（漂着神）信仰の一種である日本の恵比須信仰や，かつてニューギニアなどで見られたカーゴ・カルト，プロヴァンスのサント・マリー・ド・ラ・メールでロマ民族の信仰を集める渡来聖女サラや，裸形上人の渡来伝説を開山縁起とする熊野那智山の青岸渡寺など，海の彼方から神仏や聖人，あるいは幸運がやって来る（来た）という考えも世界中で見つけることができます。未知の彼海世界に対する憧憬と畏怖は人間の感性の深いところから出てくるようです。かつての日本の民俗学や文学の世界においても，柳田國男，折口信夫，島崎藤村，島尾敏雄など，南西の島々に日本の原郷的イメージを抱く人は少なくありませんでした。

ます。この吹き寄せ効果によって，海岸付近の海面が上昇します。海面上昇は風速の２乗に比例し，風速が２倍になれば海面上昇は４倍になります。特にＶ字型の湾では地形が海面上昇を助長させ，湾奥ほど海面が高くなります。

また，台風が接近して気圧が下がると，海面が持ち上がります。この吸い上げ効果によって，外洋では気圧が1hPa下がると海面は約１cm上昇します。例えば，1,000hPaの海面に中心気圧950hPaの台風が襲来すると，台風の中心付近の海面は約50cm高くなり，その周囲でも気圧に応じて海面は高くなります。

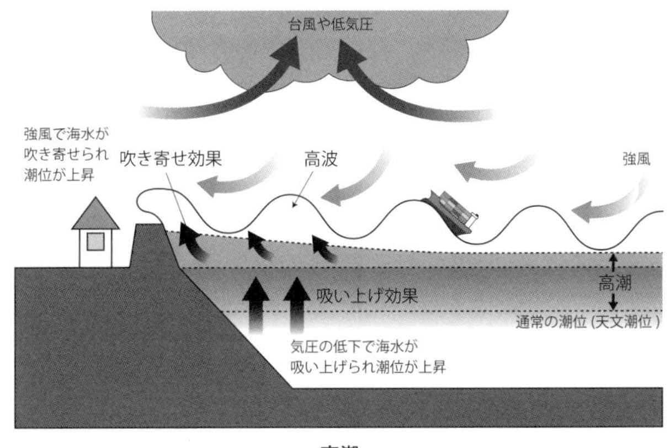

高潮

吹き寄せ効果や吸い上げ効果によって起こる海面上昇のことを高潮と呼びます（注10）。

§５．津波

海底地震や海底火山の爆発など，地殻変動が原因となって起こる波長の長い波のことを津波と呼びます。津波の波長は数百kmに及ぶこともあり，10分～１時間の周期で数十回にわたって押し寄せます。波高は洋上ではさほど高くありませんが，浅海，特にＶ字型の湾内などに入ると急に高くなり，10m以上に及ぶ場合もあります。津波の速度は水深と波高によって決まり，秒速＝$\sqrt{g(d+H)}$の式で計算されます（gは重力加速度9.8 m/sec^2，dは水深，Hは波

（注10）2018年９月４日に関西地方を襲った台風21号チェービーは，神戸港と大阪港にも甚大な被害をもたらしました。高潮の影響を受けて神戸港の潮位は233センチに達し，神戸港から43本，大阪港から26本のコンテナが流出しました。

高）。dに太平洋の平均的な水深4,000mを入れると（洋上での波高は低いので無視する），その速度は秒速約198m（時速約713km）となります。

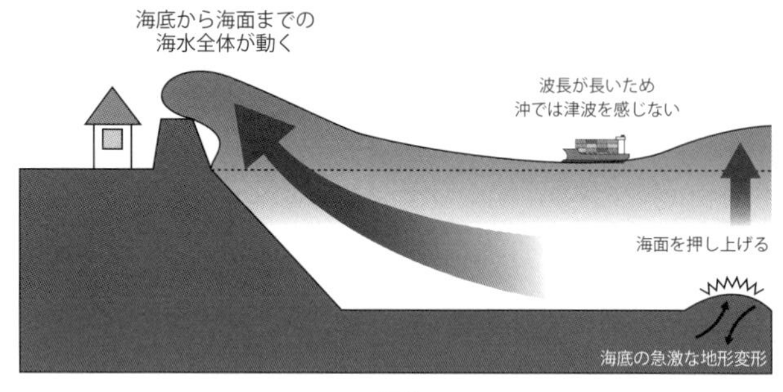

津波

資－13

資料⑥　大気の循環図

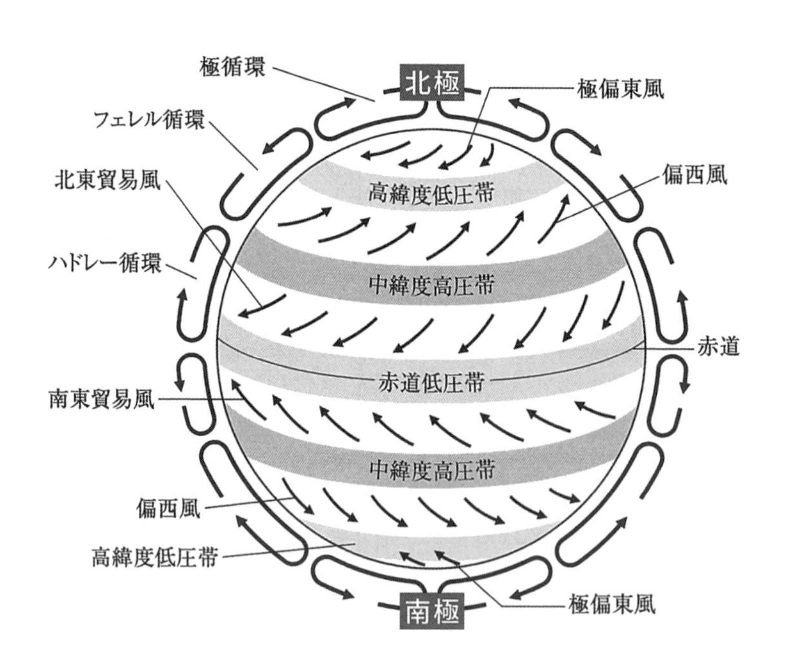

資料⑦　世界の海流図（2月）

8月におけるベンガル湾、アラビア海の海流は季節風の変化に伴ない流向が変化する。

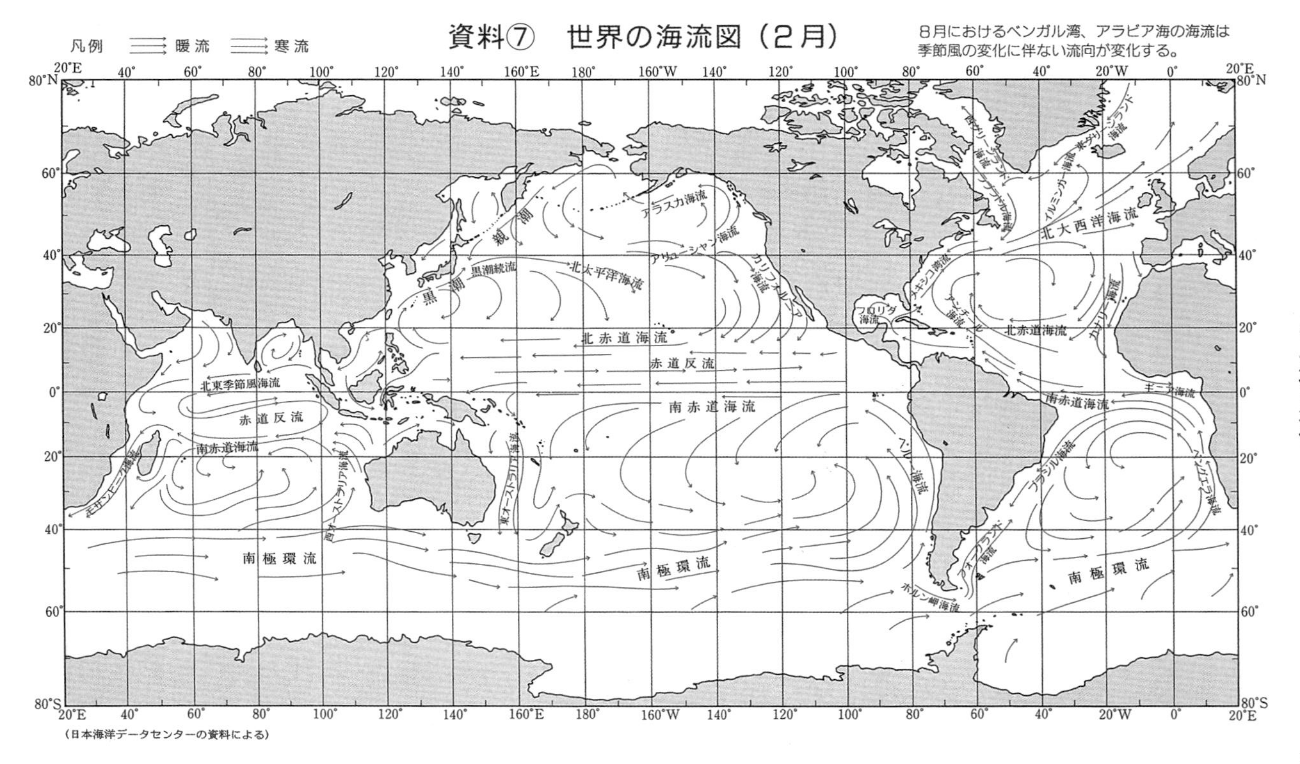

（日本海洋データセンターの資料による）

第4部

港について知ろう

ロッテルダム港のコンテナ・ターミナル

欧州最大のコンテナ港であるロッテルダム港は，1993年から荷役の自動化を推し進めてきたことで知られています。（写真提供：商船三井）

14 港の歴史と現状

§1．港の起源

人類が船を使って河海に乗り出すようになると，ヒトが安全に船に乗り降りしたり荷役をするための場所，あるいは荒天を避けて船を泊めておけるような場所が必要になりますが，それがそもそもの港の起源でしょう（注1）。

英語のportはラテン語のportare（運ぶ）から転じたporta（門）という語が語源ですので前者に相応し（注2），harborは「軍隊をかくまう避難所」というのが原意であり，750～1050年頃に使われていた古いドイツ語（古高ドイツ語）のheri（軍隊）＋bergan（庇護する）などに由来しますので後者に相応します。また，イギリスではdockという語が狭義の港を指すことがありますが，その意味するところは船を入れる人工的な入江や掘割のことです。

ちなみに，地中海のマルタ島は水深，奥行きの深い湾による天然の良港に恵まれていることで知られていますが，その名はフェニキア語のmelitaに由来するといいます。melitaという語は避難所・港を意味したそうですから，これもharborの原意に通じそうです。また，三重県の鳥羽は坂手，菅，答志の3島を天然の防波堤とする良港で，昔から太平洋沿岸航路における避難港の役割を果たしてきた重要なところですが，鳥羽の地名はそれを意味する泊場に由来するという説があります。

かつて日本では港を指すのに津や泊という語を用いていましたので（注3），海岸や河川に沿った町の名前にそれらが残っているところも少なくありません。また，ミナトと発音する場合には，水門，水戸，湊，美奈刀などの字があてら

（注1）港の起源や歴史については，高見玄一郎著『港の世界史』，吉田秀樹，歴史とみなと研究会著『港の日本史』が参考になります。

（注2）portは「港」以外に「運ぶ」という意味もあります。porter（ポーター），transport（輸送する，輸送），import（輸入する，輸入），export（輸出する，輸出），support（支持する，支持），passport（パスポート）などはportに由来する語です。また，disport（楽しませる）はport（運ぶ＝労働）から離れる（dis）ことが語源で，sports（スポーツ）はそのdiが消えたもの，そしてopportunityはob（その方向へ（ラテン語））とportが繋がって「港に向かうこと」となり，機会という意味に転じました。

（注3）津波（Tsunami）という語は今や世界中で通じる国際語になっていますが，その元の意味は「津（港）を襲う大きな波」ということです。

れていましたが，水門は川が海に流れ出るところ（河口）や，両方から突き出した陸地によって囲まれた入江の入口などを意味する語ですので，初期の港が河口や入江に造られたことを考えると，これはふさわしい呼び名のように思います。

世界のどこで最初に港が造られたのかはわかりませんが，少なくとも古代のナイル河や地中海などのように比較的大きな船が行き来していたところではそれなりの港が必要だったはずで，東地中海ではそうした港の遺構も多く見つかっています。また，東南アジアやオセアニアの島々を旅していると，何の設備もない村の砂浜が港として使われており，沖に錨泊した船から小舟と人力によって荷揚作業がなされるのを目にすることがあります。初期の港にはこうしたものも少なからずあったことでしょう。

日本では大和朝廷が確立した頃に朝鮮や中国の使者を迎えるために，尼崎（古名は海人崎）から西宮のあたりに武庫（むこ）（務古）水門（みなと）が，また大阪に難波津（なにわづ）が造られたとされています。武庫水門は武庫川河口部を中心とする一帯にあったといわれています。全国から朝廷に献上された500隻ほどの船が武庫水門に停泊していた際に，新羅からの使者が乗っていた船が誤って出火して多くの日本船を類焼させてしまったので，新羅王は謝罪のために優秀な船大工の一団を日本に献上したところ，その人々は摂津国に定住し猪名部（いなべ）と名乗るようになったという興味深い話も残っています。

§2．港の歴史

港に喫水の深い大型の船が入るようになると，港は水深の深い沖に向かって突き出した突堤を必要とするようになります。例えば，神戸港のそもそもの始まりは兵庫を流れる湊川（古名は弥奈刀川）の河口部に設けられた大輪田の泊とされていますが，対宋貿易の拡大を目指して神戸福原に都を移した平清盛が突堤を築いたことによってそこは経ヶ島あるいは兵庫島と呼ばれるようになり，室町時代には対明貿易の窓口となるなど，神戸港は国際貿易港としての歩みを進めていくことに

平清盛の銅像（柳原義達作）　神戸市兵庫区。1286年に建てられた清盛塚の隣に置かれています。

なったのです。

しかし，日本各地の港が整備され，そこに商人の店や倉庫，邸宅が集まることで港町が形成されるようになったのは江戸時代からのことです。神戸港の場合も，寛永期に北前船が日本海から下関，瀬戸内海を経て兵庫へ至る航路が開かれると，1年間に150～160隻程度の廻船が入港するようになり港は大いに賑わいました（注4）。幕末になると幕府は欧米各国から来航する黒船への対応に苦慮しましたが（注5），やがて横浜，長崎，箱館（函館），兵庫（神戸），新潟が開港すると，特に横浜と神戸は外国人居留地によって醸し出さ

大輪田水門（兵庫運河）　最初の神戸港はこの付近に造られました。

「摂州神戸繁栄図」（二代長谷川貞信画）　開港当時の神戸港の活気がうかがえます。（写真提供：神戸市立博物館）

（注4）江戸時代の兵庫商人の中には「辰悦丸」船主の高田屋嘉兵衛がいます。後に箱館（函館）に拠点を移して当時蝦夷地と呼ばれていた北海道の開発を行った嘉兵衛は，国後と択捉への渡航も成し遂げ，ゴローニン事件に際しては日露間の紛争解決のために尽力したことでもその名を知られています。司馬遼太郎は嘉兵衛の生涯を『菜の花の沖』という小説で描いています。また，江戸時代に北海道と上方を結ぶ北前船の寄港地として栄えた日本海諸港の様子については，高田宏著『日本海繁盛記』，加藤貞仁著『北前船寄港地ガイド』，中西聡著『北前船の近代史』などが参考になります。

（注5）当時，天皇がいた京（京都）を守るための摂海防備論が持ち上がり，幕府の命を受けた勝海舟は1864年（文久4年）に神戸の生田川河口部に約1万6千坪の土地を押さえ，海軍操練所を開きました。勝は塾頭の坂本龍馬をはじめ，後に外務大臣となる陸奥宗光や海軍大将となる伊藤祐亨など，思想的な相違にかかわらず，国の将来を憂い，海国日本の発展に向けて青雲の志を抱く若者ならば誰でも受け入れたため，当時の神戸には自由闊達な雰囲気が漂っていたといわれています。

れる独特の文化と雰囲気を持つ港町として，また日本の玄関口として大きく発展していくことになりました（注6，7）。

ところで，港は船の進化や貨物の荷姿の変化に応じて，その形態や機能を少しずつ変えてきました。しかし，近代に入ってから港の構造と景観，また荷役のあり方を大きく変えたのは，重化学工業の発展によって工業港が作られたことと各種の専用船が作られるようになったこと，そして1960年代に起こったコンテナ革命でした。各国の主要港はコンテナ輸送に対応するためにコンテナ埠頭の整備を進め，日本でも神戸港がいち早く摩耶埠頭にコンテナ・ターミナルを整備すると，他港もそれに続きました。

他方，国内では大型トラックやコンテナを運ぶトレーラー，あるいは自家用車などのカーフェリーによる中長距離輸送が盛んとなり，それが港でのフェリー埠頭の拡充を促してきました。

§３．港の現状

コンテナ革命以前の港湾荷役は極めて労働集約型のもので，ギャング（Gang）と呼ばれる協同組の作業によって成り立っていましたが，コンテナ革命によって荷役の機械化と合理化が著しく進展すると，そうした在来型の荷役は姿を消していきました。しかし，コンテナ・ターミナルは旧来の港から離れた場所に作られるケースが多く，そこはたいてい高い壁で囲まれていて，一般の人々が中に入ることはできませんし，コンテナ船は在来貨物船に比べて荷役に要する時間が短いことから，上陸した船員たちが街に繰り出すといった機会も減りました。こうしたことが港と船を市民にとって縁遠いものとしてしまったことは否めず，その反省から現在はウォーターフロントパークとして潤いのある港空間作りが重視されるようになっています。この点においては，街の景観と親水

（注６）明治期の神戸港は主として大阪などの軽工業地帯で生産された綿糸や綿布の東アジア向け輸出で，また横浜港は主として四州（上州，信州，甲州，武州）で生産された生糸のヨーロッパ向け輸出で賑わいました。

（注７）横浜港と神戸港は共に震災による大きな被害も経験しています。前者は1923年（大正12年）９月１日の関東大震災によって壊滅状態に陥りましたし，後者も1995年（平成７年）１月17日の阪神淡路大震災によって破壊され，その機能をしばらく停止することになりました。横浜，神戸をはじめとする日本の港の歴史については，小林照夫著『日本の港の歴史』，吉田秀樹著『港の日本史』などがわかりやすいです。また，明治～大正期にかけての神戸の街と港の発展史については，神戸の英字新聞『ジャパン・クロニクル』の1868年から1918年までの記事をまとめた『神戸外国人居留地』（堀博，小出石史郎訳）や，神木哲男，崎山昌廣著『神戸居留地¾世紀』などが参考になります。

ギャングによる荷役風景　かつてギャングが船に乗り降りするために使った橋の呼び名が残り，今日でも船の舷門や旅客船用の渡船橋のことをギャングウェイ（Gangway）と呼んでいます。
（写真提供：日本郵船）

ギャングウェイ

空間を重視する欧米やオーストラリアの港町から学ぶことが多そうです。

一方，コンテナ革命によって多くの港は船社と荷主に対する利便性を高めることによって船の寄港を誘い，コンテナの取扱量を伸ばすべく競争するようになりました。特にアジアのハブ港としての地位獲得をめぐる競争は熾烈で，1990年以降は他の追随を許さぬ港湾インフラと高度な情報武装によって効率的な荷役や輸出入手続きを行うシンガポールと香港がコンテナ取扱量の世界第1位港の座を争っていたのですが，2010年以降は上海が第1位港に躍進しています。シンガポールは隣接するマレーシア・ジョホール州のタンジュンペラパス港の挑戦を受けながらも世界第2位港の座を守っていますが，香港は隣接する広東省の深セン港に抜かれました。また，河川港である上海港のキャパシティ不足を補うように寧波／舟山港の取扱量が急伸しており，釜山港は東北アジアのハブ港としての地位を確立しています。

こうした中で日本の港は国際ハブとしての機能・役割を低下させています。阪神淡路大震災（1995年）の後に神戸港が機能停止している間に，地方港発着の貨物が釜山などアジアの港をハブとして世界と繋がる流れができてしまったことや，日本の港がコンテナ船の大型化に十分対応できていないこと，デジタル化や自動化の遅れなどから港全体の生産性が向上しにくいことなどがその原因ですが(注8)，この状態が続くと日本の港は世界のコンテナ船基幹航路から外されてしまい，ますますフィーダー港の地位に甘んずることになります。そうなると日本の輸出入には余計な時間とコストがかかることになりますが，2020年からのコロナ渦によってコンテナ海運が混乱する中でフィーダー港である日本の港にはコンテナが回ってこないという問題も生じています（第18章５項参照）。

日本の港には，ハード面だけではなく，ソフト面での問題もあります。本船が入出港手続きを行う際にも，荷主が輸出入手続きを行う際にも，税関とさま

世界の港湾別コンテナ取扱個数ランキング

	1980年		2005年		2020年（速報値）	
1	ニューヨーク／ニュージャージー	1,947	シンガポール	23,192	上海	4,350
2	ロッテルダム	1,901	香港	22,602	シンガポール	3,687
3	香港	1,465	上海	18,084	寧波／舟山	2,873
4	神戸	1,456	深圳	16,197	深圳	2,655
5	高雄	979	釜山	11,843	広州	2,319
6	シンガポール	917	高雄	9,471	青島	2,200
7	サンファン	852	ロッテルダム	9,251	釜山	2,159
8	ロングビーチ	825	ハンブルグ	8,088	天津	1,835
9	ハンブルグ	783	ドバイ	7,619	香港	1,797
10	オークランド	782	ロサンゼルス	7,485	ロサンゼルス／ロングビーチ	1,732
11	シアトル	782	ロングビーチ	6,710	ロッテルダム	1,434
12	アントワープ	724	アントワープ	6,482	ドバイ	1,348
13	横浜	722	青島	6,307	ポートケラン	1,324
14	ブレーメン	703	ポートケラン	5,716	アントワープ	1,204
15	基隆	660	寧波	5,208	厦門	1,141
16	釜山	634	天津	4,801	タンジュンペレパス	984
17	ロサンゼルス	633	ニューヨーク／ニュージャージー	4,793	高雄	962
18	東京	632	広州	4,685	ハンブルグ	857
19	ジェッダ	563	タンジュンペラパス	4,177	ニューヨーク／ニュージャージー	758
20	バルチモア	523	東京	3,819	京浜港（東京／横浜／川崎）	757

『CONTAINERISATION INTERNATIONAL YEARBOOK 1982』及び『Alphaliner Monthly Monitor July 2021』を基に国土交通省港湾局作成。2020年の東京港，横浜港，名古屋港，神戸港，大阪港の取扱量については港湾管理者調べを基に国土交通省港湾局が集計（(注）１．出貨と入貨（輸移出入）を合計した値。２．実入りコンテナと空コンテナを合計した値。３．トランシップ貨物を含む。４．2020年の東京港，横浜港，阪神港，名古屋港，大阪港の順位は，2021年８月時点で不明。ただし，参考までに，2019年のこれらの港湾の順位は，東京港：39位，横浜港：61位，神戸港：67位，名古屋港：68位，大阪港：80位（出典：Lloyd's List One Hundred Ports 2020 （Top 100 container ports)))

(注８) ただし，日本の港のクレーン荷役をはじめとする個々の作業の生産性は，海外の港と比べて決して低くありません。

シンガポールのコンテナ・ターミナル（写真提供：日本郵船）

香港のコンテナ・ターミナル（写真提供：日本郵船）

ロッテルダム港のガントリークレーン　このガントリークレーンはコントロールルームから遠隔操作することができ，荷役の安全性と共にその効率が向上しました。（写真提供：商船三井）

ロッテルダム港の AGV（Automatic Guided Vehicle：無人搬送車）　AGVは，コンテナヤード（CY）内の路面に埋め込まれた動線センサーを通してコントロールルームから送信される走行指示に従って走行し，コンテナを搬送します。（写真提供：商船三井）

名古屋港の自働化コンテナ・ターミナル　左の写真は，無人トランスファークレーンによる荷役。日本で唯一自動化（トヨタ流に「自働化」という言葉が用いられています）が進められているターミナルです。右の写真は，コントロールルームでの無人トランスファークレーンの遠隔手動運転。トランスファークレーンはコンテナの保管エリアでは自動で，また荷役エリアでは遠隔手動で運転します。

横浜港　左から南本牧埠頭，本牧埠頭，大黒埠頭（写真提供：横浜市港湾局）

神戸港・六甲アイランド（写真提供：商船三井）

横浜のみなとみらい21　港に市民を呼び込む街づくりの事例として注目を集めています。

神戸港のポートタワー　第7代神戸市長の原口忠次郎が考案し，1963年に建造された神戸港のランドマーク的タワーです。

横浜港内の観光ポイントを巡る「シーバス」「シーバス」のような海上バスが日本の港町でもっと普及して通勤・通学の足になると楽しいでしょう。

神戸港に停泊する練習帆船「みらいへ」「みらいへ」（第2章15項参照）は神戸港を母港として活動しています。

ざまな官庁に対して類似した書類をそれぞれ提出して手続きをせねばならぬこと。ターミナルの運営時間あるいはゲートの開門時間が限られており，ターミナル内でのコンテナの滞留や周辺道路でのトレーラーの荷待ちが生じやすいこと（注9）。港湾運送事業者間の複雑な元請－下請関係が，非効率かつコスト増の原因となりうること。港湾地域での荷役や運送への新規事業者の参入が困難で，先進的なノウハウやテクノロジーを持った3PL企業（第20章4項参照）などが港湾地域でロジスティクスセンターを運営しにくいこと。これらが従来指摘されてきた問題でしょう。

これまでもこうした問題を解決するためにさまざまな改善策が講じられてきましたが（注10），2005年11月の国際海上交通簡易化条約（FAL条約：Convention on Facilitation for International Maritime Traffic）発効を受け，港湾諸続きについては大幅に簡素化，電子化されました。しかし，現在でもまだ書類を要する港湾諸手続きは多いため，国土交通省は完全ペーパーレス化を目指して動いています。また，以前から港湾労働者の高齢化と不足が大きな問題となっていたにもかかわらず，日本ではコンテナ・ターミナルの自動化に向けての取り組みが遅れています。一方，シンガポールや欧州，中国などの主要港湾はAIを導入することでオペレーションの最適化と自動化を加速させようとしています。今後は日本の港も名古屋港での先行事例などを活用しながら自動化（あるいは，その手前の遠隔手動運転化）を進めていかないと，コンテナ・ターミナルの運営自体が困難となってくるかもしれません。

シンガポールのPSAインターナショナル（PSAの名称は，旧シンガポール港湾庁（Port of Singapore Authority）に由来）や香港のHPH（Hutchison Port Holdings：和記黃埔港口）などの先進的港湾オペレーターは，過去に培ってきた効率的で生産性の高い港湾運営のノウハウを海外に売り込んだり，あるいは

（注9）ターミナル内でのコンテナの滞留や周辺道路でのトレーラーの荷待ちは，港湾の開発・整備がコンテナ取扱本数の伸びに追いついていない東京港において特に顕著です。その結果として本船の荷役待ちによる港の混雑及び本船スケジュールの遅れ，また東京港周辺道路の渋滞といった問題が起こっています。

（注10）日本の港湾における諸問題の中で，輸出入に際しての通関手続きを簡素化するために，Sea-NACCS（Sea Nippon Automated Cargo Clearance System）と呼ばれる海上貨物通関情報処理システムが1991年以降普及しています。これは税関，通関業社，銀行，さらに保税蔵置場や関係省庁をオンラインで結び，海上貨物の通関手続きと関税の決済を自動処理するものです。同様に，空港での航空貨物の通関に際してはAir-NACCSが使われています。（第17章8項参照）

外国の港湾の開発・経営権を買い取って自ら その運営にあたったりもしています(注11)。PSAインターナショナルやHPHは情報産業と称してもよいほど高度に情報化しており，荷役の手配と荷動き，船社やフォワーダーとのやり取り(注13)，官公庁等の手続きを全て一元的に管理していますが，これによってモノの流れと情報が一元化され，荷主の利便性が高まっています。今日の港は単なる輸出入貨物の関所あるいは通過点ではなく，そうした管理能力を持って荷主のロジスティクス戦略を支援できるターミナルオペレーターが求められています(注14)。

(注11) 世界の港湾ターミナル経営は上位5社によって寡占化されています。コンテナの取扱量で見た場合，第1位は一帯一路構想（注12）を掲げる中国のCOSCO（中国遠洋海運集団。港湾ターミナル事業は子会社のCOSCOシッピングポーツ（中遠海運港口）が担当），第2位は香港のハチソン・ワンポア（HPHなどを所有），第3位はA.P.モラー・マースク（APMなどを所有），第4位はシンガポールの国営投資会社テマセク・ホールディングス（PSAインターナショナルなどを所有），第5位は英国の老舗港湾管理会社P&Oを買収したアラブ首長国連合の国有港湾管理会社ドバイ・ポーツ・ワールド（DPW）です。

(注12) 中国の一帯一路構想は，中国～中央アジア～欧州間の鉄道網整備を主眼とする「陸上シルクロード構想」と，中国沿岸部からインド洋，アラビア半島を経て欧州までを結ぶ海上物流網整備を目的とする「21世紀海上シルクロード構想」からなります。具体的には，①沿線国での港湾建設と海上物流網の整備，②航路の拡大と寄港数の増加，③石油，天然ガスなどの重要資源の安定的輸送力確保，また中国国内での④自由貿易試験区（上海，福建，広東，天津）における規制緩和の拡大，⑤沿海港（上海，天津，寧波—舟山，広州，深圳，堪江，汕頭，青島，煙台，大連，福州，厦門，泉州，海口，三亜など）と内陸港（鄭州，西安など）の整備，⑥海洋経済区の開発拡大，⑦香港，マカオ，台湾との協力関係強化，⑧複合一貫輸送の推進などの施策が掲げられています。ただ，一帯一路構想に基づく中国から発展途上国への融資には財政の健全性や透明性が欠けていることが多く，莫大な債務を負わされた発展途上国が中国に土地を取り上げられることや，港湾事業の裏に軍事目的が疑われることなどが問題点として指摘されています。

(注13) 船や飛行機，トラックなどを自ら保有して運送業にあたるもののことをキャリア（Carrier）と呼びますが，自らはそうした輸送手段を持たず，キャリアに委託する利用運送業者のことをフォワーダー（Forwarder）と呼びます。また，運送の取次や代弁，貨物の集配もフォワーダーの業務に含まれます。

(注14) 国土交通省は2004年7月に阪神港（神戸・大阪港），京浜港（東京・横浜港），伊勢湾（名古屋・四日市港）の三大港湾をスーパー中枢港湾に指定しました。当時スーパー中枢港湾には，コストを約3割削減して釜山，高雄並にすること，荷役や諸手続きのリードタイムをシンガポール並に短縮すること，ロジスティクス産業の活動を促進することなどが求められました。港湾をロジスティクスの視点から捉えた本には，黒澤智治著『港湾ロジスティクス論』などがあります。

15　港の種類と港則法

§1．港の種類

港を分類する方法はいくつかあると思いますが，地勢もしくは用途によるのが一般的でしょう。地勢的に見ると，港は沿岸港・海港，河口港，河川港，湖港，運河港に分けられます。前章でお話したように初期の港の多くは河口港だったのですが，船が大型化するにつれて河口港は減少し，沿岸港・海港が増えています。

代表的な河口港としては，ニューヨーク港，ル・アーブル港，日本では新潟港，酒田港などがあげられます（注1）。また，河川港についてはかつて日本でも淀川の伏見京橋や大坂八軒家のような例が見られたのですが，船の大型化に伴い使われなくなってしまいました。代表的な河川港にはハンブルグ港，ロッテルダム港，ポートランド港，メルボル

河川港　ハンブルグ港。エルベ河沿いに造られた典型的な河川港です。（写真提供：商船三井）

隅田川の永代橋　手前の絵は，一立齋広重（歌川広重（初代））の「東都名所永代橋全図」の模写。当時の永代橋は現在よりも約100メートル上流に架けられていました。左手は明暦の大火後に市街地に加わった深川新地，また中洲の島は佃島（注3）です。幟が立つ高尾稲荷社へ参詣する人たちの姿も描かれています。

（注1）江戸時代の江戸湊も隅田川の河口部などを利用したものでした。町の大半を焼失した明暦の大火（1657年）後に江戸は新たな都市計画に基づいて作り直されましたが，その際に江戸湊も築地から高輪に至る外港部と隅田川沿いの内港部が整備され，霊岸島（現在の新川）と湊あたりが内港部の中心となりました。その後，隅田川をはじめ，日本橋川，三十間堀など江戸の河川と運河の両岸は，各地の物産を扱う河岸（かし：河川や運河の岸に設けられた船着き場）で埋め尽くされるようになりました。また，中世に目黒川の河口部に設けられ，伊勢神宮や熊野三山との関係が深かった品川湊も，江戸時代には物流の中継地として賑わいを見せました（当時の目黒川河口は，現在よりも北方の天王洲運河付近にありました）。品川湾は遠浅だったので，沖合いで弁才船などの大型廻船から小型廻船に瀬取り（注2）で積み替えられ，各地に運ばれていました。

（注2）瀬取り（Ship-to-ship cargo transfer）とは，洋上で船から船へ貨物を積み替えることをいいます。

東京港　手前左側が品川埠頭，右側が大井埠頭，向こう側が青海埠頭。（左写真提供：商船三井）

漁港　高知県土佐清水市の漁港。手前は宗田鰹（ソウダガツオ）から宗田節を作っているところです。（写真提供：神田優（黒潮実感センター））

漁港　神奈川県の真鶴港。真鶴の貴船祭りは日本三大船祭りの一つで，この写真は貴船祭りの様子です（一般的に，真鶴貴船祭り，宮島管弦祭り，大阪天神祭りもしくは塩竈みなと祭りが日本三大船祭りと言われています）。

ン港，上海港，カルカッタ港，サイゴン港，マナウス港などがあります。

港を用途別に分類する際には，商港（Commercial port），工業港（Industry port），漁港（Fishery port），カーフェリー港（Ferry port），レクリエーション港（Marina：マリーナ），軍港（Naval harbor），避難港（Refuge harbor）と分

（注３）江戸時代の隅田川の河口部には，佃島と石川島がありました。砂の寄州だった佃島に対して，石川島は堅牢な地盤の岩の島で，江戸時代に水戸藩が日本初の洋式造船所を作り，1876年に石川島平野造船所（後の石川島播磨重工業）が建設されました。佃島の住民のルーツは，摂津の佃村（現在の西淀川区佃）です。本能寺の変の際に堺にいた徳川家康は，わずかな手勢と共に本拠地の岡崎へ戻ろうとしましたが，神崎川を渡ることができず立ち往生しました。それを救ったのが佃村の漁民たちで，彼らのおかげで家康らは生きて岡崎に戻ることができました。後に家康が江戸に入った際に，佃村の漁民たちを江戸に呼び寄せ，特別な漁業権を与えて優遇しました。

けるのが一般的でしょう。商港は旅客や商用貨物を取り扱う港で，コンテナ船や在来貨物船が入り，工業港は隣接する工場の生産と結びついた港でタンカーやばら積専用船が入りますが，一つの港がこれらの機能を兼ねているケースもあります。

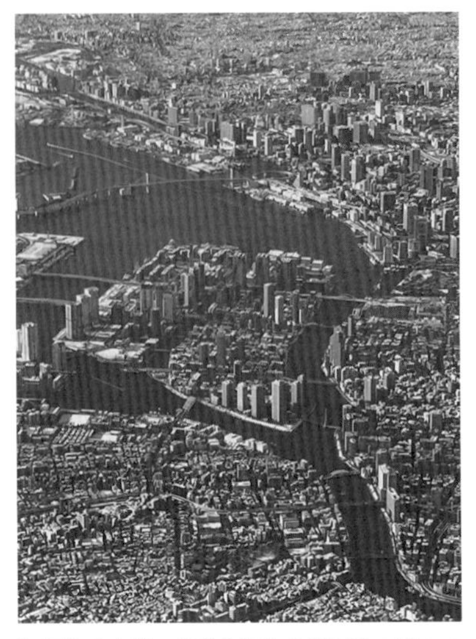

江戸湊の名残　手前を流れる隅田川の元々の河口部に掛かるのが永代橋。しかし，かつての石川島と佃島が湾内の埋立島の一部となり，隅田川はさらに右方に延伸することとなりました。中央大橋，佃大橋，勝鬨橋を経て，築地大橋の先が現在の河口となっています。

日本における商港としては横浜港，東京港，神戸港，大阪港，名古屋港，博多港などが，また工業港としては川崎港，四日市港，鹿島港，細島港，水島港，石巻港などがよく知られています。工業港の埠頭は特定の企業・工場によって専有されることが多く，港全体が一企業・工場のために存在するもの（日本製鉄の釜石港など）のことを単独工業港と呼びます（注4）。

日本の法規による港の分類はいくつもの異なる法令に基づいてなされているため複雑ですが，その代表的なものを列挙してみます。

① 港湾法：交通の発達及び国土の適正な利用と均衡ある発展に資するため，環境の保全に配慮しつつ，港湾の秩序ある整備と適正な運営を図るとともに，航路を開発し，及び保全することを目的とする法律です。同法は港湾を，国際戦略港湾（長距離の国際海上コンテナ運送に係る国際海上貨物輸送網の拠点となり，かつ，当該国際海上貨物輸送網と国内海上貨物輸送網とを結節する機能が高い港湾であって，その国際競争力の強化を重点的に図ることが必要な港湾として政令で定めるもの），国際拠点港湾（国際戦略港湾以外の港湾であって，国際海上貨物輸送網の拠点となる港湾として政

（注4）港の種類や施設，業務，法令などについては池田宗雄著『港湾知識のABC』などが，また港湾全般やそこでの仕事については国土交通省港湾局監修『世界に通じる，未来へ通じる「港湾」の話』などがわかりやすいです。

カーフェリー港
神戸港の六甲アイランドにあるフェリー埠頭。

レクリエーション港（マリーナ）　左は神奈川県三浦市のシーボニアマリーナ。三浦半島南端近くの小網代湾に位置し，湾内は穏やかな上に外洋へのアクセスが便利なため，多くのヨットマン，ボートマンに愛されています。余談ですが，筆者も「Delphinus」という名前のヨットをここに置いています。右は兵庫県西宮市の新西宮ヨットハーバー。ヨットマンやボートマンではない一般市民も気軽に訪問・利用できるよう，工夫が見られるマリーナです。

令で定めるもの），重要港湾（国際戦略港湾及び国際拠点港湾以外の港湾であって，海上輸送網の拠点となる港湾その他の国の利害に重大な関係を有する港湾として政令で定めるもの），地方港湾（国際戦略港湾，国際拠点港湾及び重要港湾以外の港湾）の4種類に分類しています。現在，国際戦略港湾として指定されているのは，京浜港（東京港，横浜港，川崎港）と阪神港（大阪港，神戸港）です。

②　港則法：港内における船舶交通の安全及び港内の整とんを図ることを目的とした法律で，それが適用される港及びその区域は政令で定められます。その中で，喫水の深い船が入港できる港，または外国船が常時出入する港

が特定港とされています。特定港には，その管理のために港長が置かれます（海上保安庁長官が任命）。また，特定港以外の港則法適用港の事務は，管轄する海上保安部長（または海上保安署長）が行うこととなっています。

③　関税法：関税の確定，納付，徴収及び還付並びに貨物の輸出及び輸入についての税関手続の適正な処理を図るため必要な事項を定める同法により，貨物の輸出入を行うために外航船が入港できる港は開港，できない港は不開港に分類されています（注5）。

運上所の役人　横浜税関内の資料館に展示されている人形です。かつて神奈川運上所があった場所は，現在神奈川県庁になっています。

④　検疫法：国内に常在しない感染症の病原体が船舶又は航空機を介して国内に侵入することを防止するとともに，船舶又は航空機に関してその他の感染症の予防に必要な措置を講ずることを目的とする法律です。外国からの来航船舶・航空機は検疫を受けねばならず，同法は検疫を受けることのできる港・飛行場を検疫港・飛行場と分類しています。検疫港・飛行場は政令によって定められます。

⑤　港湾運送事業法：港湾運送に関する秩序を確立し，港湾運送事業の健全な発達を図り，もつて公共の福祉を増進することを目的とする法律です。同法が適用される港湾は政令で指定され，その水域は，政令で定めるものを除くほか，港則法に基づく港の区域をいいます。

⑥　漁港漁場整備法（旧漁港法）：水産業の健全な発展及びこれによる水産物の供給の安定を図るため，環境との調和に配慮しつつ，漁港漁場整備事業を総合的かつ計画的に推進し，及び漁港の維持管理を適正にし，もつて国民生活の安定及び国民経済の発展に寄与し，あわせて豊かで住みよい漁村の振興に資することを目的とする同法により，全国約3,000の漁港を，第一

（注5）日本で最初に開港した港は横浜ですが（1859年），その際に設置された税関は運上所と呼ばれていました。税関という名称に統一されたのは1872年（明治5年）のことです。

種漁港（その利用範囲が地元の漁業を主とするもの），第二種漁港（その利用範囲が第一種漁港よりも広く，第三種漁港に属しないもの），第三種漁港（その利用範囲が全国的なもの），第四種漁港（離島その他辺地にあって漁場の開発又は漁船の避難上特に必要なもの）の４種類に分類しています。

⑦　その他に，出入国管理及び難民認定法，港湾労働法，公有水面埋立法などによる分類があります。

§2．係留施設の種類

港内で船が荷役をするために停泊する場所をバース（Berth）といいます。係留施設には以下のようなものがあります。

係船ブイ（Mooring buoy） 船を沖に係留する際に使います。

①　岸壁（Quay）：コンクリートなどで造られた海底からの直立壁による係船岸。船は着岸時に水のクッションを受け，離岸時には岸壁に吸引されるので注意が必要です。

②　桟橋（Pier）：杭を打って脚柱とした係船岸。

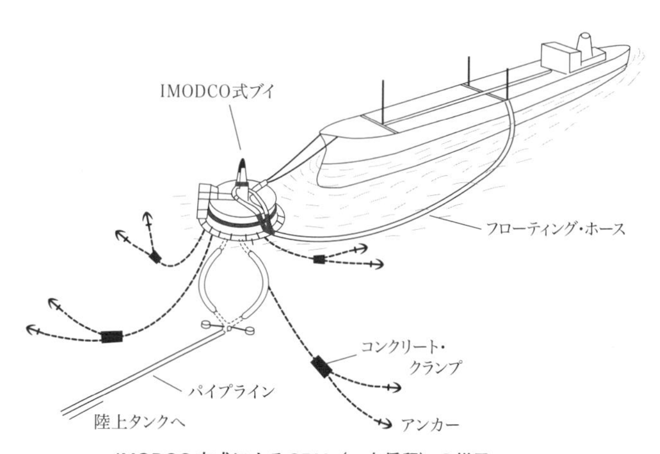

IMODCO方式によるSPM（一点係留）の様子（注６）

（注６）SPM（一点係留）方式には，International Marine and Development Corp. が特許実施権を持つIMODCO方式と，Shell方式があります。

③　離れ桟橋（Detached pier）：岸壁と離れた場所に設けられた桟橋。

④　浮き桟橋（Floating loading stage）：ポンツーン（Pontoon：鉄製の方形浮体）を組み合わせたもの。ポンツーンと陸岸は渡り橋で連絡されます。

⑤　ドルフィン（Dolphin）：数本の杭を海底に打ち込んだ係留索取り込み用の柱状構造物。通常，係留索を取る係船ドルフィン（Mooring Dolphin），船舶が接舷するブレスティング・ドルフィン（Breasting Dolphin），荷役を行うプラットフォームが一式となっています。

⑥　係船ブイ（Mooring buoy）：係船のためにシンカー（Sinker：沈錘（ちんすい））で固定したブイ（浮標）。

また，大型タンカーの荷役用に沖合いに設けたバースのことをシーバース（Sea berth）と呼びます。シーバースには桟橋とドルフィン，係船ブイなどの係留施設があり，貨物である油は海底敷設のパイプラインで運ばれます。シーバースに使用される大型ブイはパイプラインで陸上タンクと結ばれており，SPM（Single point mooring：一点係留）方式で船首を係留します。ブイとタンカーは浮きホースで連結され，荷役が行われます。

§3．港則法

先述のように港則法というのは港内での船舶交通の安全及び港内の整頓を目的として定められた法律で，特に港則法で規定のない事項については海上衝突予防法が適用されます。港則法でいうところの「港域」と，港湾法でいうところの「港湾区域」は一致しないケースがありますが，これは両法の主旨が異なるために生じるものです。

日本の港の中で港則法が適用されるのは約500港あり，そのうち87港が特定港とされています。中でも，京浜港，名古屋港，四日市港（第一航路及び午起航路に限る），阪神港（尼崎・西宮・芦屋区を除く）及び関門港（響新港区を除く）は，船舶交通が著しく混雑する特定港として指定されています。特定港には港長が置かれ，部長が港長として港の保安警備，船舶の移動や停泊の指示，海難救助などに従事しています。一般には港の範囲を防波堤の内側と考えがちですが，港則法の港域で規定される港の範囲はもっと広いものです。

港則法で定められている事柄のうち，重要なものを紹介しておきます。同法は交通警察法規ですので罰則規定があり，違反者に対しては懲役刑もしくは罰金刑が科せられることになっていますので，マリンレジャーでヨットやモーターボート，カヤックを楽しむ人が港域内を航行する際には特に注意が必要です。

① 汽艇，はしけ，端船，ろかい船などの舟艇を「雑種船」として定義し，雑種船はそれ以外の船舶の航行や停泊の妨げにならぬよう決められています。

② 船舶の入出港に際し，特に特定港における港長への届出と（注7），港内での停泊係留の指示を受けること，夜間入港の制限，停泊の制限などが定められています。

③ 港内の航行規定として，他の船舶に危険を及ぼさない速力での航行，航路航行船の優先，防波堤通過時における出航船優先の原則，右側航行の原則，並列航行の禁止，追い越しの禁止，航路内での投錨の禁止などが定められています。

④ 港則法上の危険物が指定され，それを積載した船舶の特定港における停泊や貨物の積み下ろしについて，港長の指示を受けることが求められています。

⑤ 港内もしくは港の境界外1万メートル以内の海域における廃棄物投棄の禁止や，海難などによって船舶航行の支障が生じた際の届出や障害物の除去などが規定されています。

⑥ 港内での雑種船の夜間灯火や（注8），停泊中の船舶が火災を起こした際に汽笛もしくはサイレンによって長音（4～6秒間）5回を繰り返し吹鳴することなどが定められています。

（注7）かつて船が日本の港に出入りする際には，港長，税関，入国管理局に対して入（出）港届，また港湾管理者に対して入港届を，それぞれの求める様式で提出せねばなりませんでした。しかし，2005年11月の国際海上交通簡易化条約（FAL条約）発効を受けて，こうした諸手続きは諸官庁統一様式となり，大幅に簡素化，電子化が進みました。

（注8）海上衝突予防法は長さ7メートル未満の帆船やろかい舟が簡易な灯火を備えておくことを定めていますが，夜間の常時点灯を義務付けてはいません。しかし，港則法はその常時点灯を求めていますので，小型ヨットやカヤックなどで港則法の規定が及ぶ港域内を夜間航行する際には注意が必要です。

16 港の仕事

§1．港湾運送事業

一口に港の仕事と言っても，そこには貿易，金融，保険，工業，商業，海運，港運，陸運，倉庫，通関，梱包，情報など，さまざまなものがありますが，ここでは港湾運送事業に絞ってお話します。港湾運送事業は港湾運送事業法に基づく許可制となっており（2005年5月の法改正までは免許制でした），その内容は，①一般港湾運送事業，②港湾荷役事業，③はしけ運送事業，④いかだ運送事業，⑤検数事業，⑥鑑定事業，⑦検量事業となります（注1）。

一般港湾運送事業のうち，船社・荷主双方の委託を受けて仕事を行うものを無限定と称します。一般港湾運送事業者は船積・陸揚貨物の受け渡しを行いますが，さらに船内荷役，はしけ運送，沿岸荷役，いかだ運送などの作業を一貫して行うことができます。それらの実作業については元請けとして専業者に委託することができますが，自らも一定部分の作業を行うことができなければなりません。

一般港湾運送事業のうち，荷主の委託を受けて船積・陸揚貨物の船舶との受け渡しや，はしけ（バージ）運送，沿岸荷役などを行うものを海貨業（通称：乙仲），それに加えて船社からの委託を受けてCFS（Container Freight Station）業務を行うものを新海貨業（通称：新乙仲）と呼びます。また，船社の委託を受けて上屋その他の荷さばき場で個品運送貨物の受け渡しを行い，沿岸荷役やはしけ運送をも請け負うものは船積・陸揚代理店業（シッピング・エージェント，ランディング・エージェント）と称されます。

港湾荷役事業とは船内荷役事業と沿岸荷役事業のことで，その両方を請け負えるものを無限定と称します。コンテナ船の荷役では船内・沿岸荷役を区分けすることが難しいため，無限定として一貫荷役を行うケースが多いです。船内荷役事業とは，本船に貨物を積み込んだり，本船からの陸揚げを行うもので，ステベ（ステベドア：Stevedore）と通称されています（注2）。沿岸荷役事業と

（注1）港湾運送業については，田村郁夫著『港運実務の解説』，天田乙丙著『港運がわかる本』，春山利広廣著『港湾倉庫マネジメント』などがわかりやすいです。

は，船積み貨物を船内荷役事業者に引き渡すまでの，あるいは陸揚貨物を船内荷役業者から引き渡されてからの，埠頭もしくはコンテナ・ターミナル内でのあらゆる荷役を行うものです。

はしけ運送事業は，はしけで貨物を運送したり，曳船ではしけやいかだを運送する仕事で，コンテナ化が進んだ今日では鋼材や穀物などのばら貨物が主たる対象となっています。いかだ運送事業は木材をいかだに組んで運送したり，水面貯木場に搬出入する仕事です。また，検数事業とは船積・陸揚貨物の個数を確認する仕事で，鑑定事業とは貨物の積み付け状態の確認，事故発生時の損害額査定などの仕事，検量事業とは船積・陸揚貨物の検量や，コンテナに貨物を積み込んだ後の封印（シール）などを行うものです（注3）。

§2．その他の港湾事業

その他の港湾事業には以下のようなものがあります。

① 倉庫業：倉庫業法による許可制の事業。営業倉庫には，普通倉庫（1～3類倉庫，野積倉庫，貯蔵倉庫，危険品倉庫），冷蔵倉庫（フリーザー級（F級），クーラー級（C級）），水面倉庫（原木の水面貯木場）があります。無限定1種の一般港湾運送事業者や海貨業者，新海貨業者の多くは倉庫業も行っています（注4）。

② 通関業：輸出入貨物の通関手続きを荷主に代わって行うもので，通関業法に基づく許可制になっています。通関士試験に合格し，税関長の確認を受けた通関士を各営業所に配置しなければなりません。

③ 梱包業：貨物を個品単位，あるいは輸送ロットにまとめて包装する業務のことです。

（注2）貨物船の船内荷役作業員の単位をギャング（Gang）といい，一等航海士の指示に基づいて船内荷役全般の現場指揮・監督を行う人のことをフォアマン（Foreman）と呼びます。

（注3）2005年5月の港湾運送事業法改正により，事業としての検数業，鑑定業，検量業は存続しますが，それらに職業として従事する検数人，鑑定人（サーベイヤー：Surveyor），検量人の登録制に関する規定は削除されました。

（注4）倉庫業の基本については，加藤書久著『倉庫業のABC』などがわかりやすいです。従来，港湾の倉庫は輸出入に際しての貨物の一時保管・作業場所でしたが，荷主企業のロジスティクス戦略が進化するにつれ，より戦略的な物流センターとして機能することが求められるようになっています。

§3. 在来貨物船の荷役

在来貨物船の入出港に際し，ターミナル・オペレーターはさまざまな手続きや荷役業務を行いますが，ターミナル・オペレーターの業務を大別すると以下のようになります（注5）。

① 船社の委託を受け，バースターム（Berth term：船社側の責任と費用負担で船内荷役を行う条件）貨物の船内荷役と，それに関連する各種の港湾

曳船によるはしけ運送

検量の現場　検量はMeasuringまたはWeighing，検数はTallyingまたはCheckingといいます。（写真提供：伊勢湾海運）

①

②

③

在来貨物船の荷役　①本船デリックを使った荷役。（写真提供：全日本内航船員の会）②③本船ジブクレーンを使った荷役。はしけから本船に貨物を積み降ろしすることを沖取り，はしけ取りといいます。（写真提供：②商船三井，③伊勢湾海運）

（注5）在来船荷役については運航技術研究グループ編『荷役実務』，プラントなど重量物の荷役・輸送については島田清編『重量物輸送計画と実際』が参考になります。

ばら積船の荷役

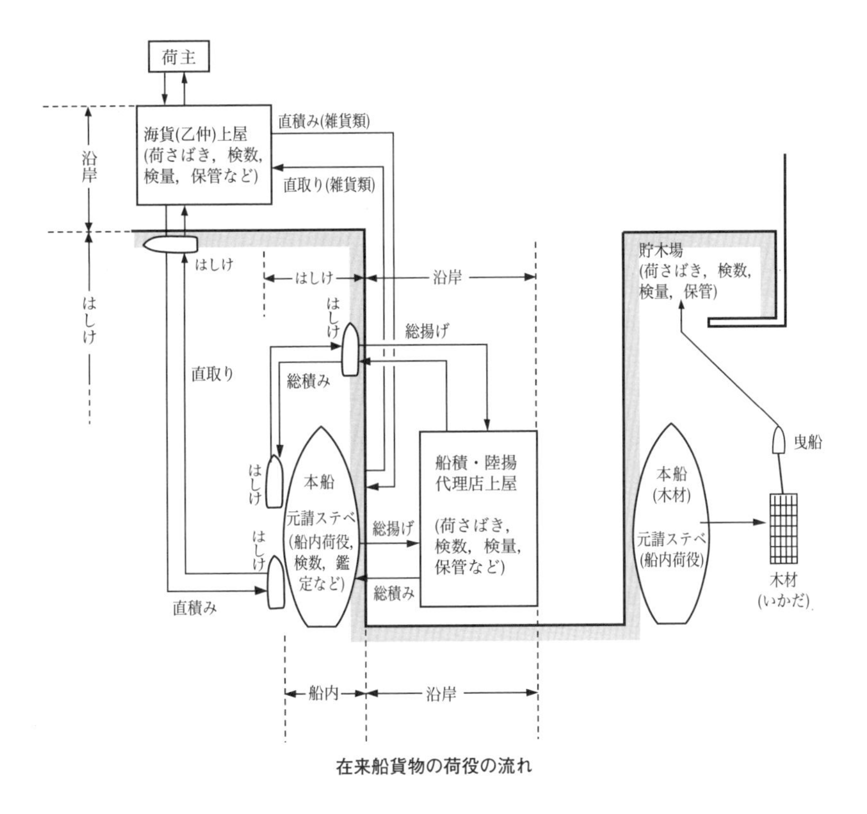

在来船貨物の荷役の流れ

貯木場　江戸時代に大都市に設けられた貯木場と材木屋街は，木場と呼ばれました。江戸の深川，大坂の立売堀（いたちぼり），名古屋の堀川端などがそうです。深川木場の貯木場は，1969年以降新木場に移っていきました。（写真提供：全日本内航船員の会）

重量物の荷役　プラントなどの重量物の荷役には荷重計算などの専門的な知識が必要です。（写真提供：イースタン・カーライナー）

運送業務。

②　荷主の委託を受け，FIO（Free in and out：荷主側の責任と費用負担で船内荷役を行う条件）貨物の船内荷役と，それに関連する各種の港湾運送業務。

③　船社の船積・陸揚代理店（シッピング・エージェント，ランディング・エージェント）業務。船社指定の上屋または荷さばき場にて，荷主との貨物の受け渡しや，沿岸荷役，はしけ運送などを行う仕事です。

§4．コンテナ船の荷役

コンテナの積み下ろしを行うフルコンテナ船のために，多くの港は専用のコンテナ・ターミナルを設けています。コンテナ・ターミナルはコンテナによる一貫輸送をスムーズに行うための重要な基地でありゲートウェイですので，荷役や諸手続きの効率化と情報サービスの高度化が常に求められています。

コンテナ・ターミナルは，FCL貨物（Full Container Load：コンテナ単位の貨物）を取り扱うCY（Container Yard）と，LCL貨物（Less than Container Load：コンテナ単位にならない小口貨物）を輸出コンテナに混載したり，輸入されてきた混載コンテナからの貨物の取り出し，荷さばきを行うCFS（Container Freight Station），ガントリー・クレーンを使って本船へのコンテナの積み下ろしを行うエプロン（Apron）の3つのエリアに大別できます。他に，コンテナの点検や補修，修理を行うメンテナンス・ショップや，空コンテナ置場であるバンプール（Van pool）があります。

CYオペレーターはコントロール・ルームからCY全体を管理・運営し，本船の船舶代理店業務，CY内でのコンテナの配置，コンテナの船への積み込み（輸出時）と船からの降ろし（輸入時），輸入コンテナのコンサイニー（Consignee：荷受人）またはCFSへの引渡し，その後の空コンテナの回収，輸出に際してのシッパー（Shipper：荷送人）への空コンテナの貸し出し，シッパーまたはCFSからの輸出コンテナの荷受け，それらに伴う諸官庁への一連の事務手続きを行います。

CFSオペレーターはCFS全体を管理・運営し，輸出に際しては各シッパーから受け取ったLCL貨物のコンテナへの混載，輸入に際しては混載コンテナからの貨物の取り出し，荷さばき，各コンサイニーへの引渡し，それらに伴う一連の事務手続きを行います。CFSは山側（陸側のこと）には荷主からのトラック，海側にはシャーシに乗った状態のCYからのコンテナが着けられますので，通常は高床式の構造となっています。

ところで，コンテナはバン（Van）とも呼ばれます。CFSなどでコンテナに

コンテナ・ターミナル

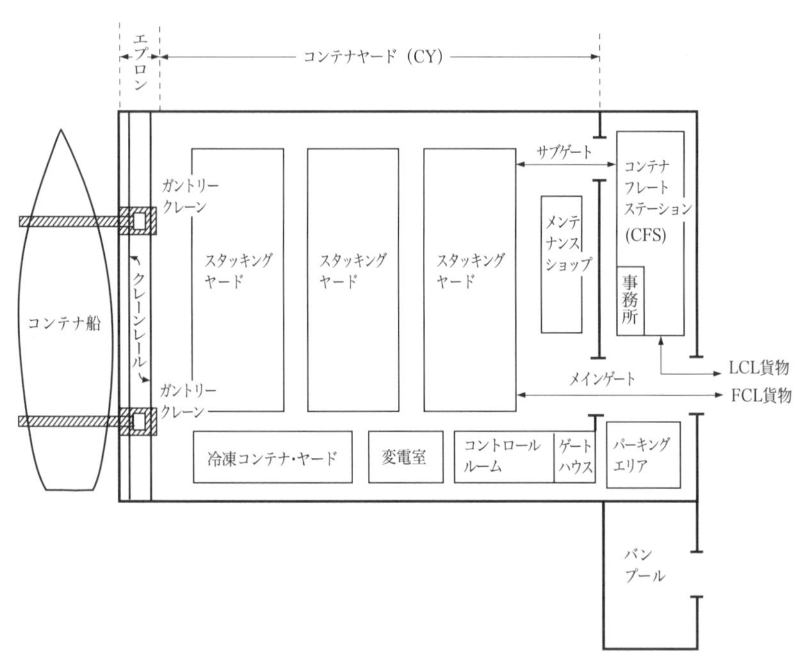

コンテナ・ターミナル見取り図の一例　コンテナ置場となるスタッキングヤード（Stacking yard）はマーシャリングヤード（Marshalling yard）とも呼ばれます。

ストラドル・キャリアー　スタッキングヤード内，またスタッキングヤードとエプロン間のコンテナの移動に使います。

トランスファークレーン（Transfer Crane）　トランスファークレーンには，レール上を動くRMG（Rail Mounted Gantry Crane）型と，タイヤでどこでも自由に動けるRTG型（Rubber Tired Gantry Crane）の二通りがあります。

CYのコントロール・ルーム　CY内でのコンテナのロケーション管理やコンテナ船の荷役管理を行います。

コンテナ・トレーラー　トラクターヘッドとシャーシは切り離すことができます。

コンテナのスタッフィング作業（写真提供：伊勢湾海運）

貨物を詰め込む作業のことをスタッフィング（Stuffing）といいますが，港湾用語ではバン詰めもしくはバンニングともいいます。逆にCFSなどでコンテナから貨物を取り出すことをアンスタッフィング（Un-stuffing）といいますが，港湾用語ではバン出しもしくはデバンニングともいいます。

コンテナ船の船橋からの眺め

また，荷主の異なる小口貨物を一つのコンテナに混載する作業のことをコンソリデーション（Consolidation）といいます。フォワーダーの中にはシッパーからLCL扱いで集荷した小口貨物をコンテナに混載し，そのコンテナをFCL扱いで船社に輸送を託した後，揚地で船社からコンテナを引き取り，アンスタッフィングしてコンサイニーに引き渡す混載輸送業を営む混載業者（Consolidator）も少なくありません（注6）。

（注6）荷主企業のSCM（Supply chain management：供給連鎖管理）戦略や貨物の無駄な輸送を減らすという環境対策が進んだ結果，緻密な在庫管理と出荷管理により多品種小ロットの貨物を多頻度発送する荷主や，貨物をいったん中央の物流センターにまとめて在庫することなく，揚げ地CFSから近隣の配送センターや顧客宛に直送する荷主が増えています。これにより従来は一カ所の仕向地（中央の物流センター）へのFCL輸送となっていた貨物が，複数の仕向地へのLCL輸送に切り替わるケースも見られます。その際にコンテナを倉庫と見なし，WMS（Warehouse Management System：倉庫管理システム）を用いて洋上在庫（移動中在庫）を管理し，その引き当てを行うといったことも行われています。

■ コンテナ・ターミナル

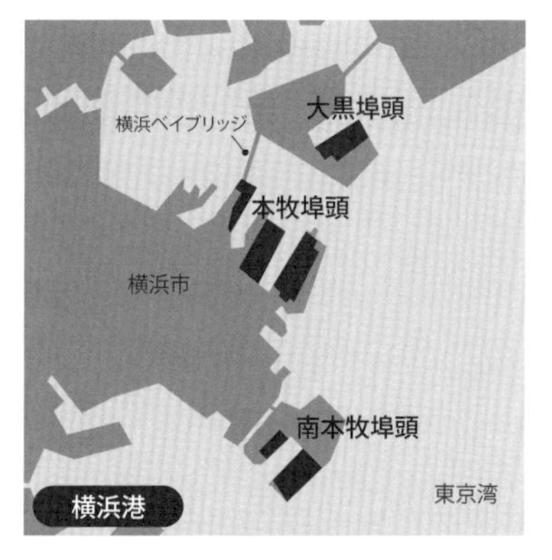

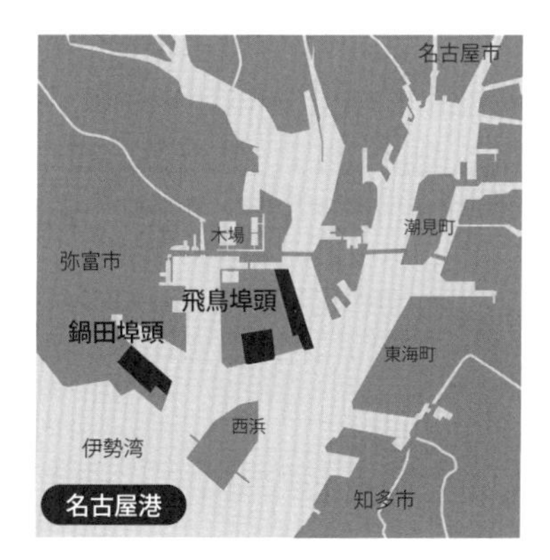

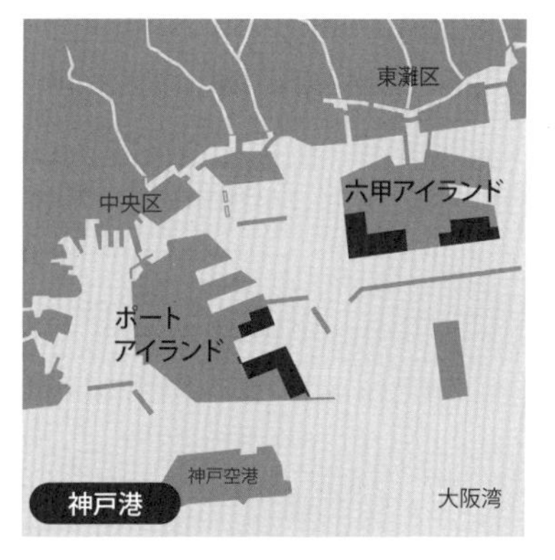

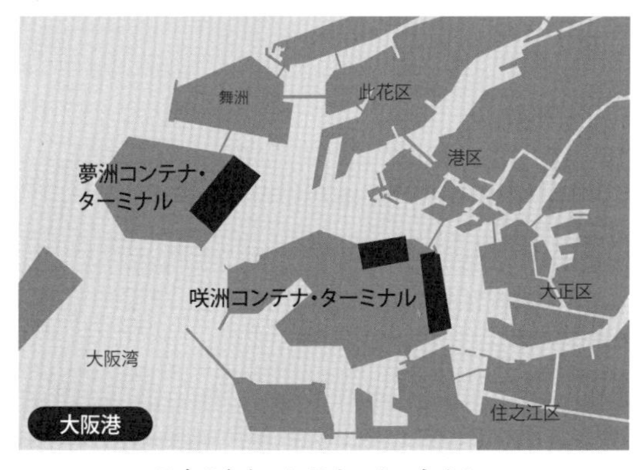

日本の主なコンテナ・ターミナル

第5部

海運と物流について知ろう

液化天然ガスを運ぶLNGタンカー（写真提供：商船三井）

17 貿易と海運の基礎知識

§1．貿易の取引条件

自国の産品を外国に輸出するとき，外国の産品を自国に輸入するとき，あるいはどこかの国の産品を仲介して第三国に販売するときには貿易取引が発生します。文化や商習慣，政治，経済，法律，税制，通貨，治安，物流事情など，国情の異なる外国との取引には国内取引よりも多くのリスクがあり，そうしたリスクを少しでも軽減するためには貿易相手との間で取引条件や決済方法を明確にした上で，信頼できる物流企業に貨物の輸送や保管を託し，万一事故が発生したときのために保険を掛けておくといったことが必要になります（注1）。

インコタームズ（Incoterms）2020

いかなる輸送手段にも適した規則		
EXW	Ex Works 工場渡し	売主の工場や倉庫で，商品を買主に引き渡す条件。以降の費用負担と危険負担は買主に移転し，輸出通関も買主が行う。
FCA	Free Carrier 運送人渡し	輸出地において，買主の指定した運送人に商品を引き渡す条件で，以降の費用負担と危険負担は買主に移転する。ただし，輸出通関は売主が行う。
CPT	Carriage Paid To 輸送費込み	輸出地において，売主の指定した運送人に商品が引き渡された時点で，危険負担は買主に移転する条件。ただし，輸入地までの輸送費は売主が負担する。
CIP	Carriage and Insurance Paid To 輸送費保険料込み	輸出地において，売主の指定した運送人に商品が引き渡された時点で，危険負担は買主に移転する条件。ただし，輸入地までの輸送費と保険料は売主が負担する。
海上及び内陸水路輸送のための規則		
FAS	Free Alongside Ship 船側渡し	在来船の船積港において，商品が埠頭もしくは艀上で本船の船側に置かれた際に，商品が買主に引き渡される条件。以降の費用負担と危険負担は買主に移転する。

（注1）運送（Transportation），保険（Insurance），外国為替（Exchange）は昔から貿易取引の三大支柱といわれており非常に重要なものですが，これらの頭文字を重ねて「貿易関係を結ぶ（Tie）」と覚えます。貿易実務については，浜谷源蔵著『最新貿易実務』，汪正仁著『臨場感あふれる国際貿易の実務』，片山立志著『いちばんやさしく丁寧に書いた貿易実務の本』などがわかりやすいです。また，貿易と国際物流の用語についてはエドワード・ハインクルマン著『Dictionary of International Trade』が，海運と港運の基本については日本海運集会所編『入門「海運・物流講座」』，オーシャンコマース編『基礎から分かる海運実務マニュアル』が，国際物流の基本については汪正仁著『ビジュアルで学ぶ国際物流のすべて』上下巻などが参考になります。

FOB	Free On Board 本船渡し	輸出港において，輸出通関を終えた商品が買主の指定した本船の船上に置かれた際，または引き渡された商品を調達（輸送中の転売のこと）した際に，以降の費用負担と危険負担が買主に移転する条件。
CFR	Cost and Freight 運賃込み	輸出港において，輸出通関を終えた商品が売主の指定した本船の船上に置かれた際に，以降の危険負担が買主に移転する条件。ただし，輸入港までの輸送費は売主が負担する。CFRは在来船のみに使用され，コンテナ船や航空機の輸送の際にはCPTを使用する。
CIF	Cost, Insurance and Freight 運賃保険料込み	輸出港において，輸出通関を終えた商品が売主の指定した本船の船上に置かれた際に，以降の危険負担が買主に移転する条件。ただし，輸入港までの輸送費と保険料は売主が負担する。CIFは在来船のみに使用され，コンテナ船や航空機の輸送の際にはCIPを使用する。
		いかなる輸送手段にも適した規則
DPU	Delivered at Place Unloaded 荷卸込渡し	指定仕向地において，商品が荷卸しされ，買主に引き渡された時点で，以降の費用負担と危険負担が買主の移転する条件。仕向地までの輸送費と荷卸費は売主が負担する。輸入通関は買主が行い，輸入税も買主が負担する。
DAP	Delivered at Place 仕向地持込渡し	指定仕向地において，荷卸しの準備は出来ているが，荷卸しを終えていない状態で商品が買主に引き渡され，以降の費用負担と危険負担が買主に移転する条件。指定仕向地までの輸送費は売主が負担し，荷卸し費は買主が負担する。輸入通関は買主が行い，輸入税も買主が負担する。
DDP	Delivered Duty Paid 仕向地持込渡し	指定仕向地において，売主が輸入通関を終えて関税・付加価値税（消費税など）を支払い，荷卸しの準備は出来ているが，荷卸しが出来ていない状態で商品が買主に引き渡された時点で，以降の費用負担と危険負担が買主に移転する条件。指定仕向地までの輸送費は売主が負担し，荷卸し費は買主が負担する。

（注）インコタームズは数次の改訂を経て，現在は2020年1月1日発効の「Incoterms 2020」が採用されています。DPUは旧DAT（Delivered at Terminal：ターミナル持込渡し）に代わり，「Incoterms 2020」において新たに登場したものです。

取引条件の中で最も基本的なことは，「費用負担の範囲」と「危険負担の範囲（商品の受け渡し場所）」を明確にすることです。費用には，商品代と輸出地で発生する費用（包装費，輸送費，輸出諸掛），国際間の輸送費，保険料，輸入地で発生する費用（輸入諸掛，輸送費，輸入税）などがあります。国際商業会議所（ICC：International Chamber of Commerce）は輸出者（売主）と輸入者（買主）の間の取引条件をインコタームズ（Incoterms）と称し，細かく分類しています。以前はFOB（本船渡し），CFR（運賃込み。旧表記ではC&F），CIF（運賃・保険料込み）の3つが一般的な取引条件のあり方でしたが，近年では国際複合一貫輸送や国際宅配便輸送の普及により，EXW（工場渡し）やFCA（運送人渡し），DAP（仕向地持込渡し）やDDP（仕向地持込渡し（関税込））なども増えています。

§2．L/C決済とB/L

売主と買主の間で商談がまとまり，売買契約が成立したあとでも，売主には荷物を出荷して買主に引き取られてしまい，代金をうまく回収できないのではないかという不安がつきまといます。そこで，買主は取引銀行に保証してもらうことで，売主に自らの信用度を示し，その信用に基づいて輸入取引を成立させることがよくあります。

取引銀行が買主の支払いを保証して発行するものをL/C（Letter of credit：信用状）といい，それを使って決済することをL/C決済と呼びます。買主（開設依頼人：Opener）のためにL/Cを発行する銀行は開設銀行（Opening bank）もしくは発行銀行（Issuing bank）と呼ばれますが，開設銀行は輸出地（三国間取引の場合は仲介地）の通知銀行（Notifying bank）に対してL/Cを開設したことを通知します。売主（受益者：Beneficiary）は通知銀行からの通知を受けて商品を出荷し，決済は売主—手形買取銀行（Negotiating bank）—開設銀行—

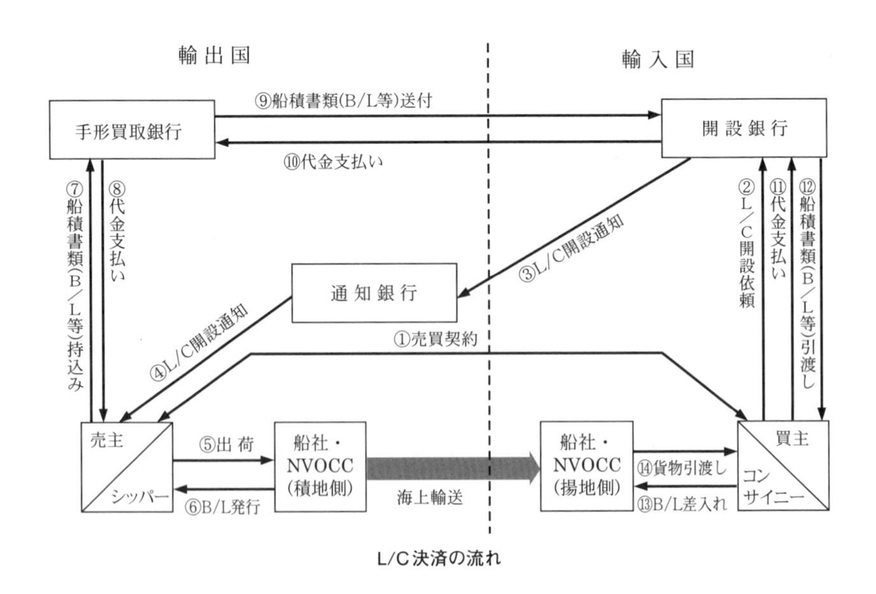

L/C決済の流れ

買主という流れの中で両行を介して行われます(注2)。

L/Cには幾つかの種類があります。いったん開設されると，その有効期間中は関係者全員の合意がない限り，取り消しや内容変更ができないものをIrrevocable L/C（取消不能信用状）と称しますが，現在流通しているL/Cはそう表記されていなくても全てIrrevocable L/Cです。L/Cの信用度を高めるために，開設銀行の他に国際的に信用度の高い銀行の支払確約を受けているL/CはConfirmed L/C（確認信用状）と呼ばれます。また，L/Cの買取銀行が指定されているものをRestricted L/C（買取銀行指定信用状），指定されていないものをOpen L/C（買取銀行無指定信用状）と呼びます。手形を決済すると同金額のL/Cが自動的に更新されるL/CはRevolving L/C（回転信用状）と呼ばれ，継続的な取引の際に使用されます。

L/Cには決済を成立させるために必要となる船積書類（Shipping documents）の種類と条件，枚数が明記されます。それはB/L（Bill of lading：船荷証券），送り状（Invoice），包装明細書（Packing list），原産地証明書（Certificate of origin），保険証券（Insurance policy）などですが，特に船社やNVOCC(注3)の発行するB/Lは有価証券でもあり，運送人の輸送責任範囲と貨物の内容，運送人がシッパー（Shipper：荷送人。一般的には輸出者（Exporter））(注4)から貨物を引き取ったこと（Received B/L），また船が積地を出帆したこと（Shipped B/L，On board B/L）などを証明する書類として重要な役割を果たします。

手形買取銀行は売主からB/Lなどの船積書類を受け取り，その内容がL/Cで求められているものと合致することを確認した上で売主に商品代金を支払いますが，このことを「荷為替手形の買取（Bank negotiation）」といいます。船積書類は手形買取銀行から開設銀行に送られ，買主は開設銀行との間で決済をすることにより，それらの船積書類を入手することができます。運送人である船社やNVOCCは輸入者からB/Lを受け取り，それと引き換えに貨物を引き渡

(注2）通知銀行は単なる取次者であり，手形買取銀行とは異なります。手形買取銀行の指定は売主が行います。また，開設銀行が自ら手形の名宛人とならず，他の取引銀行を名宛人すなわち引受人とする場合，その銀行のことを引受銀行（Accepting bank）と呼びます。

(注3）フォワーダーのように自ら船を運航していないものが荷主から貨物の運送を引き受け，実運送人である船社のサービスを利用しながら，自ら運送人としてのB/Lを発行する場合，その運送人をNVOCC（Non-Vessel Operating Common Carrier）と称します。

(注4）取引の形態によっては，荷送人と輸出者，荷受人と輸入者が異なる場合もあります。

Mitsui O.S.K. Lines, Ltd.

Shipper

印紙税申告納付につき麻布税務署承認済

Booking No.　　B/L No.

COMBINED TRANSPORT BILL OF LADING

RECEIVED in apparent external good order and condition except as otherwise noted the total number of Containers or other packages or units enumerated below(*) for transportation from the Place of Receipt to the Place of Delivery subject to the terms hereof.

One of the original Bills of Lading must be surrendered duly endorsed in exchange for the Goods or Delivery Order unless otherwise provided herein.

In accepting this Bill of Lading the Merchant expressly accepts and agrees to all its terms whether printed, stamped or written, or otherwise incorporated, notwithstanding the non-signing of this Bill of Lading by the Merchant.

IN WITNESS whereof the number of original Bills of Lading stated below have been signed, one of which being accomplished, the other(s) to be void.

(Terms of Bill of Lading continued on the back hereof)

Consignee (Not negotiable unless consigned 'to order')

Notify Party

Shipper's Declared Value ______________ USD subject to clause 6(2) overleaf. If no value declared, liability limit applies as perclause 5(2)(C), 6(1), or 29 as applicable.

Also Notify　　(For Merchant's reference only)

Pre-carriage by	Place of receipt
Ocean vessel/Voy. No.	Port of loading
Port of discharge	Place of delivery

Final destination for the Merchant's reference

Particulars furnished by shipper

Container No.; Seal No.; Marks & Nos	No. of Containers or Packages	HM	Type or kind of Containers or Packages - Description of goods	Gross Weight	Measurement

* Total number of Containers or other packages or units received by the Carrier (in words):

Code	Tariff Item	Basis	Freighted as	Curr.	Rate	Per	Prepaid	Collect

No. of Originals	Place and date of B/L issue:	Totals & Pay at:		

Date　　Signature

As Agents

Mitsui O.S.K. Lines, Ltd. as Carrier

By ______________ As Agents

CF - 0777A2JA

B/Lフォームのサンプル　運送人の輸送責任範囲はB/L上の「Place of receipt」から「Place of delivery」までです。（資料提供：商船三井）

します。

B/Lは有価証券であり，貨物の引換証となるものですので，その取り扱いには厳重な注意が必要です。しかし，最近は貿易取引が広い範囲に普及し，売主（Seller）と買主（Buyer）の関係も多様化してきているため，L/Cを使わずにもっと簡便な方法で決済を行うケースも増えています（注５）。他方，物流に対してスピードが要求される度合がより大きくなってきているため，L/C決済をしない場合にはB/L原本の入手遅れのために揚地で貨物の引き取りができないというようなことが嫌われる傾向にあります。

このため，船社やNVOCCは荷主からの依頼があれば，B/Lの代わりにウェイビル（Waybill）を発行することもあります。ウェイビルは航空輸送に際して発行されるエアウェイビル（Air waybill），国際道路運送条約によるロードウェイビル（Road waybill），国際鉄道物品運送条約によるレールウェイビル（Rail waybill）などと同様に有価証券ではなく，そこに明記されているコンサイニー（Consignee：荷受人。一般的には輸入者（Importer））（注４）は自らが荷受人であることを示せば，またL/C決済の場合は銀行が発行したリリースオーダーがあれば，商品を引き取れるようになっています。

近年，海運・貿易関係書類をデジタル化することによって，業務の効率化と高速化を進めようという動きが世界的に高まっています（８項参照）。もちろんB/Lはその対象の一つで，今後はe-B/L（電子船荷証券）も普及していくことと思われます。

§３．輸出実務

海外に商品を輸出する際に，輸出者が行う実務を輸出実務といいます。通知銀行からL/C開設の通知を受けた売主（輸出者）は，それが外貨決済である場合は為替変動リスクを避けるために買取銀行に対して為替手形予約を行います。また，輸出する商品が関税関係法によって規制を受けている場合は財務省・税関の，外為法（外国為替及び外国貿易法）や国内関係法による規制を受

（注５）L/C決済以外の貿易決済方法として，取立手形（Bill for collection）を使うD/A（Document against Acceptance：引受渡し＝手形が引き受けられたら貨物を引き渡す条件），D/P（Document against Payment：支払渡し＝手形が支払われた上で貨物を引き渡す条件），さらに簡便な方法として，送金決済（Remittance），現金決済などがあります。B2CのEC（e-Commerce：インターネット通販）においてはクレジットカードやデビットカードでの決済が一般的です。

けている場合は経済産業省もしくは管轄官庁の許可証か承認証を取得しておき，それらを輸出申告時に税関に提出する必要があります。

輸出者はL/Cで求められている船積書類と輸出通関に必要な船積書類を準備します。インボイスはその両方で必要なものですが，L/C決済用のインボイスには取引条件に応じた価格を表記するのに対して，輸出通関用のインボイスにはFOB価格（本船渡し条件価格）を記載します。パッキングリストは包装ごとの明細（商品名，数量，正味重量，総重量，容積など）を記したもので，包装を梱包業者に委託した場合は梱包業者が作成することが多いです。船積依頼書（Shipping instruction）は通関業者（海貨業者）に通関・船積の手配依頼をするための書類ですが，船社などの運送人はその内容に基づいてB/Lを発行するので，それがL/C条件と合致した内容となるよう注意が必要です。

輸出者は船社などの運送人に対して船のブッキング（予約）を行い，出荷準備が整った商品を保税地域に搬入すると，通関業者に対して通関・船積の手配依頼を行います。今日，日本での輸出・輸入通関はNACCS（Nippon automated cargo and port consolidated system：輸出入・港湾関連情報処理システム）と呼ばれるオンラインシステムで処理されており，通関業者はそれを用いて輸出申告を行います。保税地域に搬入された商品は，検量人によって重量と容積の検量を受けますが，この内容が運賃を算出する際の基準となります。

輸出者は，自分が保険を掛ける取引条件の場合には，貨物海上保険の申し込みを行います。保険金額は売買契約に基づいて決め，特に定めがない場合はCIPもしくはCIF価格に10%加算して掛けるのが一般的です。L/C取引の場合は，L/Cで要求された条件通りに保険を付保する必要があります。保険の条件はICC（Institute cargo clauses）で区分され，All Risks（オールリスク担保）はICC（A），W.A.（With average：分損担保（共同海損（第12章6項参照）と単独海損（全損・分損共）をカバー）はICC（B），F.P.A.（Free from particular average：分損不担保（共同海損と単独海損の全損，分損の内の特定分損のみをカバー））はICC（C）と呼ばれています。保険のカバー範囲はICC（C），ICC（B），ICC（A）と，順番に広くなります。

ICC（A）は，貨物の固有の瑕疵（かし）・性質または遅延以外の全ての外発的偶発原因による損害を，共同海損，単独海損の全損・分損にかかわらずカバーし，平常時における各種付加危険もカバーしますが，非常時である戦争及びストライキの危険については免責となります。従い，それらについてもカバーしたい場合は，War Risk（戦争危険），S.R.&C.C.Risks（Strikes, riots and civil commotions risk：ストライキ危険）を別途特約として付保する必要があります。また，通常の輸送過程でのテロ危険についてはICC（A），ICC（B），ICC（C）のいずれにおいてもカバーされますが，通常の輸送過程以外の状態にあるときはカバーされません（注6）。

§4．輸入実務

海外から商品を輸入する際に，輸入者が行う実務を輸入実務と称します。輸入に際しては，外為法（外国為替及び外国貿易法）と植物防疫法，家畜伝染病予防法，食品衛生法，薬事法などの国内関係法による規制があります。輸入承認は輸入貿易管理令（輸入令）によって定められ，輸入割当品目（輸入の数量が制限されている品目），輸入承認品目，事前確認及び通関時確認品目に該当する品目を輸入する際には，経済産業大臣の承認や事前確認が必要となります。

船積みが完了すると，輸出者は輸入者宛てに商品の明細や船名，出航日，到着予定日（ETA：Estimated time of arrival）などを記載した船積通知（Shipping advice）を送信します。輸入者はそれに基づいて，海貨業者への荷受け及び輸入通関手続きの依頼を行います。また，買主（輸入者）が貨物海上保険の手配をするFOB契約やCFR契約の場合，輸入者は船積通知を受け取ったら予定保険を確定保険に切り替えます。

海貨業者に荷受け及び輸入通関手続きの依頼を行う際に，輸入者は必要な書類を渡す必要があります。まず，船社やNVOCCからの商品引き取りに必要となるB/L（航空輸送の場合は銀行が発行したリリースオーダー）あるいはL/G（Letter of guarantee：保証状）。インボイスとパッキングリスト。外為法や国内関係法による許認可が必要な品目の場合は，関係省庁が発行した許認可証。

（注6）運送人の免責範囲の議論においては，どこまでをフォース・マジュール（Force Majeure：不可抗力）と捉えるのかがしばしば争点となります。アクト・オブ・ゴッド（Act of God：神の行為）という概念が地震，洪水，台風などの自然災害に限られるのに対して，フォース・マジュールは，自然災害に加えて戦争，暴動，ストライキなど人間によって引き起こされる事象をも含む，予測や制御ができない外的事由全般を指します。従い，争点となるのは予測や制御ができなかったかどうかです。

また，注文書や原産地証明書に加え，税関から求められれば商品カタログなどを用意します。

商品が保税地域に搬入されると輸入申告が行われます。輸入申告はCIF（運賃保険料込み）価格ベースで行われるので，取引条件がCIFでない場合は運賃明細書や保険料明細書を提出してCIF価格を算出します。ただし，貨物海上保険を付保していない場合は保険料はなしとします。輸入申告と納税申告は同時並行で行われるのが通常で，書類審査と貨物検査が完了し，輸入者が関税を納付すると輸入許可が下ります。

関税率は商品のH.S.Code（Harmonized system code：統計品目番号）ごとに設定されており，実行関税率表で調べることができます。少額貨物（日本の場合は課税価格20万円以下のもの）や携帯品，別送品以外の輸入品に対して課せられる税率を一般税率といいます。一般税率には，国内法で定められた国定税率（基本税率，暫定税率，特恵税率に分かれる），国際条約によって定められた税率（WTO（World trade organization：世界貿易機関）加盟国からの輸入，関税に関する二国間条約を締結している国からの輸入など），EPA（Economic partnership agreement：経済連携協定）やFTA（Free trade agreement：自由貿易協定）といった国際協定で定められた税率があります。ちなみに，少額貨物や携帯品，別送品に課せられる税率のことを簡易税率と称します。

§５．運　賃

荷主が船で荷物を運ぶには，定期船を使って個品単位で運ぶ方法と，不定期船をチャーターして運ぶ方法があります。前者については，コンテナ積みのLCL貨物（Less than Container Load：コンテナに満たない小口貨物）や在来貨物船積みであれば，１トン（容積トンと重量トンを比較して大きい方を取るケースが多い）当たりいくらというふうに運賃を決めます。また，コンテナ積みのFCL貨物（Full Container Load：コンテナ単位の貨物）であれば，20フィート・コンテナもしくは40フィート・コンテナ１本当たりいくらというふうに決めます。こうした個品運送に際しては特に運送契約書は交わさず，B/Lの裏面約款の規定に従います。

なお，運賃について取り決めをする際に気をつけねばならないのは，それがどこからどこまでの輸送に対するものなのか，また港での本船への積み込み，本船からの陸揚げの費用が運賃に含まれているのかどうかを明確にしておくことです。積み降ろしの船内荷役費を含む運賃条件のことをバースターム（Berth term）といい，逆に積み降ろしの荷役費を荷主が負担するものをFIO（Free in and out）といいます（注7）。また，積荷費用だけを荷主負担とするものをFI（Free in），揚荷費用だけを荷主負担とするものをFO（Free out）といいます（船社から見てFreeという意味）。

岸壁クレーンでのコンテナ荷役 海外から輸入されてきたコンテナ貨物の中には，内航貨物船に積み替えられて地方港まで運ばれていくものもあります。（写真提供：笹舟倶楽部）

ちなみにコンテナ輸送の場合，FCL貨物であれば積地CYから揚地CYまで，またLCL貨物であれば積地CFSから揚地CFSまでの運賃と荷役費用は全て海上運賃の中に含まれます。ただし，CFSでの作業料（積地CFSで貨物をコンテナに詰めたり，揚地CFSで貨物をコンテナから取り出す費用）についてはCFSチャージという名目で荷主に別途請求されるのが通常ですし，CYで要する費用についてもTHC（ターミナル・ハンドリング・チャージ）あるいはCYチャージなどといった名目で荷主負担となる場合がありますので，確認を要します。

ところで，海上運賃は通常米ドルベースで取り決めがなされ，かつ船の燃料となる重油も国際価格で購入されます。このため，運賃は為替の動向によって大きく目減りすることがありますし，船の運航コストの大部分を占める燃料費も原油価格が高騰すれば大きく上昇します。こうした変動があまりにも急激かつ大きく，各船社の経営努力だけではカバーし切れない場合に，船社は通貨調整課徴金のCAF（Currency Adjustment Factor），燃料費調整料率のBAF（Bunker Adjustment Factor）もしくはFAF（Fuel Adjustment Factor）を課

（注7）FIO条件の際に，貨物積み込み時に行うトリムの調整と船倉内での貨物の積み付け（Stowage）費用についても荷主負担であることを明確にするため，FIOST（FIO Stowed and Trimmed）と明記することがあります。

徴することがあります（注8）。

§6．傭船契約

荷主が不定期船をチャーターするには，一定の運送区間において船のスペースの一部もしくは全部をチャーターする航海傭船契約（Trip charter，Voyage charter）と，その変形版の船腹傭船契約（Lumpsum charter：石炭や鉱石，穀類，木材などを満船運送する際に交わされる）があります。航海傭船契約の場合は傭船料ではなく，あくまでも1トンいくらという形で運賃が設定されますが，船腹傭船契約では荷主は船腹に対して定められた運賃を支払います。

自動車も積める多目的セミコンテナ船
自動車の荷役は通常自走によるRORO方式です。（写真提供：日本郵船）

傭船契約に際しては，貨物の種類と数量，運賃とその支払方法，積地と揚地，積地への回船日及び揚地での解約日，停泊期間（Lay days），船内荷役料の負担者，滞船料（Demurrage），早出料（Despatch money）などを傭船契約書（Charter party）に明記して取り決めします（注9）。

これらに対し，オペレーターである船社が他の船主に対して一定期間の船の使用を申し入れ，自社の定期航路に配船したり，荷主との間に航海傭船契約を結んで配船したりする場合があります。船主とオペレーターの間で結ばれるこうした契約のことを定期傭船契約（Time charter）と称し，オペレーターは船主に対して1ヶ月につき1重量トン当たりいくらというふうに傭船料を支払い

（注8）かつて外航海運においては，こうした課徴金を適用する際にも海運同盟（Shipping conference）の合意に基づいていました。海運同盟とは，船社が過当競争の中でのダンピングを避けるために結成していた運賃カルテルのことで，国際海運の安定を図るために多くの国で独占禁止法の適用除外を受けてきました。しかし，アメリカで制定された1984年米国海運法（Shipping Act of 1984）は，FMC（Federal Maritime Commission：米国連邦海事委員会）への事前通告さえすれば加盟船社が同盟での協定と異なる運賃を独自に設定できるIA（Independent Action）を認め，1998年に上院本会議で可決された同法の改正案では加盟船社が特定荷主との間で非公開のS/C（Service Contract）を結ぶことを認めるなど，船社間の競争を促すものとなりました。現在の外航海運はグローバル・アライアンス間の戦いとなっていますが（第18章3項参照），運賃はそれぞれの船社と荷主の間で個別交渉されています。

（注9）契約を結ぶ際には，まずその要点をまとめた成約覚書（Fixture Note）を交わし，次いで正式な傭船契約書を取り交わすのが一般的です。

ばら積船の荷役　売買契約時及び船社との取引締結時には，積み降ろしの荷役費を誰が負担するのか，条件を明確にしておかねばなりません。

ます。定期傭船が船の使用権を得るだけなのに対して，船そのものを賃借りする契約のことを裸傭船（Bareboat charter）契約といいますが，裸傭船契約の場合は乗組員の手配，船体・機関の保守整備，船体保険契約なども全てオペレーターの責任となります（注10）。

§７．運送人の貨物に対する責任

国際海上運送における運送人の責任は，1924年に成立したヘーグ・ルール（船荷証券統一条約）と，それを1968年に改正したヘーグ・ヴィスビー・ルールによって規定されており，B/Lの裏面約款も通常これらに基づいて記載されています（注11）。他方，その内容が船社側にとって都合の良い部分が多い（免責事項が多い）という指摘を受けて，1978年にUNCTAD（国連貿易開発会議）においてもハンブルグ・ルールが別途採択され，すでに発効していますが，日本を含む海運国の大半はこれを批准していません。

各国は自らが批准した条約に基づいて海上運送法を制定しており，それぞれの国の船社にそれが適用されるため，クレーム発生時にはどのルールに従うべ

（注10）傭船契約書についてはハーヴェイ・ウィリアムズ著『傭船契約と船荷証券の解説』，不定期船や専用船の傭船の仕組みについては小川武著『不定期船と専用船』などが詳しいです。また，偽装海難事故による保険金詐欺を扱った黒川博行の小説『海の稜線』を読むと，内航船の傭船や保険の仕組みなどがよくわかります。

（注11）国際航空運送においては，1929年に成立したワルソー条約が，1955年のヘーグ改正ワルソー条約，1975年のモントリオール議定書と改訂を重ねましたが，現在は1999年に採択されたモントリオール条約に基づいて運送人の責任が定められています。

きかで混乱が生じることもあります。日本にも1957年にヘーグ・ルールに基づいて施行され，1993年にヘーグ・ヴィスビー・ルールに沿って改正された国際海上物品運送法がありますが，そこに規定のないことや内航輸送に関しては商法が適用されます。荷主はそれらの法規定によって運送人に求償（クレーム）できない事故についてもリスクを最小化できるように留意して貨物保険を付保しておく必要があります(注12)。

ここではヘーグ・ルールとヘーグ・ヴィスビー・ルールに基づき，運送人が免責となる事項について挙げておきます。

（1）　航海過失：船長及び船員による，航行または船舶の取り扱いに関する行為が原因となって貨物事故が発生した場合（注：ハンブルグ・ルールにおいては航海過失の免責は撤廃されています）。

（2）　船舶火災：船舶の火災によって貨物事故が発生した場合（注：これもハンブルグ・ルールでは撤廃されています）。

（3）　一般免責事由：①海上その他の可航水域に特有の危険によるもの。②天災によるもの。③戦争，暴動または内乱によるもの。④海賊行為またはそれに準ずる行為によるもの。⑤裁判所の差し押さえ，検疫上の制限，その他公権力が行う処分によるもの。⑥荷送人もしくは運送品の所有者，またはその使用する者の行為によるもの。⑦同盟罷業，怠業，作業所閉鎖，その他の争議行為によるもの。⑧海上における人命もしくは財産の救助行為，またはそのためにする離路もしくはその他の正当な理由に基づく離路によるもの。⑨運送品の特殊な性質または隠れた欠陥によるもの。⑩運送品の荷造りまたは記号の表示の不完全によるもの。⑪起重機またはこれに準ずる施設の隠れた欠陥によるもの。

（4）　航海放棄（Abandonment of voyage）：戦争の勃発や大規模な港湾スト，天災などによって運送契約の履行が不可能になった際に，運送人が契約を

(注12) 海上危険によって生じた損害を填補するために掛ける海上保険は，船舶に対して掛ける船舶保険（Hull insurance）と貨物に対して掛ける貨物保険（Cargo insurance）に大別されます。また，船社が船舶保険の担保外の事柄（衝突損害賠償責任，油濁賠償責任，船骸除去費用，船員の死傷など）を填補するために掛ける賠償責任保険のことを船主責任相互保険（P&I保険：Protection and Indemnity insurance）と呼びます。海上保険については，亀井利明著『海上保険概論』『マリンリスクマネジメントと保険制度』などが参考になります。

途中で終了させることを航海放棄と称しますが，それによって発生する費用に対して運送人は免責となります（注13）。ただし，不堪航に起因する航海放棄の場合，運送人は免責されません。

これらの免責事項以外の事由による事故（運送人に責任のある事故）に対して荷主は運送人に求償（クレーム）を行いますが，運送人の責任には制限（Limit of liability）があり，ヘーグ・ヴィスビー・ルールでは運送人の補償限度を1包装単位あたり666.67SDRもしくは1キロあたり2SDRのどちらか大きい方と定めています（注14，15）。また，通常荷主は保険会社に対して海上保険を付保する際に補償額をCIF価格の110％に設定しますが，運送人が支払う補償額の上限はCIF価格にとどまることからも，事故に際して荷主が直接運送人にクレームを起こすことは稀で，通常は荷主の代位（Subrogation）で損害賠償請求権を得た保険会社が間に入ります。

§8．海運・貿易実務のデジタル化

EDI（Electronic Data Interchange：電子データ交換）とは企業間の受発注や見積など商取引をデジタル化し，ネットワークを通じてやり取りする仕組みのことです。1988年に国連・欧州経済委員会（UN／ECE）においてEDIFACT（Electronic Data Interchange for Administration，Commerce and Transport）が貿易における行政，商業及び運輸に関わるEDIの標準規則集として採択されてから，それを採用する国や企業が増えています。

日本の港湾物流関係では，POLINET（Port Logistics Information Network System：船社・代理店と海貨・通関・検数・検量業者間を結ぶ），S.C.NET（Shipper-Carrier Net：荷主と船社・代理店間を結ぶ），S.F.NET（Shipper-

（注13）航海放棄は阪神淡路大震災のときにしばしば話題に上がりました。当時，神戸港が壊滅状態に陥っていたため，船社が神戸までの輸送責任を負って運んでいた貨物を神戸港に荷揚げすることができなくなったのです。このとき，船社は航海放棄を宣言して他の港で貨物を荷揚げし，神戸までの輸送を打ち切ったため，それ以降に発生した保管，作業，転送などの費用は全て荷主負担となりました。なお，船社の航海放棄が認められる不測の事態の中には港での船混み（Congestion of port）もありますので，荷主は注意が必要です。

（注14）SDRとは国際通貨基金の定める特別引出権（Special Drawing Right）のことで，各国通貨に換算されます。なお，ヘーグ・ルールしか採用していない国においては，運送人の補償限度は1包装単位あたりのみとなるので注意が必要です。

（注15）A.P.モラー・マースクとCMA CGMは，それぞれバリュープロテクト，セレニティという名称のサービスを提供しています。いずれも，貨物輸送中の予期せぬ損害や紛失などに対して，運送人の補償上限に関わらず補償するものです。

Forwarder Net：荷主と海貨・通関・検数・検量業者間を結ぶ），また輸出入通関手続きの簡素化，時間短縮のために導入されたSea-NACCS（海上貨物通関情報処理システム），Air-NACCS（航空貨物通関情報処理システム）などがEDI利用の事例です（注16）。

かつて，EDIは専用線やVAN（Value added network：付加価値通信網）などの専用ネットワークを用い業界ごとのプロトコル（手順）でやり取りしていたため，閉鎖的で排他的な面がありました。今日ではインターネットの普及により（Web-EDI），EDIは開放性と利便性を高めていますが，海運及び貿易における実務や情報処理の多くは未だにデジタル化されておらず，紙ベースでのやり取りが行われているのが実情です。このことが海運・貿易業務の生産性を著しく下げており，コンテナ輸送に関わる書類や情報処理に要するコストは，物理的な輸送に掛かるコストの２倍以上に及ぶとも言われています。

こうした問題を解決するために，ブロックチェーン技術（注17）を用いることで貿易と物流に関する全てのやりとりをデジタル化して分散型の共有台帳上で管理し，最適処理する仕組み作りが近年具体化しつつあります。それにより，サプライチェーンに関わる全ての者が，貨物の輸送状況や現在位置の把握，通関などに要する書類の内容や手続き状況，その他のデータの確認およびやりとりをリアルタイムにできる可視性と，グローバル規模でのデータ改ざん防止機能による安全性の両立が期待されています。

WTO（World Trade Organization：世界貿易機関）も，透明性の向上と金融仲介や為替調整などのプロセスオートメーションの促進により，貿易コストを大幅に削減できる可能性がブロックチェーンにあるとしており，2018年11月に同機関が発表したレポートには「ブロックチェーンによるサプライチェーン上の障壁撤廃により，今後10年間に１兆ドル規模以上の貿易が新たに生まれる可能性がある」という記述があります。

上記のように，ブロックチェーンはサプライチェーンの可視化，最適化に今

（注16）少し古い本になりますが（2000年刊行），大前研一監修，港湾情報化研究会著『港湾IT革命』は，当時の日本の港湾における情報化の遅れを指摘し，その在り方についての提言をしています。

（注17）ブロックチェーン技術については，ドン・タプスコット，アレックス・タプスコット著『BLOCK CHAIN REVOLUTION』，野口悠紀雄著『入門ビットコインとブロックチェーン』などがわかりやすいです。

後大きく寄与する可能性がありますが，P2P（Peer to Peer）ネットワークによるそれは仲介者の存在を不要とするものでもあります。また，リアルタイムに需給が可視化されることにより，需要予測の精度向上，需給マッチングの促進，サプライチェーン上のムダ・ムラ・ムリの削減にも繋がってくるでしょう。従い，ブロックチェーンが貿易と物流に関わるさまざまなビジネスのあり方を根本から変えていく可能性についても理解しておく必要があります。

ブロックチェーンの導入と普及を目指すために，IBMとA.P.モラー・マースクは2018年1月に合弁会社を設立し，トレードレンズ（Trade Lens）というオープンで中立的なサプライチェーン・貿易情報プラットフォームの構築を進めています。コンテナ船社上位7船社のうちの5船社（A.P.モラー・マースク，MSC，CMA CGM，ハパグロイド，ONE（第18章3項参照））が参加していることから，そのエコシステムは拡大していくものと思われます（注18）。

（注18）日本においても，ブロックチェーンを用いることによって貿易実務の完全電子化を目指すプラットフォーム・トレードワルツ（Trade Waltz）が2020年4月に設立されており，NTTデータ，東京大学協創プラットフォーム開発，三菱商事，豊田通商，TW Link（兼松JV），東京海上日動火災保険，三井倉庫ホールディングス，日新，三菱UFJ銀行，損害保険ジャパンがその株主となっています。

18　外航海運の歴史と現状

外航海運の歴史は古代にまでさかのぼって考えることができます。ヨーロッパ諸国が世界各地で植民地経営をしていた時代の海運は政治・経済史的に見ても非常に重要な意味があります。また，日本でも室町時代の対明貿易や，豊臣秀吉，徳川家康による朱印船貿易は相当大きな規模のものでした。しかし，ここではそこまで大きく時代をさかのぼることはせず，明治以降の日本における外航船社の歩みを概観してみることにします。

§１．日本の外航船社の発足

江戸幕府が倒れて明治新政府が発足したばかりの頃，日本国内の沿岸航路や，サンフランシスコ—日本—香港航路を牛耳っていたのはアメリカのPM（Pacific Mail Line）という船社でした。しかし，政府は外国船社に国内の沿岸航路を席捲されていてはまずいとの判断から，渋沢栄一らの発案を受けて1872（明治５）年に日本国郵便蒸気船会社を設立し，東京～大阪間の定期航路などを開設させました。

他方，民間では土佐藩の藩船を使って廻漕業を営んでいた岩崎弥太郎が1871（明治４）年の廃藩置県を契機に独立して九十九商会を興し，1873年には三菱商会へと改称，さらに1874年に本拠を東京へ移すと三菱蒸気船会社を名乗りました（三菱財閥の発祥）。同社の成長は著しく，1875年に郵便蒸気船会社が解散すると，その所有船舶を政府から交付されて40隻以上の船を有する会社になりました（注１）。

岩崎弥太郎（1834～1885）
土佐藩郷士の出身。明治新政府の軍需物資輸送の独占に成功し，三菱を大きく発展させました。（写真提供：日本郵船）

その後，横浜—上海航路においてPMやイギリスの老舗船社P&O（Peninsular & Oriental Steam Navigation）との激しい戦いに打ち勝った三菱は，1877（明治

（注１）　船員教育の必要性を感じていた大久保利通は岩崎弥太郎に命じ，1875（明治８）年に隅田川河口の霊岸島（現在の新川。隣接する箱崎と湊，隅田川対岸の深川と共に一地域を形成してきました）に三菱商船学校を設立させました。それが越中島の東京商船大学（2003年10月に東京水産大学と統合し，現在は東京海洋大学）のルーツです。

隅田川～豊洲運河　右手前が越中島の東京海洋大学（旧東京商船大学）と「明治丸」（注２））。奥が日本の近代船員教育発祥の地となった新川（かつての霊岸島）。その右手が日本橋箱崎町。

船員教育発祥の地の碑（東京新川）

開業当時の日本郵船　日本橋茅場町の本社前にて。（写真提供：日本郵船）

10）年の西南の役で大きな利益を得たものの，政府と三井財閥，関西財閥が共同で興した共同運輸会社との戦いにより両社共に激しく疲弊することになります。しかし，1885年に政府は両社の合併を調停し，日本郵船が誕生しました。

一方，西南の役の際に瀬戸内海で活躍した70社にものぼる中小船主が戦後に激しい運賃競争を始めたため，大阪商工会議所ではこれらを併合して大きな船社を作ってはどうかという案が出てきました。この困難なとりまとめを行ったのが住友財閥総代理人の広瀬宰平です。広瀬は多くの関西財界人の協力を得ること

広瀬宰平（1828～1914）　近江出身。11歳で住友家に奉公に上がり，やがて住友中興の祖と呼ばれるまでになりました。（写真提供：商船三井）

（注２）「明治丸」はイギリスのネピア造船所で建造され，1874年（明治７年）に竣工した鉄製の船です。灯台巡視船，明治天皇の御召船，商船学校の練習船などとして活躍しましたが，現在は東京海洋大学構内にて保存・展示されています。

開業当時の大阪商船　大阪高島町の本社ビル。（写真提供：商船三井）

と，中小船主たちの説得，調整に成功し，1884（明治17）年に「大」の字のファンネル（煙突）マークで知られる大阪商船が発足しました。

日本郵船は1893（明治26）年に荷主である日本紡績連合会とインドのタタ商会の協力を得てボンベイ（ムンバイ）航路を開設し，続けて欧州，北米，豪州の三大定期航路を開設したことによって世界的な海運企業の仲間入りを果たしました。その証の一つが欧州海運同盟への加盟です（1899年に欧州往航同盟（欧州→極東），1902年に欧州復航同盟（極東→欧州）に加入）。

川崎正蔵（1837～1912）鹿児島の商家の出身。川崎造船所を興す前は，琉球（沖縄）からの砂糖輸送などに携わりました。（写真提供：川崎汽船）

松方幸次郎（1865～1950）首相を務めた松方正義の三男。政財界での活躍に加え，美術品のコレクターとしても知られています。（写真提供：川崎汽船）

一方，大阪商船の方は台湾航路，長江（揚子江）航路に続いて，北米航路，ボンベイ航路を開設。さらに1916（大正５）年には同社の売り物ともなった南

開業当時の川崎汽船 神戸海岸通の本社ビル。(写真提供：川崎汽船)

米航路（行きは南米への移民を運び，帰りはコーヒーを運んだ）や豪州航路を，また1918年には欧州航路を開設して，翌年には欧州海運同盟への加盟が認められるなど，日本郵船の後を追いながらも，着実に世界的な海運企業としての地位を築いていきました。

ところで，三菱との戦いに敗れて解散を余儀なくされた半官半民の日本国郵便蒸気船会社の副社長をしていた川崎正蔵は，松方正義の支援を受けて川崎造船所を興します。そして1896（明治29）年に同社が株式会社になると，正義の三男幸次郎が社長に，正蔵の娘婿・芳太郎が副社長に就任しました。しかし，第一次世界大戦中に大量に見込み生産した余剰船腹を戦後どう処分するかが問題となり，松方幸次郎は自らがその船を使って海運市場に乗り出すことを決めました。こうして1919（大正８）年に発足したのが「Kライン」の名で知られる川崎汽船で，社長には川崎芳太郎が就任しました（注３）。

§２．太平洋戦争前後の日本海運

1923（大正12）年の関東大震災の頃から日本は長期不況に陥り，1927（昭和２）年には川崎汽船が国際汽船などと共同で運営していたKラインの海外での代理店業務を行っていた大手商社・鈴木商店も閉店を余儀なくされました。し

（注３） 川崎正蔵の船員教育に対する強い遺志を受けた川崎芳太郎は，1917（大正６）年に神戸の深江浜に川崎商船学校を設立しました。それが神戸商船大学（2003年10月に神戸大学と統合し，現在は神戸大学海事科学部）のルーツです。

「氷川丸」 1930年に竣工。戦前・戦後を通して太平洋を238回横断しました。現役を引退した「氷川丸」は横浜の山下公園に係留され，海事博物館となっています。「氷川丸」については伊藤玄二郎著『氷川丸ものがたり』（虫プロダクションによって映画化され，2015年に公開）が，また「氷川丸」と共に太平洋戦争中に病院船として使われた「第二氷川丸」については三神國隆著『海軍病院船はなぜ沈められたか』が参考になります。（左写真提供：日本郵船）

かし，同時にこの頃から太平洋航路は豪華客船時代を迎えることになり，日本郵船はシアトル航路に「氷川丸」「日枝丸」「平安丸」を，サンフランシスコ航路（ホノルル経由）に「浅間丸」「竜田丸」「秩父丸」を投入しました。

また，1929（昭和４）年にパナマ運河が開通すると，大阪商船は三菱長崎造船所に建造させた「畿内丸」型の高速ディーゼル貨物船によるロスアンジェルス経由ニューヨーク急航線を開設し，これによって当時アメリカ向け輸出の伸びが著しかった生糸の取り込みに成功します。1934年に村田省蔵が大阪商船社長に就任すると国際汽船の買収も行われ（1937年），同社の業容はさらに拡大していきました。

当時，日本が保有する船腹量はイギリス，アメリカに次いで世界第３位を占めるところまで来ていましたが，日本船社が保有するのは中古船が大半でした。当時の日本は綿花，砂糖，米，石油，大豆粕，大豆，木材，石炭，鉄鉱石といった低価格のバルク貨物を多く輸入しており，それらは山下汽船，三井物産船舶部，川崎汽船，国際汽船などが運航する不定期船によって運ばれていたのですが，各社とも採算を重視するあまり船隊を新しくすることができなかったのです。山下亀三郎率いる山下汽船は特に不定期船経営に積極的でしたが，同社の経営方針も「古船主義」として有名でした（注４）。

しかし，このままでは海運界を近代化して欧米船社に伍していくことができません。そこで政府は1932（昭和７）年から３次５年にわたって船質改善のための助成措置（船舶改善助成施設）を実施しました。それは，船齢が25年を超す1,000総トン以上の船を解体し，代わりに13.5ノット以上の速力を出すことのできる4,000総トン以上の船を新造する場合に，政府が一定の補助金を出すというもので，「スクラップ・アンド・ビルド」と呼ばれました。

ハルマヘラ島カオ湾の沈船　カオ湾には太平洋戦争中に日本軍の基地がありましたが，多くの輸送船がアメリカ軍の爆撃を受けて沈みました。

しかし，1937（昭和12）年に日本が国際連盟を脱退すると，政府は各海運企業に対して船の供出を求めるようになります。そして，1941年末の真珠湾攻撃によって太平洋戦争が開戦すると，政府は船舶運営会を発足させ，そこで国家使用船の一元管理を行うようになりました。船社は船だけではなく，数多くの船員をも供出せざるを得なかったのですが，太平洋戦争の結果として日本の商船隊が保有していた船は500トン以上のクラスで2,259隻が失われ，35,092人の船員の命が奪われたのでした。それに漁船や機帆船の船員を加えると，戦没船員の数は６万人以上になります（注５）。

ところが，疲弊し切っていた日本海運界に対するGHQ（連合軍総司令部）の姿勢は非常に強硬なもので，戦時下で政府への協力をせざるを得なかった海運企業の活動を今後は大幅に制限していく意図が明白でした。日本郵船，大阪商

（注４）　石原慎太郎・裕次郎兄弟の父親が山下汽船の幹部社員（小樽支店長などを歴任）だったことはよく知られていますが，石原慎太郎著『弟』などを読むと戦前の小樽における同社の雰囲気が伝わってきて興味深いです。また，青山淳平著『（海運王）山下亀三郎』は興味深い伝記です。

（注５）　太平洋戦争に動員された日本人船員の死亡率は陸海軍人のそれを遥かに上回る43％にも達します。これは当時の日本政府・軍にシーレーン（海上輸送路）を守るという発想が乏しく，軍に徴用された商船が丸腰のまま物資輸送のために敵艦隊が待ち受ける海を独航せねばならないという異常な状況に置かれがちであったためです。そんな中でも特に悲劇的だったのは，日本軍占領地帯にいる連合国軍の捕虜に救援・慰問物資を送るべく連合国側から安導券（Safety conduct：安全航行の保障）を与えられた貨客船「阿波丸」が，緑十字旗を掲げて航行していたにもかかわらずアメリカの潜水艦「クイーンフィッシュ」の魚雷攻撃で沈められた事件でしょう。浅田次郎の小説『シェエラザード』は阿波丸事件を題材として書かれたものですが，同事件の背景についてはロジャー・ディングマン著『阿波丸撃沈』が参考になります。

「あるぜんちな丸（2代）」 戦後を代表する南米移民船でしたが，移民船時代の終焉と共にクルーズ客船に改装され（1972年（昭和47年）），船名も「にっぽん丸（初代）」に変わりました。（写真提供：商船三井）

船などの経営陣は公職追放令によって会社を追われ，船社が政府から受け取るべきだった戦争で喪失した船に対する保険金，補償金についても，その交付はしないことが決定されるなど，海運企業にとってはアンフェアかつ厳しい状況の中で経営が続きました。

しかし，こうした苦境を乗り越え，1950（昭和25）年にようやく日本船社は外航復帰を認められました。同年に勃発した朝鮮戦争は日本の産業界に動乱ブームを起こしましたが，それは海運界にとっても復航へ向けての追い風となりました（注6）。日本郵船は戦争中病院船に転用されていたお陰で被災から免れた「氷川丸」を貨客船としてシアトル・バンクーバー航路に，また大阪商船も「さんとす丸（2代）」「ぶらじる丸（2代）」「あるぜんちな丸（2代）」を南米航路に就航させるなど，戦前の黄金時代における看板航路が復活したのもこの頃のことでした。

（注6） 1938年に竣工した出光興産の原油タンカー「日章丸」は，1944年にアメリカ軍のガトー級潜水艦「ホー」の攻撃を受けて沈みましたが，1951年には「日章丸（2代）」が竣工しました。1953年，同船はアーバーダーン危機下にあったイランに赴き，イギリス海軍による海上封鎖をかいくぐってイラン産の原油をアーバーダーン港から川崎港に運びました。アングロ・イラニアン（BP（ブリティッシュ・ペトロリアム）の前身）は積荷の所有権を主張して東京地裁に提訴しますが，出光側が勝訴します。この一連の出来事は日章丸事件と呼ばれています。出光興産創業者の出光佐三をモデルとした百田尚樹の小説『海賊と呼ばれた男』でも，日章丸事件のことが詳しく描かれています。

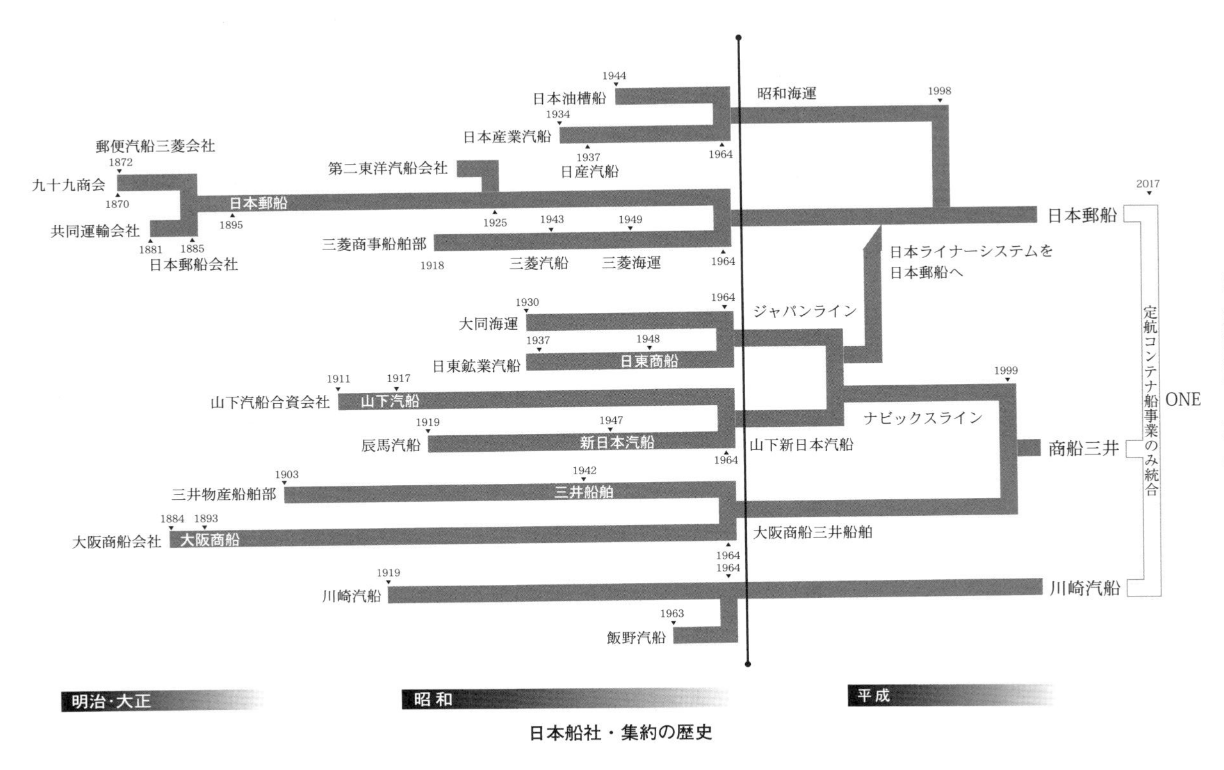
1944 日本油槽船
1934 日本産業汽船
1937 日産汽船
1964
昭和海運
1998
1872 郵便汽船三菱会社
1870 九十九商会
1881 共同運輸会社
1885 日本郵船会社
1895 日本郵船
第二東洋汽船会社
1925
1918 三菱商事船舶部
1943 三菱汽船
1949 三菱海運
1964
日本郵船
2017
日本ライナーシステムを日本郵船へ
1930 大同海運
1937 日東鉱業汽船
1948 日東商船
1964
ジャパンライン
1911 山下汽船合資会社
1917 山下汽船
1919 辰馬汽船
1947 新日本汽船
1964
山下新日本汽船
ナビックスライン
1999
商船三井
定航コンテナ船事業のみ統合
ONE
1903 三井物産船舶部
1942 三井船舶
1884 大阪商船会社
1893 大阪商船
1964
大阪商船三井船舶
1919 川崎汽船
1964
1963 飯野汽船
川崎汽船
明治・大正
昭和
平成

日本船社・集約の歴史

§3．海運界の変貌と集約

商船三井ビル（神戸）　神戸のシンボルともいえる欧風建築物の一つです。現在は大丸百貨店のインテリア館などとして使われています。

ところが，この頃から世界の海運界は大きな転換期を迎えることになります。その原因として，移民の激減と空運業の台頭によって旅客船の需要がなくなったことや，大型タンカー，鉱石専用船などの各種専用船が登場し，海運経営が多角化もしくは高度の専門化を余儀なくされるようになったことが挙げられますが，こうした変化の中で中堅海運企業の生き残りは厳しくなりました。そこで，日本の国会は1963（昭和38）年に外航海運業の統合・再編を促すことを目的とした海運二法を公布・施行し，これを受けて海運集約が行われることになったのです。

PCC　日本の自動車輸出が本格化したのは1965年ですが，1970年代に入ると各船社はPCCの投入を開始しました。大型のPCCには約6000台の乗用車を積載することができます。（写真提供：日本郵船）

その結果，日本郵船は三菱海運と，川崎汽船は飯野海運と合併し，大阪商船は三井船舶と合併して大阪商船三井船舶に社名を変えました。また，日産汽船と日本油槽船の合併会社は昭和海運，日東商船と大同海運の合併会社はジャパンラインになり，それらに山下汽船と新日本汽船の合併会社である山下新日本汽船を加えて，日本海運における中核6社体制ができあがりました。

しかし，海運界に対してさらに大きな変化を促したのは1960年代のコンテナ

VLCC　スエズ運河の閉鎖（1967年），ヨルダンでのパイプライン爆破（1969年）によってタンカー市況が急騰したため，各船社はVLCC，ULCCといった大型タンカーを大量投入しましたが，石油ショックによる原油価格の高騰を受けてタンカー市況は悪化し，1970年代半ばには多くのタンカーが売却されました。現在でもVLCCは中東から日本に原油を輸送していますが，VLCCが入港できる港は限られているため，小型のタンカーも多く就航しています。（写真提供：日本郵船）

東京港・大井埠頭　コンテナ革命は貨物の運び方を大きく変え，海運界をも変えました。

革命でしょう。海陸一貫輸送を可能としたコンテナ革命は，世界中の港湾施設や荷役及び陸送方法の標準化を促すと共に，貨物輸送に要する時間を飛躍的に短縮し，これによって世界の主要な定期船航路はコンテナ船に切り替わりました。日本船社の中では1965年に社長に就任した有吉義弥率いる日本郵船がコンテナ化に対して最も素早い対応を示しました（注７）。

ところが，コンテナ船が荷主のニーズに沿うべく週ごとの定曜日発着サービスを提供しつつ，航海ごとの採算性をよくするために船の大型化を進めていくと，1船社で1航路を全てやり繰りするのは難しくなってきます。この結果，複数の船社が共同で船を建造して一定の比率で建造費や運航費を分担し，その比率に応じてスペースを分け合うスペース・チャーターという方式が生まれ，こうした協調配船を目的とする企業連合はコンソーシアム（Consortium）と呼ばれました。そして，当初は航路ごとの提携であったコンソーシアムは，グローバル・アライアンス（Global alliance）と称する，より世界規模での戦略的提携グループへと発展していくことになります（注8）。

ハンガーコンテナ　ドライコンテナの内装を変えることで，アパレル製品をハンガーに掛けた状態のまま工場から店頭まで直送することができます。（写真提供：エーアイティー）

ランディング・クラフト　東南アジアの小さな島々では以前からランディング・クラフトが重量物輸送などで活躍していましたが，最近はコンテナ輸送に際してRORO船のような使われ方もしています。コンテナは正に地の果て，海の果てまでモノを運んでいるのです。（写真提供：Welgrow Line）

一方，コンテナによる輸送システムと荷役システムの標準化は，港から港への単純な海上輸送だけでは船社間のサービスの差別化を困難にし，低コストでオペレーションを行うNICs（Newly Industrialized Countries：新興工業諸国）や途上国船社の躍進を可能にしました。韓国の韓進海運（Hanjin）や台湾のエバーグリーン（Evergreen：長栄海運）（注9），香

（注7）　秋田博著『海の昭和史』は，有吉義弥の生涯をたどりながら昭和の海運史を綴っています。他に日本の近代海運史を知る上で，日本経営史研究所編『風濤の日々・商船三井の百年』『日本郵船株式会社百年史』『近代日本海運生成史料』，石川直義著『日本海運ノート』，森隆行著『外航海運概論』などが参考になります。また，マーチン・ストップフォード著『マリタイム・エコノミクス』上下巻は海運産業・経営の全般への理解を深めるための好著です。

（注8）　こうしたアライアンスは空運企業も作っており，全日本空輸（ANA）が所属するスター・アライアンス，日本航空（JAL）が所属するワンワールド・アライアンス，そしてスカイチーム・アライアンスがよく知られています。

港のOOCL，中国のCOSCO（中国遠洋海運集団）(注10)などがその代表例でしょう。それにより，イギリスなど伝統的海運国の船社が主導してきた海運同盟も変質を余儀なくされたのです（第17章（注18）参照）。

こうした流れの中で，かつて隆盛を誇った欧米船社の中にも国際競争から脱落するものや，それを避けるためにM&A（Mergers and Acquisitions：合併・買収）を行う会社が増えてきました。よく知られているところでは，イギリスのP&OCLとオランダのネドロイド（Nedlloyd）の合併，シンガポールのNOL（Neptune Orient Line）によるアメリカ船社APL（American President Line）の買収，エバーグリーンによるイタリア船社ロイド・トリエスティーノ（Lloyd Triestino）の買収，フランスのCMA（Compagnie Maritime d'Affrètement）に

世界の主要コンテナ船社・運航キャパシティ順位

順位	船社名	運航船							発注船		
		計		自社船		傭船					
		TEU	隻数	TEU	隻数	TEU	隻数	傭船比	TEU	隻数	運航船比
1	MSC	4,307,799	656	1,681,478	315	2,626,321	341	61%	1,199,324	78	27.8%
2	APM-Maersk	4,286,180	736	2,497,516	335	1,788,664	401	41.7%	319,100	29	7.4%
3	CMA CGM	3,261,344	578	1,431,732	193	1,829,612	385	56.1%	414,803	49	12.7%
4	COSCO	2,929,110	476	1,553,344	175	1,375,766	301	47%	585,272	32	20%
5	Hapag-Lloyd	1,744,511	247	1,060,292	112	684,219	135	39.2%	415,588	22	23.8%
6	ONE	1,527,607	208	711,491	84	816,116	124	53.4%	321,692	24	21.1%
7	Evergreen（長栄海運）	1,500,414	201	785,911	122	714,503	79	47.6%	565,088	62	37.7%
8	Hyundai（現代商船）	816,138	74	551,484	35	264,654	39	32.4%	161,088	12	19.7%
9	Yang Ming（陽明海運）	665,602	92	211,684	50	453,918	42	68.2%	59,300	5	8.9%
10	Zim	437,039	117	15,770	5	421,269	112	96.4%	360,634	40	82.5%
11	Wan Hai（萬海航運）	414,693	147	269,337	93	145,356	54	35.1%	249,330	40	60.1%
12	PIL	276,600	85	163,029	61	113,571	24	41.1%	56,000	4	20.2%
13	KMTC	156,995	68	86,464	32	70,531	36	44.9%			
14	SITC	149,903	99	122,102	79	27,801	20	18.5%	63,158	34	42.1%
15	IRISL	149,042	32	105,518	29	43,524	3	29.2%			
16	X-Press Feeders	144,197	93	62,102	36	82,095	57	56.9%	102,834	23	71.3%
17	UniFeeders	143,139	95	1,118	1	142,021	94	99.2%			
18	Zhonggu Logistics	115,196	97	65,587	30	49,609	67	43.1%	83,052	18	72.1%
19	TS Lines	113,178	57	65,918	26	47,260	31	41.8%	108,768	30	96.1%
20	Sinokor	108,063	75	83,349	57	24,714	18	22.9%	42,496	20	39.3%

Alphaliner社の資料（2022年３月11日時点）より引用。６が日本の船社
例年１位にはA.P.モラー・マースクがいましたが，同社はコンテナ海運での市場シェアにこだわるよりも収益性の重視とインテグレーター志向を強めており，そのためのM&Aに余念がありません。2021年にこの表の首位の座をMSCに譲った背景には，そうしたことがありそうです。

(注９)　エバーグリーン（長栄海運）は船員出身の海運王・張栄發が一代にして築き上げた企業です。張はその社会奉仕活動においてもよく知られており，2011年の東日本大震災時には個人名義で10億円を被災地に寄付しています。

(注10)　COSCOは中国政府が掲げる一帯一路構想の先兵役を担う国営企業です。子会社のCOSCOシッピングポーツ（中遠海運港口）は，アラブ首長国連邦（UAE）のハリファ港（アブダビ）でのコンテナターミナル経営，ギリシャのピレウス港買収，オランダのロッテルダム港の埠頭利用権取得など，港湾事業にも積極的に取り組んでいます。

フルコンテナ船運航船腹量上位20社

2001年

順位	運航会社	TEU
1	Maersk Line(デンマーク)/Safmarine(デンマーク)	596,442
2	P&O Nedlloyd(英国/オランダ)	345,055
3	Evergreen(台湾)/Lloyd Triestino(イタリア)/Uniglory(台湾)	324,874
4	韓進海運(韓国)/DSR Senator(ドイツ)	281,781
5	MSC(スイス)	229,629
6	NOL/APL(シンガポール)	209,245
7	COSCO(中国)	200,656
8	CP Ships(英国)	171,035
9	日本郵船	158,230
10	CMA CGM(フランス)/ANL(オーストラリア)	141,770
11	商船三井	141,731
12	OOCL(香港)	138,949
13	川崎汽船	135,120
14	Zim Integrated Shipping Services(イスラエル)	127,101
15	Hapag-Lloyd Container Line(ドイツ)	119,028
16	現代商船(韓国)	116,472
17	Compania Sud Americana de Vapores:CSAV(チリ)	109,580
18	陽明海運(台湾)	109,058
19	China Shipping Container Line:CSCL(中国)	100,888
20	Hamburg-Sud(ドイツ)	77,135
全世界		4,788,319

2021年4月現在

順位	運航会社	TEU
1	APM-Maersk(デンマーク)	4,128,985
2	MSC(スイス)	3,902,661
3	COSCO(中国)	3,022,125
4	CMA CGM(フランス)	3,016,687
5	Hapag-Lloyd(ドイツ)	1,774,132
6	ONE(シンガポール)	1,609,453
7	Evergreen(長栄海運)(台湾)	1,327,918
8	HMM(韓国)	750,872
9	Yang Ming(陽明海運)	628,467
10	Zim(イスラエル)	416,976
11	Wan Hai(萬海航運)(台湾)	355,608
12	PIL(シンガポール)	248,410
13	中谷物流股份有限公司(中国)	168,265
14	KMTC(韓国)	160,802
15	IRISL(イラン)	149,312
16	安通控股(中国)	138,992
17	SITC(中国)	137,589
18	X-Press Feeders(シンガポール)	133,989
19	UniFeeders(デンマーク)	106,487
20	Sinokor(中国)	103,852
全世界		24,479,057

Alphaliner，日本郵船調査グループ「世界のコンテナ輸送と就航状況」を基に（公財）日本海事センターが作成。抜粋。

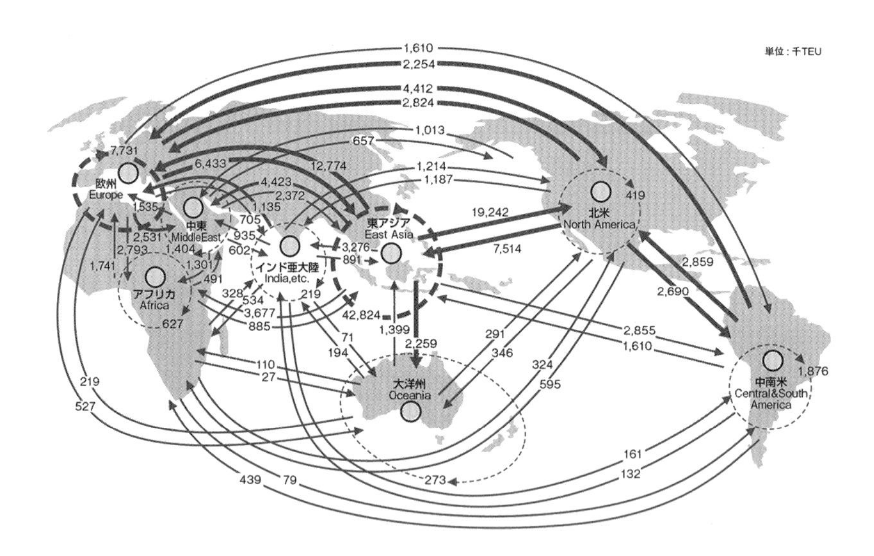

世界のコンテナの荷動き（推計）　2018年の世界のコンテナ荷動き量は164,814,195TEU（前年比5.3%増）。東アジア域内だけで見ると，前年比4.9%の増加しています。現在の世界のコンテナ荷動きは，アジア／北米，アジア／欧州の基幹航路よりも東アジア域内のほうが圧倒的に多くなっています。
『SHIPPING NOW 2019-2020』より引用

よるオーストラリア国営船社ANL（Australian National Line）の，次いでフランス国営船社のCGM（Compagnie Générale Maritime）の買収（これにより，CMAは社名をCMA CGMに改称（注11）），デンマークのA.P.モラー・マースク（APM Maersk）（注12）によるコンテナ革命の先駆者であるアメリカ船社シーランド（Sea-Land）コンテナ船事業の，次いでP&Oネドロイド（P&OCLとネドロイドの統合会社）の買収などがあります。

マルセイユにあるCMA CGMの本社ビル「CMA CGMタワー」

日本の海運企業は早い時期から合理化船の開発による船員数の削減や外国人船員との混乗導入によって人件費を抑え（注13），船の運航管理や保守整備の仕事をアジアに移すなどして経費を抑えてきました。しかし，1989年にジャパンラインと山下新日本汽船が合併してナビックスラインとなった後，1998年に日本郵船と昭和海運が，また1999年には大阪商船三井船舶とナビックスラインが合併し，いよいよ日本郵船，商船三井，川崎汽船の大手３社体制時代が到来しました（注14）。

21世紀初頭には中国をはじめとするBRICs諸国（ブラジル，ロシア，インド，

（注11）　CMA CGMのルーツは，レバノン出身のジャック・サーデが1978年に設立したCMAです。CMA CGMの本社はマルセイユにあり，現在は二代目のロドルフ・サーデが同社を率いています。同社は総合物流事業展開にも力を入れており，3PL（Contract Logistics）業及びフレートフォワーディング業における大手企業・CEVAロジスティクスを傘下に置いています。

（注12）　A.P.モラー・マースクは，1904年に当時28歳だったアーノルド・ピーター・モラーが，父親のピーター・モラー・マースクと共に設立した会社です。本社はデンマークのコペンハーゲンにあり，海運以外にエネルギー事業なども手掛けています。また，近年同社はインテグレーター（第20章４項参照）を目指すと標榜しており，総合物流事業展開にも注力しています。

（注13）　国土交通省によると，2017年の外航日本人船員数は2,221人（職員1,787人，部員434人）でしたが，それを大幅に上回る数の外国人船員が日本の外航船に乗っています。日本船に乗る外国人船員の多くはフィリピン人で，日本郵船はフィリピン人船員の教育・養成に資するため，2007年にマニラ近郊のカンルーバンに４年制の商船学校NYK-TDG Maritime Academyを開校しています。また，商船三井も2018年にマンニング（船員配乗）などを手掛けるマグサイサイ・マリタイム（Magsaysay Maritime）と共同で商船大学MOL Magsaysay Maritime Academyをマニラ近郊のダスマリニャスに開校しました。

LNG燃料コンテナ船　CMA CGMは2020年から2021年にかけて，22,000〜23,000TEU積みの超大型LNG燃料コンテナ船９隻を就航させました。同社は2024年末までに，自社のコンテナ船44隻をLNG燃料船にすると発表しています。

中国）を中心にコンテナ船の荷動きが世界的に急増しました。しかし，資源高の煽りを受けて燃料費が高騰し，各船社は燃費を考えてコンテナ船の低速運航を行うようになったため，一つの航路に投入する船の数を増やさざるを得なくなりました。このため世界的に船腹が不足する事態となったのですが，各船社はコンテナのユニットコスト（コンテナ１本当たりの運航コスト）を下げるために大型のコンテナ船を建造するようになります。新造コンテナ船の平均サイズは，2000年から2010年の間は3,000〜4,000TEU型くらいでしたが，その後一気に大型化が進み，2016年には9,000TEU型近くに達しました。今日では20,000TEU級の超大型コンテナ船も就航しています（第２章８項参照）。

オーシャン・ネットワーク・エクスプレス（ONE）のコンテナ船
（写真提供：商船三井）

そして2010年代に入り，海運界は世界的な再編期を迎えました。2014年にドイツのハパグロイド（Hapag-Lloyd）がチリ船社CSAVのコンテナ船事業を買収し，2015年末にはCMA

（注14）　３社に絞られた日本の外航船社の中でも，子会社に郵船ロジスティクスを有する日本郵船は特に総合物流事業展開に力を入れています。1979年に日本郵船，川崎汽船，山下新日本汽船，全日本空輸の共同出資によって航空キャリアNCA（日本貨物航空）が設立されましたが，日本郵船は2010年に同社を完全子会社としています。船社が保有する航空キャリアには，エバーグリーンのエバー航空などもありますが，CMA CGMも2021年２月にCMA CGMエア・カーゴを，A.P.モラー・マースクも2022年４月にマースクエアカーゴを設立しています。

CGMがNOL（APL）を，また2016年7月にはハパグロイドがクウェートのUASC（United Arab Shipping Company）を買収すると発表しました。一方，中国では2016年2月にCOSCOがChina Shippingと経営統合しています。その後，2016年9月には韓国の韓進海運が低迷する海運市況の中で経営破綻し，同年10月には日本郵船，商船三井，川崎汽船の邦船3社がコンテナ船事業の経営統合を発表しました。そして，誕生したのがオーシャン・ネットワーク・エクスプレス（ONE）です（注15）。さらに，同年12月にはA.P.モラー・マースクがドイツのハンブルグ・スードの，2017年7月にはCOSCOがOOCLの買収を発表しました。

2016年4月時点では，世界の定期船航路の大部分を占めるコンテナ船航路は，COSCO，川崎汽船，陽明海運（台湾），韓進海運，エバーグリーンからなるCKYHEグループ，日本郵船，商船三井，NOL（APL），ハパグロイド，現代商船（韓国），OOCLからなるG6グループが，A.P.モラー・マースク，MSC（注16），CMA CGMの上位3社と対抗していました。しかし2019年末現在においては，A.P.モラー・マースクとMSCの上位2社による2Mアライアンス，CMA CGMとCOSCO，OOCL，エバーグリーンの中国・香港・台湾勢によるオーシャン・アライアンス，オーシャン・ネットワーク・エクスプレス（ONE），ハパグロイド，陽明海運によるザ・アライアンスの3大アライアンスに集約されています（注17）（注18）。

シャーシ上のコンテナ　1960年以降の物流はコンテナの発明を機に大きく変わりました。

§4．複合一貫輸送サービス

1960年代に起こったコンテナ革命が世界の海運と物流のあり方を変えたことについてはすでにふれ

（注15）　邦船3社が定航コンテナ船事業を統合して2017年に設立した新会社オーシャンネットワークエクスプレス（ONE）はシンガポールに本社を置き，2018年4月に営業を開始しました。

（注16）　MSCは，イタリア・ソレント生まれのジャンルイジ・アポンテが1970年に設立した会社で，現在もアポンテ家によって経営されています。本社はスイスのジュネーブ，船舶運航本部はナポリ近郊のピャーノ・ディ・ソッレントにあります。クルーズ事業にも力を入れており，1987年にクルーズ船社のフロッタ・ラウロを買収してスターラウロ・ラインに改名，1994年にはMSCクルーズに改名しています。

ました。これによって海上貨物の輸送形態はユニット化の傾向を強め，荷主は積載効率をよくするために，モノづくりや梱包の段階においてパレットに積みやすいサイズ，コンテナに効率よく収まるサイズのものを作るよう留意し，また契約を結んだ船社の運航スケジュールに合わせて生産・出荷計画を組むようになりました。

一方，船社の方は他社とのサービスの差別化を図るために，単に港から港まで貨物を運ぶだけではなく，内陸のポイント（Interior point）まで運べるよう

(注17)　ロンドンのバルチック海運取引所が発表する鉄鉱石，石炭，穀物などの乾貨物（ドライカーゴ）を運ぶ外航不定期船の運賃指標「バルチック海運指数（BDI：Baltic Dry Index）」は，2016年に入ってから史上最低水準を更新しました。市況は2017年夏以降に底を打って同年末に向けて回復したものの，当時のこうした厳しい経営環境は海運界だけではなく，造船界にも影響を及ぼしました。日本の造船界においては，三菱重工業が2016年10月に大型客船建造からの撤退を発表し，2021年3月には造船の主力工場である長崎市の香焼工場の大島造船所（長崎）への売却を決定しました。また，三井E&Sホールディングス（旧三井造船）は，2019年11月に大型商船建造からの撤退を発表しました。一方，日本造船のライバルとなる中国，韓国では（第1章3項参照）大型の再編が進んでいます。特に中国では同国首位だった中国船舶工業集団（CSSC）が同国2位の中国船舶重工集団（CSIC）と，2019年11月に経営統合して中国船舶集団（CSSC）となりました。韓国では世界首位の現代重工業が世界2位の大宇造船海洋との経営統合を進めていましたが，両社合わせた大型LNGタンカー（第2章10項参照）建造の市場シェアが60％以上となることから，EU（欧州連合）の欧州委員会は2022年1月にこれを認めないとしています。これに対して日本では，国内首位の今治造船が同2位のジャパンマリンユナイテッド（JMU）と資本業務提携し，2021年1月に両社の営業と設計を統合した新会社・日本シップヤードが誕生しています。

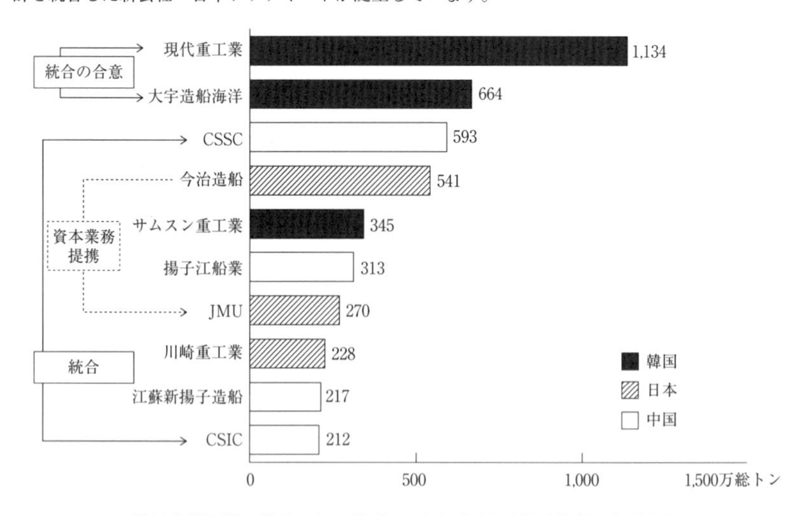

造船企業別竣工量ランキング（2019年）（国土交通省資料より引用）

に鉄道やトラックとの接続による複合一貫輸送体制を整え(注19)，コンテナの追跡や空コンテナの効率的なポジショニング，荷役の効率化，B/Lデータ管理などのためにIT化を進めました。また，多くのフォワーダーは，こうした船社のサービスを利用する形でNVOCCとしてのB/Lを発行し，やがてDoor to Doorの輸送サービスをも提供するようになりました（複合一貫輸送に際して発行されるB/LをCombined Transport B/L（C.T.B/L）もしくはMultimodal Transport B/Lといいます)。

クロスドック・センター　複数の仕入先から集められた商品を在庫することなく，複数の出荷先向けに仕分けします。(写真提供：日本郵船)

第16章4項でコンテナ船の荷役について説明したように，荷主は輸出に際しては空コンテナを港のバンプールから引き取り，それに倉庫や工場などで荷物を詰めてから港のCY（Container Yard）に搬入します。また，輸入に際してはCYより搬出したコンテナから倉庫や工場などで荷物を取り出し，空コンテナを港のバンプールに戻します。つまり，コンテナの内陸輸送においては往路か

(注18)　数社で市場を寡占化したコンテナ船社がさらに3つのアライアンスに集約されたものの，コモディティ化されたコンテナ海運においては運賃以外の差別化要素を設けにくく，各船社はユニットコスト（コンテナ1本当たりの運航コスト）を抑えるためにコンテナ船の大型化を進めました。しかし，各社がほぼ同時期に造船所に発注を行うために，新造船がほぼ同時期に就航するということを繰り返したこともあって，それらが常に満船になるわけではなく採算的には厳しい状況が続きました。このあたりの事情については，マルク・レヴィンソンが『物流の世界史』でわかりやすく解説しています。

(注19)　複合一貫輸送は，インターモーダル輸送（Intermodal Freight Transport）とも呼ばれます。日本から北米東岸にコンテナで貨物を送る際に，パナマ運河を経由して全て海上輸送することをAW（All Water），西岸の港で揚げたコンテナを鉄道などで東岸まで運ぶことをMLB（Mini Land Bridge）と言います。ちなみに，旧ソ連時代に極東からシベリア鉄道を使ってヨーロッパまで輸送するサービスはSLB（Siberia Land Bridge）と呼ばれていましたが，現在はTSR（Trans-Siberian Railway）サービスとして再構築されています。また，中国各地とヨーロッパ各地を結ぶ貨物列車網・中欧班列（Trans-Eurasia Logistics またはChina Railway Express（CRE））で運ばれるコンテナ本数は，2021年度に146万4,000TEUに達しました。海上コンテナの鉄道輸送には，コンテナをシャーシに載せたまま鉄道台車で輸送するTOFC（Trailer on Flat Car），コンテナを直接フラットカーに載せて輸送するCOFC（Container on Flat Car）の2方式がありますが，北米では1970年代後半よりDST（Double Stack Train）を使用してコンテナを二段積みする輸送方式が普及しています。

復路のどちらかで空コンテナを運ぶというムダが生じます。そこで，内陸部に大きな工業地区や商業地区があり輸出入の荷物が大きく動くような場所にオフドック（Off dock）(注20)のCY（Container Yard）やCFS（Container Freight Station），バンプールを設けて，船社やNVOCCがそこまでの複合一貫輸送を行うこともあります。そうした場所のことをインランド・ポート（Inland port）と呼びます(注21)。

ところで，初期の段階においては運賃水準が非常に高かったため一部の高付加価値品や緊急貨物のみをターゲットとし，海上輸送サービスと競合することのなかった航空輸送サービスですが，近年は急速にそのシェアを伸ばしています。他方，コンテナ船社との提携，あるいはフォワーダーのコーディネートによって，海空一貫のシー・エア輸送サービス（「海上輸送よりも早く，航空輸送よりも安い」が売り物）が盛んに宣伝された時期もあったのですが，今日では競争激化による航空運賃の低下によって，このサービスは以前ほど強く荷主にアピールしなくなっています(注22)。

今日，海―空―陸を結ぶ複合一貫輸送サービスはもはや目新しいものではなく，海運企業を含むロジスティクス企業の多くは市場のニーズに応え，競合他社との差別化を図るために，より洗練された形での複合一貫輸送サービスや総合物流サービスの構築，またサプライチェーン・ソリューションの提供を行っています。その詳細については，第20章でふれます。

§5．コロナ渦における外航海運

COVID-19によるパンデミックの影響を受けて，2020年の日本の輸出額は大きく落ち込みましたが，2021年には復活基調に入りました。一時COVID-19感染の拡大を抑えて製造業が復活した中国に向けて，製造部品等の輸出が伸びました。アメリカ向けについても，アメリカでの消費財の巣ごもり需要，自動車

(注20)　本船着岸岸壁から離れた場所のことを，オフドック（Off dock）と呼びます。

(注21)　インランド・ポートは，欧米や中国などの大陸の内陸部に多いです。日本では，東京港混雑の緩和とCRU（Container Round Use：コンテナラウンドユース）促進などを目的として栃木県佐野市に設立された佐野インランド・ポートが注目されています（第20章（注40）参照）。

(注22)　シー・エア輸送サービスの例としては，①アジア諸港から中東のドバイあるいは北米西岸まで海上輸送し，そこからヨーロッパ各地に空輸するルート，②アジア諸港からマイアミあるいは北米西岸まで海上輸送し，そこから中南米各地に向けて空輸するルート，③極東諸港からナホトカまで海上輸送し，ウラジオストックからヨーロッパ各地に空輸するルートなどがあります。

生産・販売の復調などによって回復傾向に入りました。米中間の政治的対立は激しさを増していますが、それにも関わらず中国からアメリカへの輸出が大きく伸びました。なぜならば，コロナ渦でのアメリカの旺盛な需要に応えて，消費材を十分供給できるところはやはり中国だからです。一方，中国のアメリカからの輸入額も2020年後半から伸びましたが，特に伸び率が大きかったのは穀物や資源です。

ロサンゼルス・ロングビーチ港　コンテナヤード内で大量のコンテナが滞貨して荷役が滞り、港の沖合には入港待ちのコンテナ船が列をなしています。

コンテナ海運業界においては、中国を中心とするアジアからアメリカへ向けて膨大な数のコンテナが動いていますが（P.218の「世界のコンテナの荷動き（推計）」参照），港湾労働者のCOVID-19感染によるロサンゼルス・ロングビーチ港の機能不全によって滞船、滞貨が長期的に続き，さらにアメリカ内陸まで運ばれたコンテナが滞留してスムーズに出てこないといった状況に陥りました。これによって世界的なコンテナ不足が起こり，サプライチェーンの混乱が起こっています（注23）（注24）。船社がこの機に乗じて海上運賃にプレミアムを付けて販売することによって運賃市況は非常に高騰していますが，その後スエズ運河での座礁事故（注25），COVID-19感染による中国の塩田港と寧波舟山港の一時操業停止などによっても本船スケジュールの乱れが増幅されたまま（注26），アメリカにおけるドライバー不足とシャーシ不足も相まって事態はなかなか収拾

（注23）　そもそも，2018年からの米中貿易摩擦や2019年12月からのCOVID-19感染拡大による先行きへの懸念により，世界のコンテナ生産の９割以上を担う中国においてコンテナ製造量が減少していたことも遠因となっています。

（注24）　現在のグローバル・サプライチェーンを混乱させている原因として，半導体不足も挙げられます。COVID-19への感染を防ぐためにリモート勤務・学習が推奨されたことから，それに必要となるパソコンやタブレット，家電製品の需要が高まったこと。また，米中対立による米国の輸出規制の影響が大きいです。半導体をめぐる世界の状況については，太田泰彦著『2030半導体の地政学』などが参考になります。近年，半導体やハイテク製品・部品などをめぐる経済安全保障の重要性が高まっていますが，それについては國分俊史著『経済安全保障の戦い』，平井宏治『経済安全保障リスク』，兼原信克著『安全保障戦略』などを参照してください。

（注25）　今治市の正栄汽船が所有し，台湾船社エバーグリーンが運航する「Ever Given」が2021年３月23日に起こした事故。

（注26）　ゼロコロナ政策をとっている中国では，港や空港で1人でもCOVID-19陽性者が見つかるとその区域のオペレーションを停止あるいは制限し，感染者の多い都市ではかなり厳しいロックダウンを断行しています。それによって世界のサプライチェーンの混乱が増幅されています。

しません。

一方，航空貨物業界は旅客機の減便によって総フライト数が大幅に減っているため，ベリー（Belly：床下貨物室）積載量が減っています。しかし，海運業界におけるコンテナ不足の影響を受けて，その代替手段としての国際航空輸送需要は大きくなっています。カーゴフレーター（Cargo Freighter：貨物専用機）は機材数が限られているため，旅客機のベリースペースをチャーターするフォワーダーも多く，航空運賃が高騰しています。国際旅客収入の早期回復が期待できない状況下において，貨物収入が航空会社の経営に占める重要性が増しています（注27）。

このように，コロナ渦によるグローバル・サプライチェーンと国際物流の混乱と変化は，非常に大きなものとなっています。また，米中対立も世界のサプライチェーンのあり方に対して影響を与えていますが，2022年２月24日に起きたロシアのウクライナ侵攻によって世界のサプライチェーンにはさらに大きな混乱が生じています。ロジスティクスを組み立てる際にしばしば求められるのはJIT（Just in time）ですが（第19章（注12）参照)、同時にBCPとしてのJIC（Just in case（もしもの時への備え)）も重要です（第20章１項参照)。コロナ禍によって生じた港湾機能不全、海上コンテナ不足，航空輸送キャパシティ不足などによる混乱は、日々JIC対応をせざるを得ない状況を生み出しました。SCMの3Aは，Agility（俊敏性)，Adaptability（適応力)，Alignment（整合性）ですが（第18章５項参照)，現在は俊敏性に富んだ臨機応変なロジスティクスが強く求められる時代だと言えます。

海上運賃市況の高騰によって，海運業界はあたかもバブルのような状況になっています。2022年２月時点における日本の３大外航船社の同年３月期の通期業績予想によると，経常利益は日本郵船9,300億円（前期比4.3倍。前々期比20.9倍)，商船三井6,500億円（前期比4.9倍。前々期比11.8倍)，川崎汽船5,400億円（前期比６倍。前々期比73倍）となっていますが，その主因は３社がコンテナ船事業を統合して設立したオーシャン・ネットワーク・エクスプレス（ONE）の大幅な増益にあります（注28）。日本郵船が2018年３月に発表した中期

（注27）　2021年10～12月四半期の全日本空輸（ANA）と日本航空（JAL）の決算によると，前者は売上3,069億円の内993億円を，後者は売上2,078億円の内525億円を国際線貨物で稼いでいます。

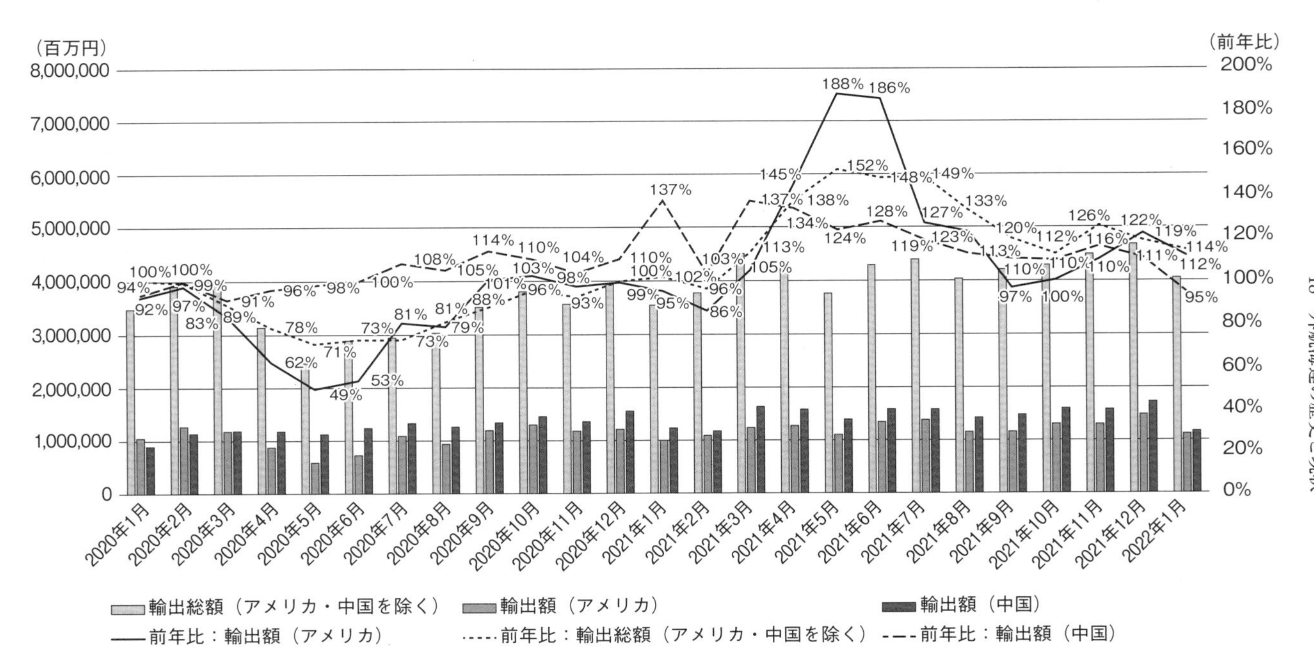

出典：財務省貿易統計（https://www.customs.go.jp/toukei/srch/index.htm?M=23&P=0）を元に作成

日本貿易輸出額推移

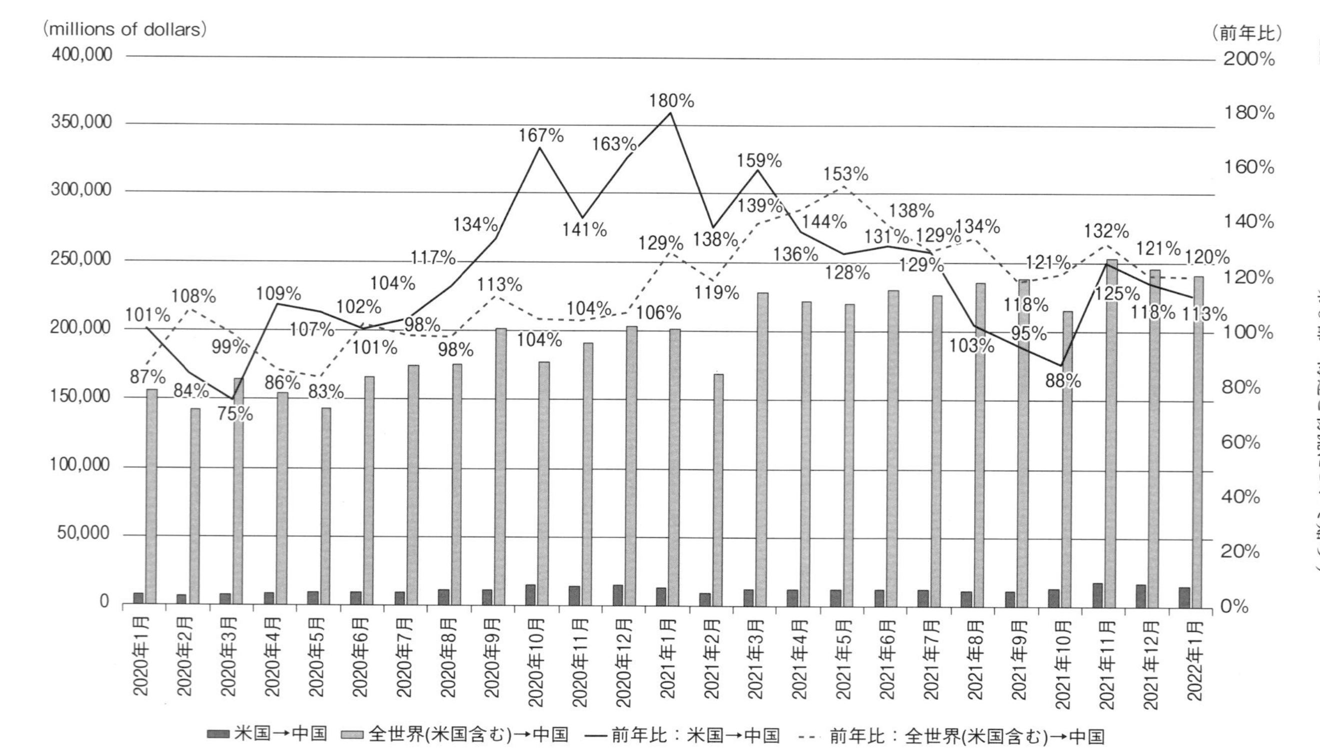

出典：United States Census Bureau（https://www.census.gov/foreign-trade/balance/c5700.html）を元に作成

米国貿易輸入額推移

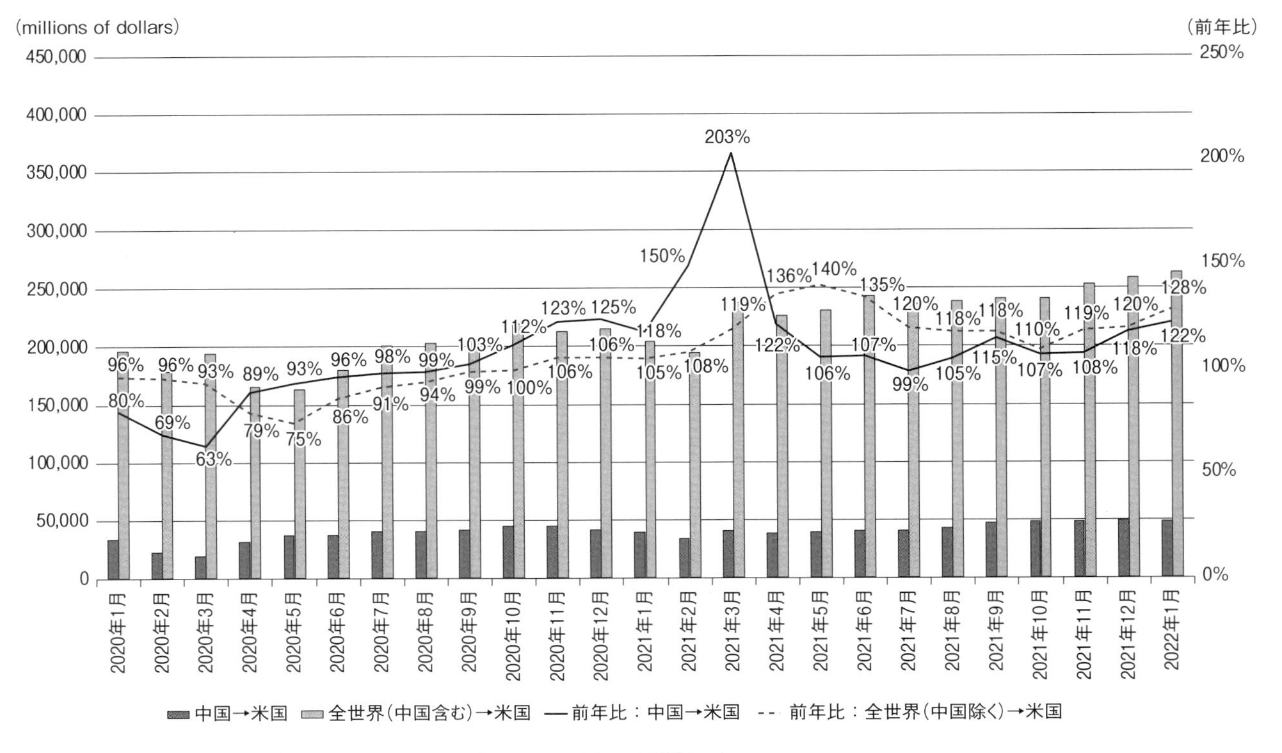

出典：United States Census Bureau（https://www.census.gov/foreign-trade/balance/c5700.html
GACC http://english.customs.gov.cn/Statics/2537eb31-69d4-46de-af6a-91a7d4f98b45.html）を元に作成

中国貿易輸入額推移

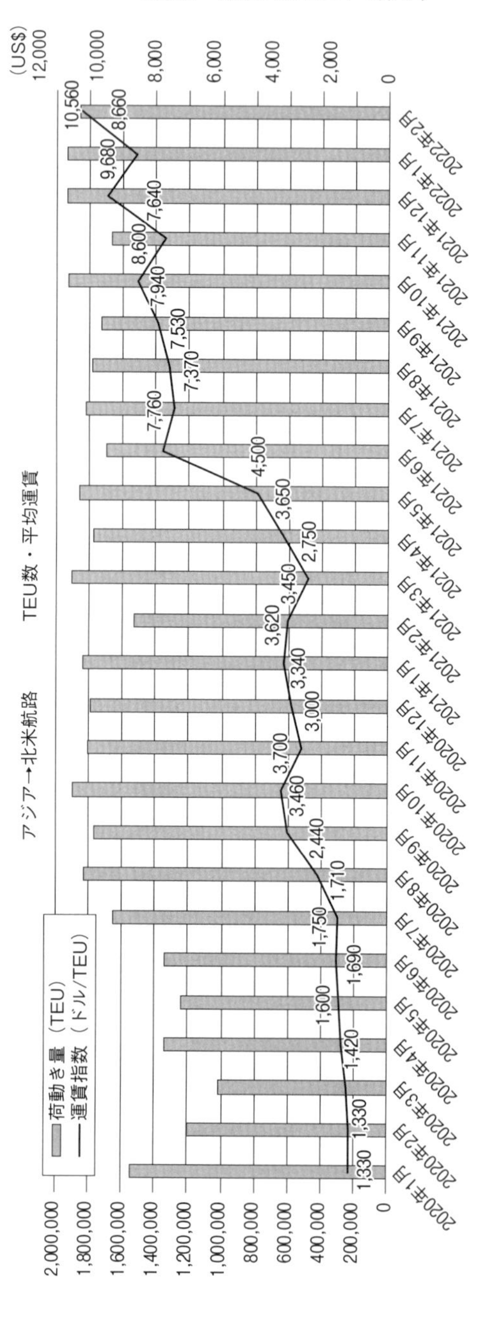

出典：（公財）日本海事センター・企画研究部資料データ抜粋

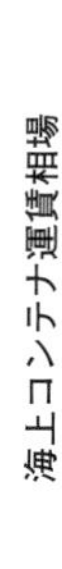
海上コンテナ運賃相場

経営計画における経常利益目標は700～1,000億円でしたので，それを大きく上回る業績を達成したことになります。

また，デンマークのA.P.モラー・マースクは2021年12月期のEBITDA（金利・税引き・償却前利益）を240億ドル（約2兆7,000億円。前期比2.9倍。前々期比4.2倍）と発表しました。同社は2022年通期のEBITDAについてもそれと同レベルになるだろうと予想しています。近年インテグレーター（第20章4項参照）を目指すと標榜している同社は，既に子会社だったフォワーダーのダムコ（DAMCO）をマースクブランドに統合していますが，昨今はコロナ渦によって得た資金を用いて企業買収を加速しており（注29），今後買収した企業が持つ機能を有機的に結び付けていけるかどうかが注目されています。

一方，コロナ渦に乗じて莫大な利益を上げる船社に対する荷主企業や社会の反発もあり，アメリカ上院は2022年3月31日の本会議において海運改革法の上院版法案となるクローブシャー・スーン法案（S.3580，OSRA2022）を満場一致で可決しました。これは2021年12月に下院を通過した下院版法案（H.R.4996）と同様に，米国連邦海事委員会（FMC：Federal Maritime Commission（注30））の監視能力を強化し，船社が空コンテナの回航を優先するなどの行為によってアメリカからの輸出機会を不当に減少させぬことや，船社にアメリカに寄港する船舶の総輸出入トン数とTEU（実入りと空バン）の報告を義務付けること，コンテナの超過保管料（デマレージ：Demurrage）と返却延滞料（ディテンション：Detention）の合理性について挙証する責任を船社とコンテナターミナル運営会社に持たせること、などを盛り込んだ内容となっています。

本章で見てきたように，コンテナ革命が進行した1960～1970年代を主導した

（注28）オーシャン・ネットワーク・エクスプレス（ONE）の2022年3月期の通期業績は，税引き後利益が約167億5,600万ドル（約2兆1,700億円。前期比4.8倍，前々期比159.6倍）でした。

（注29）　ドイツの航空フォワーダーであるセネター・インターナショナル（Senator International），香港の3PL企業であるLFロジスティクス，B2C ECのフルフィルメントやラストマイル配送を行うアメリカのビジブル・サプライチェーンマネジメント（Visible SCM）とオランダのB2Cヨーロッパ（B2C Europe）などがそうです。

（注30）　米国連邦海事委員会（FMC）とは、アメリカ大統領が任命する5名のコミッショナー（その中から委員長を任命）をトップに、幾つかの部局で構成する独立行政機関です。外国政府の制限的な規則をはじめ、アメリカの貿易に悪影響をおよぼす外国船社の慣行・慣習からの荷主とアメリカ船社の保護、船社やフォワーダーの不公正な料金等の調査、船社やターミナルオペレーター間の協定が1984年米国海運法（Shipping Act of 1984）および1998年米国改正海事法（The Shipping Reform Act of 1998）に違反もしくは反競争的でないかの監視などを主な目的としています。

海運企業の多くはコンテナ海運サービスがコモディティ化する中で姿を消していき，欧州と中国の新興勢を軸にかなり集約化が進んでいます（注31）。今日のコンテナ海運企業は、市場シェアの拡大，積載効率や運航生産性の向上，空コンテナ回しやメンテナンスも含めたユニットコストの削減などによる収益の拡大といった旧来の課題に加えて，インターモーダル（複合一貫輸送）サービスや各種VAS（Value Added Services：付加価値サービス）の拡大、総合物流業あるいはインテグレーターへの転換，IMO（国際海事機関）のSOx規制（燃料油硫黄分濃度規制）への対応やカーボンニュートラルを目指すゼロエミッション燃料船の開発などの環境対策，船舶の遠隔操縦や自動運航などの新たな技術革新，デジタル化による顧客利便性，業務生産性，需給マッチング精度の向上などといった，多様な課題に取り組んでいます。コロナ渦によって莫大な利益を得た海運企業が今後それをどう活かしていくのかが注目されます（注32）。

（注31）　古典的地政学においてシーパワーの典型だと言われるのがイギリスとアメリカですが（日本も同様），シーパワーの源泉となる海軍力と商船力のうち，後者特にコンテナ船隊については両国ともに大きく後退しています。しかし，アメリカは世界最大の荷主国として，FMCによって海運同盟及び各船社間の運賃調整や需給調整などの動きを牽制してきました。シーパワーとその対立概念であるランドパワー（中国とロシアがその典型。ドイツも同様）については，アルフレッド・マハン著『マハン海上権力史論』『マハン海軍戦略』，ハルフォード・ジョン・マッキンダー著『マッキンダーの地政学』，ニコラス・スパイクマン著『スパイクマン地政学』『平和の地政学』，太田晃舜著『海洋の地政学』，曽村保信著『海の政治学』，海上知明著『シーパワーとしての平家』（『アルバトロス・クラブ会報』第18号所収）などが参考になります。

（注32）　そもそも荷主企業が自らトラックや船を有して製品や原料を運び，自社倉庫にそれらを保管するなどして，自ら物流運営を行うことを1PL（1st party logistics）と称します。また，輸送会社（キャリア：海運・空運・陸運・鉄道企業）や保管，荷役，梱包などを請け負う倉庫・作業・梱包会社に，自社の物流の一部を委託することを2PL（2nd party logistics）と称します。一方，キャリアから仕入れをして荷主に販売することで販売・混載差益を得，複合一貫輸送を組み立てるなどによってより包括的な輸送サービスを荷主に提供するのがフォワーダー。倉庫をDC（Distribution Center），TC（Transfer Center / Through Center），FC（Fulfillment Center）などの物流センターとして活用しながら，そこへの納品輸送とそこからの配送も含めて荷主の在庫と物流を最適化することによって，物流のオペレーションフィーやサービスフィーに加えてマネジメントフィーやゲインシェア（効果の分配）を荷主から収受するのが3PL（3rd party logistics。欧州ではContract logistics）。そして，自社のネットワークを構築してD2D（Door to Door）の小口一貫輸送を行うのがエクスプレス（宅配便）です。国際エクスプレスにおいては主たる幹線輸送に自社機を用いるDHL，UPS，FedEx（TNTを買収）の３社がエクスプレス・インテグレーターとして市場シェアの大半を占めていますが，国内エクスプレスに目を転じるとそれぞれの国に多数のエクスプレス（宅配便）企業が存在しています。従来荷主のサプライチェーンに対して深く関与したソリューション提供を行ってこなかったコンテナ船社が，フォワーダーや3PL，エクスプレスなどの企業をM&Aで入手してコングロマリット化したとしても，それらを海運業と有機的に結び付けて真のロジスティクス・インテグレーターとなるのは必ずしも容易ではないでしょうが，それに挑もうとしているA.P.モラー・マースクとCMA CGMの動向が注目されています。

19　内航海運とモーダルシフト

§1．内航海運の現状

四方を海で囲まれているだけではなく，小さな島々をたくさん持つ日本は，内航海運への依存度の高い国です。1980年代に産業構造が重厚長大型から軽薄短小型に変化し，それに伴ってトラック輸送のシェアが伸びたものの，今でも内航船による国内貨物輸送のシェア（輸送トンキロベース（輸送重量×輸送距離））は約44％あります（トラック輸送は約51％）。ちなみに，アメリカの国内貨物輸送においては鉄道のシェアが高く，内航船のシェアは10％前後です。EU各国の国内輸送における内航船貨物輸送のシェアも日本ほど高くありませんが，EU域内のショートシー海運（Short sea shipping）を内航海運と捉えるならば，それは域内貨物輸送において40％程度のシェアとなります。

内航海運の長所には，低コストで大量輸送が可能であるということと，同じ量の貨物を運ぶにあたって排出する二酸化炭素（CO_2）や窒素酸化物（NO_X）の量が船はトラックに比べて圧倒的に少ないということがあります（注1）。そこで，日本の国土交通省も交通渋滞の緩和と地球環境対策のために，トラック輸送に偏りすぎている国内輸送を是正し（注2），内航海運と鉄道輸送の比率を上げていくという課題を掲げており，これをモーダルシフトと称しています（注3，4）。EUにおいても同様の動きがあり，域内輸送におけるトラック輸送をショートシー海運に切り替えていく施策が取られています。

内航在来貨物船（写真提供：全日本内航船員の会）

（注1）　従来の内航海運輸送をトラック輸送（営業用貨物車輸送）と比較すると，1トンの貨物を1km運ぶのに要するエネルギー消費量もCO_2排出原単位も，共に1／5程度でした。また，IMO（International Maritime Organization：国際海事機関）による燃料油硫黄分濃度規制（SO_x規制）の強化を受けて，日本の内航船も2020年1月よりそれを従来の3.50％以下から0.50％以下にしていくこととなりました（第1章3項参照）。

石油製品，鉄鋼，セメント，石炭，化学薬品といった基礎産業素材は内航海運の大宗貨物であり，今後もそのことは変わらないと思われますが，モーダル

内航一般油送船（タンカー）（写真提供：全日本内航船員の会）

内航セメント専用船（写真提供：全日本内航船員の会）

（注2）　日本全体のCO_2排出量に占める運輸部門の割合は約20%に達し，その内の約50%が乗用車，約30%がトラック輸送によるものです。また，エネルギーの最終需要において運輸部門が占める割合は日本全体の約25%に達し，その内の約40%（貨物部門に限ると，全体の約90%）がトラック輸送によるものです。ただし，今後乗用車と商用車へのEV（Electric Vehicle：電気自動車）導入が拡がるにつれて，またGHG（Greenhouse Gas：温室効果ガス）の排出を抑えたゼロエミッション燃料船の開発・導入が行われることによって，この比率は変わっていくものと思われます。

（注3）　かつてモーダルシフトは主として国内輸送を対象として語られていましたが，企業の調達，生産，販売活動がグローバル化するにつれて，実際には国際輸送によって発生するCO_2の量の方が国内輸送よりも大きい企業が増えています。国際輸送において発生するCO_2について，気候変動枠組条約は批准国に削減義務を課していませんが，それを削減するための取り組みは多くの企業のCSR活動として定着しつつあります。

（注4）　2006年4月のエネルギーの使用の合理化に関する法律（省エネ法）改正により，一定規模以上の輸送事業者と荷主に対し，省エネルギー計画の策定，エネルギー使用量の報告義務などの，輸送に関する措置が導入されました。

輸送機関別輸送量の推移

年度	輸送量（万トン）					輸送活動量（百万トンキロ）				
	内航	自動車	鉄道	航空	計	内航	自動車	鉄道	航空	計
平成15	44,554	524,617	5,360	103	574,634	218,190	218,246	22,794	1,027	460,257
2003	(7.75)	(91.30)	(0.93)	(0.02)	(100.00)	(47.41)	(47.42)	(4.95)	(0.22)	(100.00)
16	44,025	510,762	5,222	107	560,116	218,833	222,108	22,476	1,058	464,475
2004	(7.86)	(91.19)	(0.93)	(0.02)	(100.00)	(47.11)	(47.82)	(4.84)	(0.23)	(100.00)
17	42,615	501,653	5,247	108	549,623	211,576	226,896	22,813	1,075	462,360
2005	(7.75)	(91.27)	(0.95)	(0.02)	(100.00)	(45.76)	(49.07)	(4.93)	(0.23)	(100.00)
18	41,664	502,844	5,187	110	549,805	207,849	234,863	23,192	1,094	466,998
2006	(7.58)	(91.46)	(0.94)	(0.02)	(100.00)	(44.51)	(50.29)	(4.97)	(0.23)	(100.00)
19	40,969	501,234	5,085	115	547,403	202,962	240,277	23,334	1,145	467,718
2007	(7.48)	(91.57)	(0.93)	(0.02)	(100.00)	(43.39)	(51.37)	(4.99)	(0.24)	(100.00)
20	37,871	479,745	4,623	107	522,346	187,859	234,843	22,256	1,078	446,036
2008	(7.25)	(91.84)	(0.89)	(0.02)	(100.00)	(42.12)	(52.65)	(4.99)	(0.24)	(100.00)
21	33,218	453,518	4,325	103	491,164	167,315	226,807	22,256	1,043	415,727
2009	(6.76)	(92.34)	(0.88)	(0.02)	(100.00)	(40.25)	(54.56)	(4.99)	(0.25)	(100.00)
22	36,673	453,810	4,365	100	494,948	179,898	246,175	20,398	1,032	447,503
2010	(7.41)	(91.69)	(0.88)	(0.02)	(100.00)	(40.20)	(55.01)	(4.56)	(0.23)	(100.00)
23	36,098	455,747	3,989	96	495,930	174,900	233,956	19,998	992	429,846
2011	(7.28)	(91.90)	(0.80)	(0.02)	(100.00)	(40.69)	(54.43)	(4.65)	(0.23)	(100.00)
24	36,559	436,593	4,234	98	477,524	177,791	209,956	20,471	1,017	409,235
2012	(7.66)	(91.43)	(0.89)	(0.02)	(100)	(43.44)	(51.30)	(5.00)	(0.25)	(100)
25	37,833	434,575	4,410	102	476,920	184,860	214,092	21,071	1,049	421,072
2013	(7.93)	(91.12)	(0.92)	(0.02)	(100)	(43.90)	(50.85)	(5.00)	(0.25)	(100)
26	36,930	431.584	4,342	106	472,962	183,120	210,008	21,029	1,125	415,282
2014	(7.81)	(91.25)	(0.92)	(0.02)	(100)	(44.10)	(50.6)	(5.06)	(0.27)	(100)
27	36,549	428,900	4,321	105	469,875	180,381	204,316	21,519	1,120	407,336
2015	(7.78)	(91.28)	(0.92)	(0.02)	(100)	(44.28)	(50.16)	(5.28)	(0.27)	(100)
28	36,449	437,827	4,409	100	478,785	180,438	210,316	21,265	1,046	413,065
2016	(7.61)	(91.45)	(0.92)	(0.02)	(100)	(43.68)	(50.92)	(5.15)	(0.25)	(100)
29	36,013	438,125	4,517	101	478,756	180,934	210,829	21,663	1,081	414,507
2017	(7.52)	(91.52)	(0.94)	(0.02)	(100)	(43.65)	(50.86)	(5.23)	(0.26)	(100)
30	35,445	432,978	4,232	92	472,747	179,089	210,467	19,369	977	409,902
2018	(7.50)	(91.59)	(0.90)	(0.02)	(100)	(43.69)	(51.35)	(4.73)	(0.24)	(100)
31	34,145	432,913	4,266	87	471,411	169,680	213,836	19,993	925	404,434
2019	(7.24)	(91.83)	(0.90)	(0.02)	(100)	(41.95)	(52.87)	(4.94)	(0.23)	(100)

※　国土交通省資料より作成。

（注）①（　）は，輸送機関別のシェア（%）である。②航空には超過手荷物，郵便物を含む。③自動車は1990年度より軽自動車を含む数字である（2010年度から自家用貨物軽自動車の数字は除く）。2010年度から調査・統計方法を変更。東日本大震災の影響により，北海道運輸局および東北運輸局の2011年３月および４月の数値は含まれない。④単位未満の端数については四捨五入しているため，合計と内計が一致しない場合もある。

シフトが目指すのは，ファッション製品や家電製品，日用雑貨，生産部品など現在トラック輸送に偏っている貨物の一部を内航海運と鉄道輸送に移していくということです。しかし，こうした貨物は単に安く運べばよいというのではなく，輸送の迅速さや確実さ，あるいはリアルタイムでの貨物追跡などの機能も求められますので，そうしたニーズに合わせて内航海運サービスのあり方自体を変えていく必要があります。

ちなみに，外航海運と内航海運の大きな違いは，前者が「海運自由の原則」を前提としており常に国際的な競争にさらされるのに対して，後者はカボタージュ（Cabotage）に基づき外国船を排除できるという点にあります（注５）。また，外航船の場合はタックス・ヘブン（Tax haven）であるパナマやリベリア，バハマなどに船籍を置き，税金や船員の資格，労働条件などでの便宜を得る便宜置籍船（FOC：Flag of convenience）がよく見られますが（注６），1999年に船舶職員法（現在は船舶職員及び小型船舶操縦者法）が改正されたことにより，STCW条約（1978年船員の訓練及び資格証明並びに当直の基準に関する国際条約）批准国において船員資格を持つ外国人船員を日本籍船の船員として受け入れる承認制度が施行されています。一方，外国人船員を内航船の運航要員として雇用することはわが国の出入国管理及び難民認定法に抵触するため，認められていません。

§２．内航海運の課題

2019年３月末時点で内航海運事業者数は3,408ですが，このうち休止等事業者が504あるため，営業事業者は2,904になり，登録事業者数は運送事業者が623，貸渡事業者が1,239の計1,862にとどまります（注７）。登録事業者のうち，資本金5,000万円未満の会社，個人の比率は全体の85％を占めています。また，登録運

（注５）　カボタージュ（Cabotage）は，フランス語のcaboterに由来する語で，公海に出ることなく行われる国内での沿岸輸送のことをいいますが，現在では特別の許可がない限り国内沿岸輸送を自国籍船のみに限定する政策のことを意味するものとなっています。

（注６）　外国船社による便宜置籍船の方法として，日本船社が長期傭船を前提として外国船社に船舶を建造・保有させる仕組船がありますが，ここでいう外国船社が実は日本船社の海外子会社であるケースが多く見られます。また，日本船籍の船であっても外国船社が傭船して運航している場合は外国人船員を配乗することができ，こういう船のことをマルシップと称しています。

（注７）　内航海運業法の規定により，総トン数100トン以上又は長さ30m以上の船舶を使用して，内航運送事業もしくは内航運送の用に供される船舶の貸渡事業を営もうとする者は，国土交通大臣の行う登録を受ける必要があります。

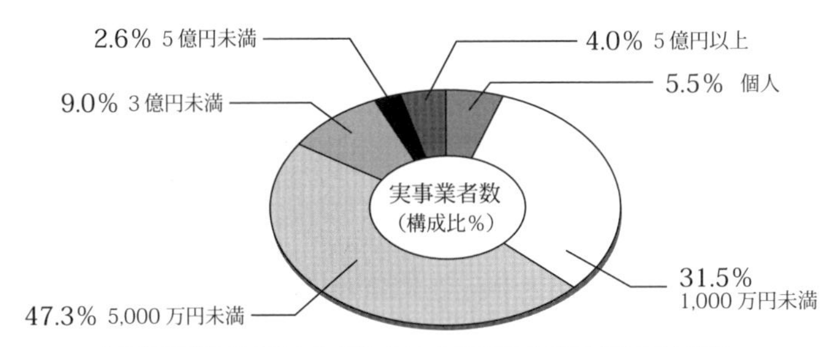

内航海運事業者の資本金内訳（日本内航海運組合総連合会資料より引用）

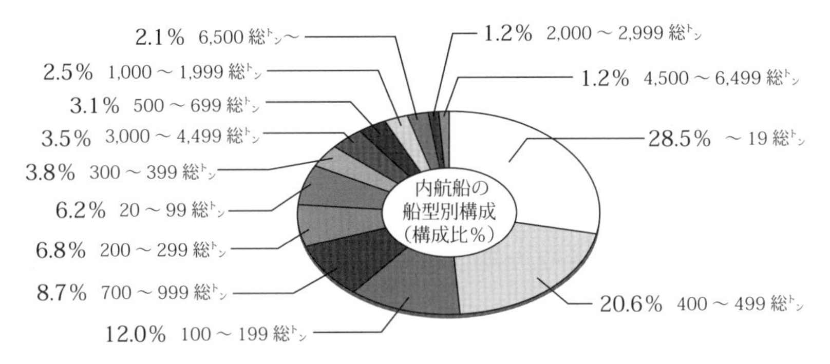

内航船の船型別構成　100総トン以上の登録船だけでみると，499総トン以下の船が隻数比で68%を占めます。（日本内航海運組合総連合会資料より引用）

送事業者（計640）のうちで，保有する船の数が5隻以上ある会社が全体の28%を占める一方，39%は1隻の船しか持っていない，いわゆる「一杯船主」的な零細企業です。

日本の内航海運や港湾運送業界には，特定荷主を頂点とする元請け―下請け関係による系列のようなものがあり，多くの内航船社はその中で下請け的存在となっています。特に，基礎産業素材を取り扱う荷主の多くは大企業であることから，取引関係において荷主の優位性が圧倒的に強いという特徴があり，内航船社同士が自由に競争し，荷主と直接交渉できるような業界構造にはなっていません。それにもかかわらず，内航運賃は自由運賃制となっているため，その運賃水準はトラック運賃や鉄道運賃と比してかなり安いものとなっています。

こうした状況下でも，内航船の近代化や大型化による輸送効率の向上，港湾

TSL（テクノスーパーライナー）「希望」　速力50ノット，貨物積載量1,000トン，航海距離500マイルという優れた性能を持っていたTSLでしたが，残念ながら実用化には至りませんでした。静岡県が防災船として購入したTSL「飛翔」は，その後清水～下田間を結ぶカーフェリー「希望」として就航しましたが，2007年3月をもって同航路は廃止，同船も廃船となっています。（写真提供：静岡県総合管理公社）

スーパーエコシップ「橘丸」　東海汽船の東京竹芝～三宅島～御蔵島～八丈島航路に就航しています。

施設，荷役機器の改善，また情報システムの構築による運航効率の改善などは進んでおり，内航船社や港湾を管理する地方自治体の中にも次代を見据えた努力が見られます。また，国内航路やアジア近海航路での高速貨物船としての活躍が期待され，1989年に研究・開発が開始されたテクノスーパーライナー（TSL）は燃料費などの運航コストを抑えることができず実用化に至りませんでしたが，環境にやさしく経済的かつ運航性能の高い船として登場したスーパーエコシップ（SES）は徐々に実用化されています（注８）。

海上での厳しい労働を強いられるにもかかわらず，業界の体質が慢性下請け的であり，賃金などの雇用条件が悪いことから，若手内航船員の定着率低下，船員の高齢化という問題が内航海運界にはあります。2020年10月現在の内航船員数は21,374人ですが，その内で50歳以上の船員の比率は50％強となっています。2012年に内航船員の有効求人倍率が１倍を超え，2014年には1.9倍に達しましたが，今後高齢船員が引退するにつれて内航船員不足の問題はより深刻化してくると思われます。内航海運の社会的地位と収益性を高め，その職場を若者にとって魅力あるものとしていくことが必要です。

（注８）　スーパーエコシップは，高効率のガスタービンか複数の中・高速ディーゼルエンジンで発電機を駆動する電気推進システムを用いることにより，NOxなどの有害物質やCO_2の排出量が大幅に削減され，船内の振動や騒音も抑えられます。そのメンテナンスは陸上で行うことを前提とするため，船上での保守作業の負担も軽減されます。また，二重反転プロペラ型ポッド推進器を採用することによって操縦性能を向上させ，離着岸操船に要する時間を大幅に短縮します。

長距離カーフェリー 東京～志布志～那覇間を結ぶフェリーです。（写真提供：全日本内航船員の会）

フェリー埠頭（写真提供：商船三井）

§3．これからの内航海運

モーダルシフトを「絵に描いた餅」としないために，内航海運業界は大きく変わっていく必要があります。外航海運業界が厳しい国際競争の中で激しく変貌を遂げ，国内での集約化，そして世界規模での提携や合併による再編を余儀なくされてきたように，内航海運業界も今後は大掛かりな提携，合併による集約が必要ですし，少なくとも配船や船員の配乗については，事業者間で共同して行えるようにすることが効果的でしょう（注9）。それと同時に，業界内での慣行に基づく系列的な取引関係を是正し，内航船社が荷主企業のニーズに直接応えられる態勢を整えていく必要もあると思います。

また，モーダルシフトが目指す雑貨などの取り扱いを伸ばすためには，高速船の導入，荷役の迅速化，陸運企業との連携などによって，輸送・荷役時間を短縮することや，定曜日定時運航を可能とすること，そして時化で船が航行できないときなどに速やかに陸送への切り替えができる体制を作り上げる必要もあるでしょう。こうしたことを可能にするためには，港湾を複合ターミナル化していく必要がありますし，内航船社も単に港から港へ貨物を運ぶのではなく，港湾運送企業や陸運企業などとの提携，協働により海陸の複合一貫輸送をデザインできるようにならねばなりません。

ところで，かつて日本の内航海運を語る際に，トラックをそのまま運ぶ長距離カーフェリーのことを内航船社の競合者と見なす論議もありましたが，陸上の主要高速道路を走る路線トラックの基幹ルートと直接的に競合するフェリー

（注9） 船員配乗のことをマンニング（Manning）といい，自らは船を所有せずに船員の斡旋や仲介のみを行う会社はマンニング業者と呼ばれます。

航路の多くはすでに市場から淘汰されています。長距離カーフェリーは陸運企業を顧客として取り込むべく，そのニーズを細かく分析した上で航路とスケジュールを決め，船の大型化，高速化，また船内の客室や各種施設の充実を図ることで業容を伸ばしており，さらにフェリーの運航企業同士が提携してグループ化することによってサービスや運航効率の向上を図っています（注10）。また，流通業務の総合化および効率化の促進に関する法律（物流総合効率化法）の改正施行（2016年10月）により，陸運企業から預かったトラックやシャーシを無人航走（フェリーにドライバーを乗船させずに輸送すること）し，その陸運企業が提携する別の陸運企業に引き渡すことが可能になったことから，フェリー輸送の利便性は高まっています。

輸送費を比較すると，長距離カーフェリーや内航RORO船を使ってトラックを運ぶ方が，トラックでそのまま陸送するよりも経済的であり，内航コンテナ船はそれをさらに優ります。しかし，内航コンテナ船には港での荷役に要する時間が長くかかるという弱点があります。コンビニエンスストアの店頭無在庫を実現するための多頻度小ロット配送（注11），自動車部品などに求められるJIT（Just in time）配送（注12），そしてC2C（消費者⇒消費者），B2B（企業⇒企業）に加えて，インターネット通販（EC：e-Commerce）の成長によりB2C（企業⇒消費者）の配送取扱いが近年急増してきたことで，スピードと確実性，きめ細かい顧客対応とリアルタイムでの貨物追跡能力が従来以上に求められる宅配便サービス（注13）。こうした物流ニーズに対して内航コンテナ船を利用した輸送で対応していくためには，先述したようにその前後の港湾での荷役，そして陸送との効率的な組み合わせが不可欠です。

（注10）　日本のカーフェリーの概要については，池田良穂著『内航客船とカーフェリー』などが，また内航海運全体の概要については森隆行編著『内航海運』などがわかりやすいです。

（注11）　セブンイレブン，ファミリーマート，ローソンといった大手コンビニエンスストアはPOSシステム（Point of sales system：販売時点管理）を駆使した緻密な在庫管理を行っており，それによって店頭に在庫を置いていなくてもタイムリーに必要量の商品を補充できる仕組みを構築しています。POSシステムを通して得られた情報は経理処理やマーケティング戦略に活用することもでき，それはコンビニ経営において不可欠なツールとなっています。

（注12）　流通におけるJIT（Just in time）とは，必要なものを，必要なときに，必要な量だけ，必要な場所へ供給することです。それを製造における工程レベルでの部材供給などの仕組み作りにおいて実現したのが，トヨタ自動車のかんばん方式（後工程引取り生産方式）です。トヨタ生産方式（TPS：Toyota Production System）については，大野耐一著『トヨタ生産方式』『大野耐一の現場経営』，田中正知著『考えるトヨタの現場』などが参考になります。

ところで，第14章３項で触れたように，日本の港は国際ハブとしての機能を低下させており，地方港発着のコンテナ貨物は釜山などアジアの港をハブとして世界と繋がる流れが強くなっています。特に日韓間のフィーダー輸送は韓国船社がほぼ独占しており，釜山経由ルートにコンテナ貨物を誘導しています。これに対抗して，国際戦略港湾である京浜港（東京港，横浜港，川崎港）及び阪神港（神戸港，大阪港）を国際ハブ港とすべく地方港との間のフィーダーサービスを展開する日本の内航コンテナ船社もいます。その代表格が神戸に本社を置く井本商運で，2015年には670TEU型の内航船「なとり」を，そして2018年には同「ながら」を就航させています。また，清水に本社を置く鈴与グループの鈴与海運も京浜港～清水港間を中心に，104TEU型の内航コンテナ船を用いて国際輸送に繋がるフィーダーサービスを行っています。

内航コンテナ船「ながら」　ブリッジからの視野改善を目的とした球状船首が特徴的です。井本商運のコンテナ船の名前は，大海（外航）に繋がる川（内航フィーダー）の役目を担うという思いから日本の川の名前が選ばれており，「ながら」は長良川に由来します。（写真提供：井本商運）

渡船の船着き場　尾道市内と向島を結ぶ渡船の船着き場です。

§４．離島の暮らしと内航海運

数多くの島々からなる日本には，橋やトンネルで本土とつながっていない離

（注13）　ヤマト運輸や佐川急便によって構築された日本の宅配便サービスは，世界的に見ても質の高いもので，特に時間指定サービスの正確さは他国に例を見ません。楡周平著『再生巨流』『ラストワンマイル』，高杉良著『小説ヤマト運輸』は厳しい競争の中で闘う宅配便企業の人々を描いた小説で，読み応えがあります。宅配便サービスについては，青田卓也著『宅配便のしくみ』がわかりやすいです。

島で生活する人が少なくありません(注14)。

離島の中でも比較的大きくて経済活動の活発なところには飛行機が就航していますが，離島に住む人々の大半にとって船が重要な生活の足であることは言うまでもありません。

離島連絡船「あおがしま丸」 八丈島と島酒・青酎で知られる青ヶ島の間を結ぶ船です。

現在の離島には，人口の過疎化や住民の高齢化，それに伴う経済活動の沈滞といった問題を抱えるところが少なくなく，そのことが多くの離島航路の採算性に悪影響を及ぼしています。しかし，そのために航路の便を悪くすれば離島の過疎化をさらに進めますし，その結果として学校の減少，医療や福祉サービスの削減といったことが起こり，さらに悪循環となります。

船に代替する交通手段を持たない離島住民にとって離島航路の維持は死活問題ですが，日本の風土と文化，歴史，また生活や産業の多様性を尊重する立場からも，日本の風土と文化，歴史，また生活や産業の多様性を尊重する立場からも，誰もが離党暮らしを選択可能な⇒日本の風土と文化，歴史，また生活や産業の多様性を尊重する立場からも，そして国の安全保障上の必要性からも，誰もが離党暮らしを選択可能な誰もが離島暮らしを選択可能な状態を守っていく意義は小さくないと思います。離島の生活と航路を維持するために，またその経済を活性化するために，知恵を絞っていきたいものです。

(注14)　日本の離島のガイドブックとしては，日本離島センター編『SHIMADAS』，長嶋俊介，仲田成徳，斎藤潤，河田真智子著『島・日本編』，加藤庸二著『日本島図鑑』がわかりやすいです。

20　SCMとロジスティクス

§1．物流からロジスティクスへ

1960年代のアメリカでは，製造業の生産現場は合理化，効率化が進んでいましたが，流通現場の方はそうではありませんでした。このため，ピーター・ファーディナンド・ドラッカーは流通を経済の暗黒大陸と呼び，コスト削減のフロンティアだと指摘しました（注1）。それがきっかけとなってPhysical distributionが経営において重視されるようになり，日本語では物的流通と訳され，後に物流へと変わりました。物流は商流（Commercial distribution）とセットで使われることが多い用語ですが，それはモノの輸配送，保管，包装，荷役，流通加工，情報管理のことを指します。そもそも流通とは生産と消費の間のギャップを埋める活動ですが，商流は所有と情報のギャップを，物流は空間と時間のギャップを埋める役割を果たします。

1980年代に入ると，世界の経済と企業の活動は急速にグローバル化傾向を強

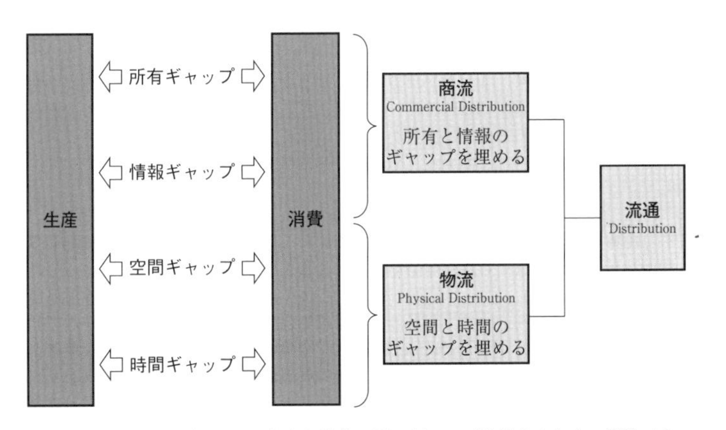

※ 流通（商流＋物流）とは，生産と消費の間のギャップを埋めるための活動です。

流通：物流と商流

（注1）　ピーター・ファーディナンド・ドラッカーの著作には，『イノベーションと企業家精神』『新しい現実』『非営利組織の経営』『明日を支配するもの』『チェンジリーダーの条件』『ネクスト・ソサエティ』など，マネジメントに対する示唆に富んだものが多いです。

めるようになり，企業の物流に対する考え方は変わってきました。それまで製造企業では自社の物流を研究・開発，調達，製造，販売，修理・回収などの各部門に分散させて管理し，それらが明確な全体戦略を伴ってサプライチェーンを貫通するものではないケースもよく見られました。しかし，企業の活動がグローバル化すればするほどこうした部分最適のみを求める物流が生み出す無駄と矛盾は拡大し，それは企業経営において致命傷ともなりかねません。

そこで登場したのがロジスティクスという概念です（注2，3）。ロジスティクスとは，企業全体，サプライチェーン全体における物流と在庫（Inventory）の最適化及び商流の効果向上のために戦略と企画を策定し，それに基づく運営と管理を行うことです。かつての企業の物流管理がサプライチェーンのフェーズごと，あるいは部門ごとの個別最適の中で個々の物流プロセスの効率性を追求

(注2) 元来，ロジスティクスとは武器や弾薬，食糧，物資などの後方支援，すなわち「兵站（へいたん）」を意味する軍事用語です。しかし，企業経営においてロジスティクスという場合，それは広義には企業全体を貫く供給システムを市場と合致させるためのマネジメント概念として捉えられます。マーチン・クリストファーはその著書『ロジスティクス・マネジメント戦略』において，「ロジスティクスとは，効果的なオーダー管理によって，現在及び将来の収益性を極大化させ，経営組織とマーケティングチャネルを通して原材料や部品，製品（及び関連情報フロー）の調達，輸送，保管業務を戦略的にマネジメントするプロセスである」と記しています。ロジスティクスの基本や用語について知るには，浜崎章洋著『ロジスティクスの基礎知識』，日本ロジスティクスシステム協会監修『基本ロジスティクス用語辞典』などがよいです。ロジスティクスには工学的なアプローチが不可欠ですが，久保幹雄著『ロジスティクス工学』などが参考になります。また，苦瀬博仁著『江戸から平成までロジスティックスの歴史物語』は江戸時代から現代に至る日本のロジスティクスの変遷を，平原直著『物流の歴史に学ぶ人間の知恵』は古代から現代に至る物流の技術，道具，マネジメントを，石井寛治著『日本流通史』『近代日本流通史』は古代から現代に至る日本の流通史について，わかりやすく解説しています。

(注3) ロジスティクスという概念が浸透してきた昨今では，調達拠点や生産拠点と物流拠点をネットワーク化して在庫と物流を統合管理する企業が増えているため，物流センターの役割も多様化しています。複数の仕入先から集められた商品を在庫することなく複数の出荷先向けに仕分けして出すクロスドック（Cross dock），顧客から委託を受けてベンダー（売主）在庫の維持管理を受け持つVMI（Vendor Managed Inventory），製品の生産工程を繰り延べして物流センター内でその最終工程を行うポストフォンメント（Postponement）など，今日の物流センターは多様な機能を提供しています。物流センターの役割や機能については，田中彰夫，臼井英彰編著『ビジュアル図解物流センターのしくみ』，水谷浩二監修『オンデマンド・ロジスティクス』，湯浅憲治，松井正之著『VMI』，富士通ロジスティクスソリューションチーム編『中間流通は誰が担うか』，日通総合研究所編『物流戦略策定シナリオ』，浜崎章洋，上村聖，富計かおり，大北勝久，大西康晴著『通販物流』，ケン・アッカーマン『リーン・ウエアハウジング』，RCC「物流センター構築計画マニュアル」研究会編『PDOハンドブック』などに事例が紹介されています。また，物流オペレーションのKPI（Key Performance Indicator：経営目標を達成するために，それを因数分解した重要業績評価指標）については，鈴木邦成著『物流・流通の実務に役立つ計数管理／KPI管理ハンドブック』，遠藤功著『現場力を鍛える』などがわかりやすいです。

物流からロジスティクスへ

物流　＝　モノの輸配送，保管，包装，荷役，流通加工，情報管理

物流管理 ＝ 個々の物流プロセスの効率性を求めながら，その統合を図るが，部門別の管理であることが多い

ロジスティクス　＝　企業全体，サプライチェーン全体における物流と在庫の最適化及び商流の効果向上のために戦略と企画を策定し，それに基づく運営と管理を行うこと ⇒ 企業全体，サプライチェーン全体の供給システムを市場と合致させるためのマネジメント概念

ロジスティクス・マネジメント ＝ 経営全体にお物流と商流の効果性を追求し，企業価値と顧客価値を高めることを目指す。経営に付加価値を生み出さない物流，また，部門別物流の個別最適を否定し，全体最適を目指す

経営環境の変化

- ■ 経済と経営のグローバル化
- ■ 顧客の嗜好の多様化 ⇒多品種小ロット生産・販売
- ■ プロダクト・ライフサイクルの短期化
- ■ 開発～調達～製造～販売のリードタイム短縮要求
- ■ サプライチェーン全体としての競争
- ■ 企業価値，総資産利益率（ROA）や，自己資本利益率（ROE）の重視
- ■ エコロジー重視経営への社会的要請
- ■ 経営の選択と集中⇒コア業務の見直しとロジスティクス業務の戦略的アウトソーシング
- ■ インターネット化の進展。B2BとB2Cをシームレスに一元管理する必要性
- ■ 情報技術（IT）と物流技術の進歩
- ■ AIの進化とビッグデータの活用による最適化の向上，IoT，ブロックチェーン
- ■ 顧客価値，カスタマー／ユーザーエクスペリエンスを重視する経営へのシフト

開発，生産，販売という事業の基本サイクルの短縮と洗練がSCMの重要課題となる。

Agility（俊敏性），Adaptability（適応力），Alignment（整合性）＝SCMの3A

ロジスティクス企業の変遷

荷主自前の物流サービスと機能別物流会社の使い分け

3PL　＝　荷主の立場に立ってロジスティクス・システムの改善や改革を提案し，その物流業務を包括的に受託する

インテグレーター　＝　キャリアとフォワーダー，通関・倉庫・集配業者などの機能を併せ持った総合物流企業

3PLとインテグレーターの進化
物流・郵便・金融事業の一体化

B2BとB2Cを一元管理する物流サービス。グローバル＆ローカルネットワーク。カスタマーサービス。テクニカルサービス。SCMコンサルタント。金融・商流機能。デジタル機能。モノ作りや販売の支援機能。4PLとLLP。共同ロジスティクス・プラットフォーム

物流からロジスティクスへ

しがちだったのに対し，ロジスティクスは経営全体における物流の効果性を，そして商流の効果性をも追求します。また，ロジスティクスは経営に価値をもたらさない物流のあり方，在庫の持ち方を否定し，サプライチェーンの全体最適を目指します。

ところで，企業の損益計算書に物流費として計上されるのは，商品の販売における輸配送，外部倉庫での保管，荷役，包装，流通加工，情報管理といった費用に限定されることが少なくありません。しかし，企業の総ロジスティクスコストとは，企画・開発，調達，製造，修理・回収などを含むサプライチェーンの全てにおける物流費に，在庫を維持・管理するために発生する在庫費（Inventory carrying cost），受注・発注処理や生産・仕入管理に要する費用などを加味したものであり，その全体最適という観点からコストマネジメントを行っていく必要があります（注4）。

総ロジスティクスコストに占める在庫費の割合は大きいので，既存のサプラ

物流費（*a）
（サプライチェーン全体の輸配送・保管（*b）・包装・荷役・流通加工・情報管理費（*c））

＋

在庫費

資本コスト（在庫金額 x 金利）

サービスコスト（保険料，棚卸資産税）

保管コスト（保管施設・設備・人件費，外部倉庫保管料（*b），情報管理費（*c））

リスクコスト（陳腐化，損傷，棄却などによる棚卸評価損費，在庫処分費）

（＋）

その他
（受注・発注処理費，生産・仕入管理費など）

（*a）CIF 条件買いの場合，調達部品の物流コストは部品代の中に含まれています。また，R&D（研究・開発）の物流費を研究開発費，アフターサービスの物流費を販管費として計上し，物流費として認識していない企業もあります。
（*b）（*c）重複するものなので，物流費としてカウントするか，在庫費としてカウントするか，管理会計上のルールが必要です。

総ロジスティクスコスト

イチェーンの仕組みの中で在庫の過不足をなくして適正在庫を目指すことと，仕組みを再構築することによって理論上の適正在庫量自体を削減することは，しばしばロジスティクスの課題となります。在庫にはさまざまな性格のものがありますが，基在庫レベル（在庫ポジション（実在庫量にパイプライン在庫量（輸送中在庫量）を加えたもの）の目標量）を求める基本式は以下のようになっており，補充リードタイムの短縮がその削減の鍵となることを示しています。

・基在庫レベル＝平均在庫量＋安全在庫量（欠品を出さぬために保持する在

（注4）　この考え方に従えば，企業の総ロジスティクスコストが削減されて企業価値が向上し，顧客価値が向上することで経営全体にメリットが出るのであれば，物流費が部分的に上昇しても構わないことになります。これによって，航空輸送は海上輸送に競合する存在となってきました。輸送を海上輸送から航空輸送に切り替えると輸送費は通常上昇しますが，受注から納品までのリードタイムを短縮することによって需要予測の精度向上あるいは需要予測への依存の軽減，在庫費の削減，顧客満足度向上などのメリットが生まれ，商品のライフサイクル終焉への対応も容易になるからです。日経BP社「ECO JAPAN」記事『物流のCO_2削減は可能か?!　PART4: SCMの観点でCO_2削減を考える』などを参照。

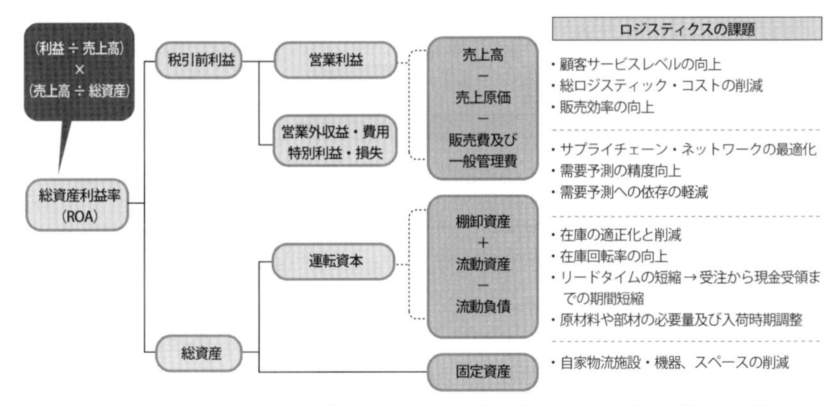

ROA向上のためのロジスティクスの課題 ROA向上に作用するのは，収益性の増大と総資産の有効活用です。

庫の量）

・平均在庫量＝平均需要×補充リードタイム

・安全在庫量＝安全在庫係数×需要の標準偏差×$\sqrt{\text{補充リードタイム}}$

企業が存続するためには企業価値と顧客価値を維持し高めていく必要があり，ロジスティクスにもそれに貢献することが求められます。企業価値にはさまざまな指標がありますが，ROA（Return on asset：総資産利益率）やROE（Return on equity：自己資本利益率）といった一般的な指標を用いるならば，如何に売上向上に寄与するか？　如何に総ロジスティクスコストを削減するか？　如何に資産を有効活用するか？　如何に在庫の適正化と削減を行うか？　如何に開発～生産～販売のリードタイムを短縮するか？　如何に経営基盤を強化するか？　などといったことがロジスティクスの課題となります。また顧客価値の観点からは，ロジスティクスによって如何にカスタマー／ユーザーエクスペリエンス（Customer Experience：顧客経験価値，User Experience：ユーザー経験価値）を高め（注5），顧客の満足と支持を向上させるか？　ということが課題となるでしょう。

もっとも，ROAやROEだけに捉われていると経営の視野が狭くなり，短期的な成果を追い求め過ぎる恐れもあります。2011年の東日本大震災時にサプラ

（注5）　カスタマーエクスペリエンスについては，バーンド・H・シュミット著『経験価値マネジメント』，コリン・ショー著『The DNA of Customer Experience』などが参考になります。

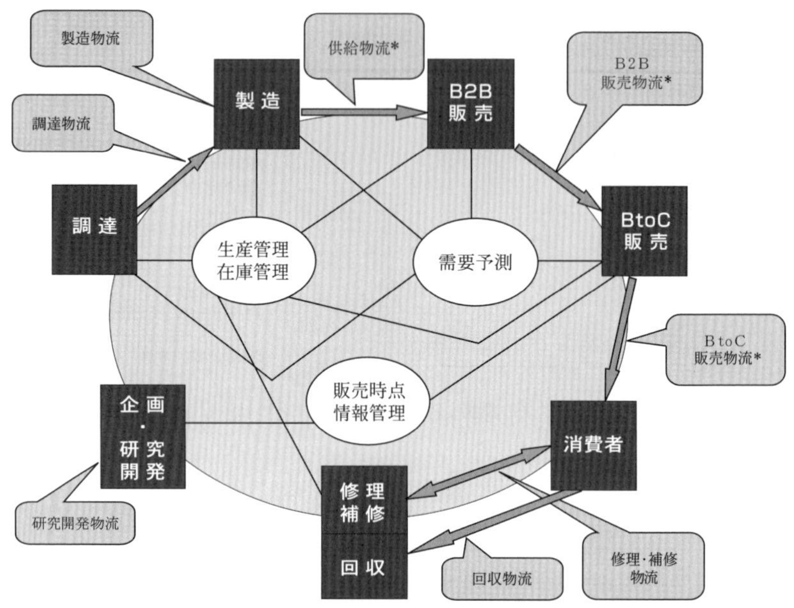

SCMの見取り図　ここに図示したのはあくまでも一例です。SCMとロジスティクスのあり方は商品，市場，流通チャネル，販売方法などによって異なります。例えば，以前は工場などから消費者向けに製品を直送するD2C（Direct to Consumer）モデルを採用する製造企業は珍しかったですが（マイケル・デル著『デルの革命』参照），今日ではEC（e-Commerce：インターネット通販）の拡がりによってこのモデルを採用する企業が増えています。

イチェーン上の部品在庫が不足して自動車の製造などに大きな影響が出たことがありますが，在庫の適正化を考える際にはJIT（Just in time（第19章（注12）参照）だけではなく，JIC（Just in case（もしもの時のため））に備えることも必要です。また，2020年に起こったCOVID-19（新型コロナウイルス）のパンデミックに際しては，さまざまな産業が生産の多くを中国に依存し過ぎていたことによる問題も生じました。製造拠点や仕入れ先をどこに置くかを考える際にも，こうしたリスクを考慮に入れておく必要があります（本章7項参照）。

§2．SCMとロジスティクス

企業全体，あるいは関係企業群によるサプライチェーンの全体を統合的に管理し，その最適化を目指すことをSCM（Supply chain management：供給連鎖管理）といいます（注6）。SCMの主眼は，できるだけ正確な需要（販売）予測を

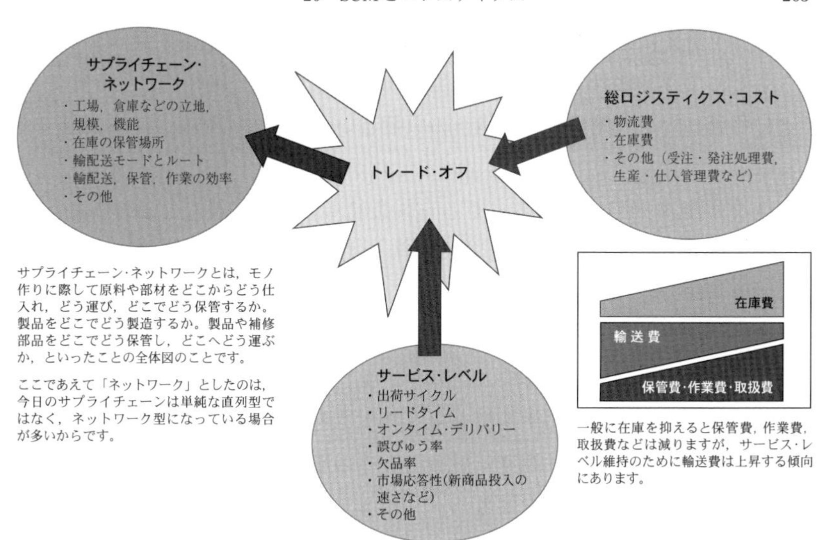

サプライチェーン・ネットワークの最適化　顧客へのサービス・レベルと総ロジスティクス・コストのバランスを取りながら，さらにはサービス・レベルを上げつつコストを削減させながら，サプライチェーン・ネットワークを最適化することはSCMにおける重要な課題です。

行うことにより，調達と生産・供給を適正レベルにすること(注7)。また，部材・部品と製品の在庫量を可能な限り低く抑えながらも，必要なときに，必要とされるモノを，必要な量だけ，適切な状態で届けられる仕組みを構築することです。それによって，コストを抑制しながらも，販売の機会ロスを防いで顧客の満足度を高め，商品のライフサイクルを見極めながら，在庫商品の陳腐化による損失をなくすことを目指します。

SCMは個別には利害が相反することもある独立した企業群を全体最適という考え方の下に統合するものですから，その実現は決して容易ではありません。しかし，それは企業活動のトータル・コストを抑制するだけではなく，地球資

(注6)　サプライチェーンを「価値を付加する連鎖」と捉えて，バリューチェーン（Value chain）と呼ぶ人もいます（マイケル・ポーター著『競争優位の戦略』，Harvard Business Review編集部編『バリューチェーン・マネジメント』などを参照）。

(注7)　サプライチェーンの下流における需要の変動が上流へ行くほど増幅されて伝わり過剰な在庫を生み出す現象のことを，ブルウィップ効果（鞭効果）もしくはフォレスター効果と称します。ブルウィップ効果を避けるには，下流における実際の需要が上流で可視化されていることが必要となります。

源の浪費を抑えるものでもあります。そして，今日の流通においては，以前はコストとして考えられていなかった廃棄物の回収，再生，処理に要する費用や，モノの移動に際して発生する環境への負荷といったことも全てコストとして考えねばなりませんので，「モノは売れる分しか作らない」「モノは必要な分しか動かさない」ということを徹底せざるを得ません。それで製造企業や小売企業，外食企業の多くがSCM確立のためにエネルギーを注いでいるのが昨今の状況なのです（注8）。

ところで，SCMやロジスティクスにおいては，最適化という言葉がよく使われます。最適化とは，制約条件がある中で複数の選択肢を組み合わせ，ある目的関数を最大または最小にする解を導き出すこと，すなわち最大もしくは最小の成果を求めるものです。調達，製造，販売の場がグローバルに広がっている今日，サプライチェーンにおけるムダ・ムラ・ムリをなくしながら，ビジネス環境に適応して利益を最大化するための最適化は企業にとって重要な戦略課題です。さらに，今日の製造企業にはCSR（Corporate social responsibility：企業の社会的責任）対応としてマテリアルフローコスト会計などの環境管理会計によってそれを評価することも求められます（注14）。

こうした最適化の計算においてはコンピューターの力が必要で，製造企業の多くが需要予測，販売計画，需給計画，生産計画などの分析・計画を行うためにBI（Business intelligence）とSCP（Supply chain planning）のツールを導入しています。そして，策定された計画に基づいて製造スケジュールを立て，ERP（Enterprise resource planning）やMRP（Material requirements planning）を用いて資材・部品の所要量を計算し，製造指図，購買指図を行うのがSCMの実務です（注15）。また，流通・販売上の在庫拠点配置の最適化や，各拠点における在庫の最適化，配車計画，最適ルート計算などにも，分析・計画ツールが導入されています（注16）。

ただし，こうしたツールによる自動計算だけに基づいていては，企業は日々直面するビジネス環境変化のダイナミズムにはなかなか対応できません。ツールから導かれる最適解を参照しつつも，その時々の状況に応じた判断によって要件の優先順位を変えて準最適解を採用しているのが多くの企業の現実でしょう。今後はさまざまなビッグデータの活用とAI（Artificial Intelligence：人工知能）の進化によって，需要予測の精緻化とSCMの効率化が期待されています。しかし，自然，社会，市場，組織，個人の多様な変化の中でSCMの全体を常に最適化するのは容易ではありませんので，どんな時にどんな準最適解を選ぶべきなのかは，これからも重要な経営判断になるだろうと思います（注17）。

（注８） SCMにおけるムダをなくしていくためには，消費者のあり方も含めて考える必要があります。例えば食品を例に取ると，日本の食品廃棄物等（飼料等として有価で取引されるものや，脱水等により減量した分を含む）は年間2,759万トン（注９），そのうち食べられるのに捨てられる食品ロス量は年間643万トンとなります。食品ロス量のうち，事業系は352万トン（主に規格外品，返品，売れ残り，食べ残しなど）で，家庭系は291万トン（主に食べ残し，手つかずの食品（直接廃棄），皮の剥きすぎなど（過剰除去））となっています。前者については業界慣行だった３分の１ルールの見直しなど（注10），製配販（注11）の連携や協力によってムダをなくそうという動きが起こってきていますが，後者については消費者の意識改革と行動変容が必要です（注12）。

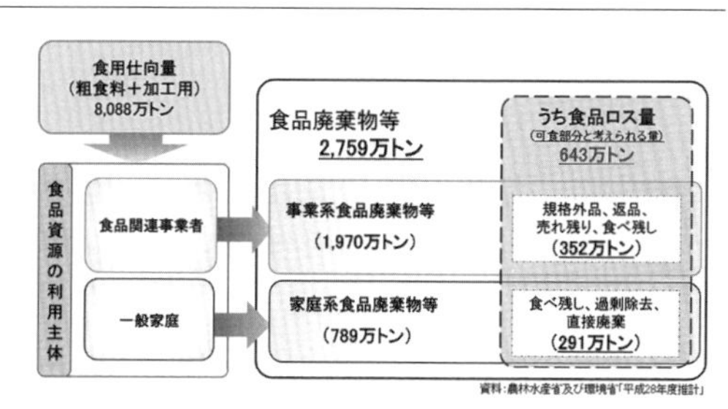

食品廃棄物等と食品ロス （農林水産省及び環境省「平成28年度推計」資料より引用）

（注９） 世界の食料廃棄量は年間約13億トンで，人の消費のために生産された食料のおおよそ３分の１が廃棄されています。ところで，定置網にかかる魚の中には，市場での認知が低いために流通しない未利用魚，低利用魚がたくさんあります。こうした魚の認知を高め，食資源として活用・普及させようという動きが近年高まっています（オリヴィエ・ローランジェ，山口浩，石山徹著『Cuisine for Sustainable Development Goals – Life Below Water』，海洋と生物編集部編『海洋と生物・251号「低利用水産物と食文化」』，西潟正人著『魚っ食いのための珍魚食べ方図鑑』『改訂新版日本産魚料理大全』など参照）。

（注10） ３分の１ルールとは，製造日から賞味期限までの合計日数の３分の１を経過した日程までを店頭への納品可能日とし，３分の２を経過した日程までを店頭での販売期限とすることです。例えばある商品の賞味期限が６ヶ月だとすると，製造・卸売企業は製造日から２ヶ月以内に小売企業に納品せねばならず，小売企業は賞味期限の２ヶ月前を販売期限として商品を撤去，廃棄，値引販売します。しかし，このルールが食品ロスの要因の一つとなってきたため，近年２分の１ルールへの見直しが進んでいます。２分の１ルールでは，製造・卸売企業からの店頭納品は製造日から３ヶ月以内，小売企業の販売期限は賞味期限の１ヶ月前（製造日から５ヶ月以内），消費者が購入した時点で賞味期限が１ヶ月以上ある状態となります。

（注11） 製は製造業，販は販売業（小売業）ですが，配は中間流通・卸売業のことを意味します。ところで，製造や小売，外食の現場におけるレイアウトデザイン（機械の配置を含む），作業の工程と動線の設計・管理，販売予測と調達・製造計画に基づく在庫の管理と人員の配置，機械の作動計画とメンテナンス管理などは全てロジスティクスが深く関わることです。しかし，製造企業や小売企業に比べると，大手チェーン店以外の外食企業・店はロジスティクス志向が乏しく，未だに現場の職人の経験と感覚に多くを委ねがちです（注13）。仕事のノウハウ，プロセス，リソースの最適化と標準化，その共有化が出来ていない外食現場は生産性が低くなりますし，結果として労働環境も悪くなりかねませんので，今後の外食産業においてはこれらを可視化した上で仕組化していくことが重要な課題となります。「外食産業を憧れる仕事にする」ことをビジョンに掲げるPLEINの中尾太一のように，そうしたことに意識的に取り組む若手経営者も近年増えてきています。

(注12)　消費者の意識改革と行動変容が必要なのは，飲食事業者（外食企業・店）に大きな被害を与えている「No Show問題」（飲食店に予約をしたのに，店に連絡をせずに来店しないこと）においてもそうでしょう。経済産業省によると，No Showが外食産業全体に与えている損害は年間約2,000億円となり，1～2日前という直前の予約のキャンセルと合わせると被害額は1.6兆円に及びます。2,000億円は飲食業従事者全体の賃金の2％強に相当し，飲食事業者の営業利益率約0.8％分に相当します（飲食事業者全体の平均営業利益率は2.3％）。直前キャンセル分も加えると，これらの割合はそれぞれ8倍となります。No Showや直前キャンセルは，飲食事業者に対して販売機会損失と食品ロス，従業員の労働のムダという3重の被害を与えており，仮に飲食事業者側が最初からそのロスを計算に入れて料理の価格を設定しているとすれば，その分が他の顧客に転嫁されていることにもなります。「お客様は神様」という誤った意識に基づく，こうした消費者のあり方を変えていくことも今日のSCMの重要な課題の一つです。

(注13)　大手チェーン店の中でも特にSCMとロジスティクスに対する意識が高いのはサイゼリヤで，正垣泰彦著『サイゼリヤおいしいから売れるのではない 売れる料理がおいしい料理だ』，山口芳生著『サイゼリヤ革命』，村山太一著『なぜ星付きシェフの僕がサイゼリヤでバイトをするのか』，稲田俊輔著『人気飲食チェーンの本当のスゴさがわかる本』，阿古真理著『日本外食全史』などは参考になります。また，食の世界にさまざまなイノベーションを起こしているフードテックの中には，SCMとロジスティクスに関するものもあります（田中宏隆，岡田亜希子，瀬川明秀著，外村仁監修『フードテック革命』，三輪泰史著『フードテック入門』，野村アグリプランニング＆アドバイザリー編，佐藤光泰，石井佑基著『2030年のフード＆アグリテック』，鈴木透著『食の実験場アメリカ』，金間大介著『食品産業のイノベーションモデル』，ジャック・アタリ著『食の歴史』など参照）。企業などの経営者には50％のサイエンスと50％のアートが求められると言われますが，料理の技術と飲食店の経営のいずれにもサイエンスとアートは不可欠でしょう。料理の科学に関する文献は多数ありますが，入手しやすいもの中ではスチュアート・ファリモンド著，辻静雄料理教育研究所監修『料理の科学大図鑑』，アルテュール・ル・ケンヌ著『フランス式おいしい調理科学の雑学』，ロバート・ウォルク著『料理の科学』，杉田浩一著『「こつ」の科学』，河田昌子著『お菓子「こつ」の科学』，石川伸一著『料理と科学のおいしい出会い』，石川伸一，石川繭子，桑原明著『分子調理の日本食』，チャールズ・スペンス著『「おいしさ」の錯覚』，ガイ・クロスビー著『食の科学』，伏木亨著『コクと旨味の秘密』，ジョン・マッケイド著『おいしさの人類学』，ビー・ウィルソン著『キッチンの歴史』，斎藤勝裕著『料理の科学』，オフィスSNOW編著『科学が創造する新しい味』などが参考になります。

(注14)　マテリアルフローコスト会計（MFCA）と製品のサプライチェーンの各段階における環境負荷を明らかにするライフサイクルアセスメント（LCA）については，國部克彦，伊坪徳宏，中嶌道靖，山田哲男編著『低炭素型サプライチェーン経営』，柴田英樹，梨岡英理子著『進化する環境・CSR会計』などが参考になります。また，吉田寛は『環境会計の理論』において，生物多様性を表象する「kikyo」という単位によって継承財としての自然環境の価値づけをすることによって，環境会計の視座を高めています。

(注15)　需要予測や需給計画の基本について解説した本には，キヤノンシステムソリューションズ数理技術部編『在庫管理のための需要予測入門』，勝呂隆男著『適正在庫の考え方・求め方』，久保幹雄著『実務家のためのサプライ・チェイン最適化入門』『ロジスティクス工学』，若井吉樹著『世界一わかりやすい在庫削減の授業』などがあります。SCMに関する参考文献は数え切れないくらいたくさんありますが，よく引用されるものとしては，D.スミチ・レベ，P.カミンスキー，E.スミチ・レビ著『サプライ・チェインの設計と管理』，アラン・ハリソン，レムコ・ファン・フック著『ロジスティクス経営と戦略』，D.J.バワーソクス，D.J.クロス，M.B.クーパー著『サプライチェーン・ロジスティクス』，ジョン・ガトーナ著『Dynamic Supply Chains』，石川和幸著『図解SCMのすべてがわかる本』，黒須誠治，岩間正春編著『グローバル・サプライチェーンロジスティクス』（筆者も寄稿しています）などがあります。また，SCM改革を含む組織のチェンジマネジメントを題材とした読み物として，エリヤフ・ゴールドラット著『ザ・ゴール』『ザ・ゴール2』『チェンジ・ザ・ルール！』，三枝匡著『戦略プロフェッショナル』『V字回復の経営』なども参考になります。

§3．ECとロジスティクス

EC（e-Commerce：インターネット通販）が登場したのは1990年代の半ばですが，それには旧来のカタログ通販，ラジオ通販，テレビ通販などと本質的な違いがありました。カタログには紙面の，またラジオやテレビには放送時間による制約があり，その枠の中で効果的に売るために，販売者は実店舗での販売と同様に売れる商品を選ぶ必要があります。しかし，ECにはそうした空間や時間の制約がほとんどなく，かつ実店舗での販売やその他の媒体による通販に比べると運営コストも低く抑えられます。

商品の品目と売上の関係には冪（べき）乗則やパレートの法則がよく当てはまり（注18），少数品目によって売上の大半を上げる傾向となります。売れ行きの悪い

（注16）　サプライチェーン・ネットワークの最適化研究において，全体を俯瞰する視点や中央からの集中制御がなくとも最短コースをたどって食餌活動を行う粘菌の移動ネットワークや，人や動物の血液循環ネットワーク，細胞内の物質移動ネットワーク，また神経のニューラルネットワーク（Neural network）など，自然界におけるさまざまな自律分散型ネットワークが注目されています（筆者も参画させていただいた内閣府経済社会総合研究所『サービス・イノベーション政策に関する国際共同研究』シンポジウム報告書『生物学が流通問題を解決する～創発的アプローチ～』（http://www.esri.go.jp/jp/prj/int_prj/prj-si2010/pdf/sym_hou2_7.pdf）などを参照）。

（注17）　互いにトレードオフとなるさまざまな要求が重なり合うことでトリレンマ的状況に陥りやすいSCMの全体最適化は数学的にも困難な問題です。『渋滞学』『無駄学』『誤解学』『とんでもなく役に立つ数学』，『東大の先生！ 文系の私に超わかりやすく数学を教えてください！』などの著書で知られる数理物理学者の西成活裕は，短期的に完璧な最適化を目指すことが必ずしも長期的な適応・生存戦略になるとは言えず，今日のような変化の激しい時代に短期的な視点に立った最適化を繰り返すのは，そのコストが高くつきすぎる上にモデルも壊れやすいので，むしろ準最適解の方がよいと語っています（流通研究社編『月刊マテリアルフロー2015年8月号』所収の記事「製造・小売・宅配・・・サプライチェーンのシームレス化と準最適」（http://ryuken-jmfi.or.jp/etani_pdf/2015_kiji.pdf）『月刊マテリアルフロー2014年1月号～2月号』所収の記事「サプライチェーンのシームレス化の準最適化；物流現場と理学がフュージョンすると」など参照）。ところで，ピュタゴラスが数学的に組み立てた音律におけるピュタゴラス・コンマというずれを，ヨハン・ゼバスチャン・バッハが鍵盤楽器による『平均律クラヴィーア曲集』で解消したのは一種の準最適解とも言えます。西成活裕とピアニストの髙橋望，筆者の3人が共演した「自然に学ぶ音楽×数学～良い加減のススメ～」（2019年），「音楽×数学～ASOBIのススメ～」（2022年）というトークと演奏のイベントでは，準最適解についてさまざまなことを語り合いました（西成活裕著「バッハとアリに学ぶ「良い加減」のススメ」（https://webronza.asahi.com/science/articles/2019111500007.html）参照）。ちなみに，音楽と数学の関係性について書かれた本はたくさんありますが，キティ・ファーガソン著『ピュタゴラスの音楽』，西原稔，安生健著『数字と科学から読む音楽』，桜井進，坂口博樹著『音楽と数学の交差』，坂口博樹著『数と音楽』『音楽の不思議』，マーカス・デュ・ソートイ著『素数の音楽』，小方厚著『音律と音階の科学』，中島さち子著『音楽から聴こえる数学』，礒山雅著『J.S.バッハ』などは参考になります。

（注18）　冪乗則については，マーク・ブキャナン著『歴史は「べき乗則」で動く』，スチュアート・カウフマン著『自己組織化と進化の論理』，ポール・クルーグマン著『自己組織化の経済学』，高安秀樹著『経済物理学の発見』などが参考になります。

B2C ECのフルフィルメントセンター　この写真は，書籍やCD，DVD専用の在庫保管・ピッキングエリアです。（写真提供：楽天）

ロングテール商品は死筋商品として実店舗の店頭から撤去され，従来型の通販でも売られなくなるのが通常です。しかし，ECでは１年に数個しか売れないようなロングテール商品を掲載してもあまり負担にはなりませんし，インターネット環境にある全ての人が潜在顧客となることや，顧客は検索機能を用いて自分の欲しいものを探せることなどから，インターネットはロングテール商品を売りやすい媒体だといえます。こうしたことが幸いして，初期のECにおいては多種多様なロングテール商品が売られるようになりました（注19）。

しかし今日のECはそうではなく，ありとあらゆる商品とサービス，そしてデジタルコンテンツへと対象が広がり，ロングテール商品もますます多様化してきています（注20）。食品や日用品を売るネットスーパーについても，Tescoの成功事例などで知られるイギリスだけではなく，他の国々でも多く見られるよ

（注19）　ロングテールについては，クリス・アンダーソン著『ロングテール』が参考になります。また，ロングテールによるビジネス戦略を考える際に，W・チャン・キム，レネ・モボルニュ著『ブルーオーシャン戦略』も参考になります。

（注20）　経済産業省によると，2020年度の日本におけるB2C EC市場規模は19兆3,609億円（内訳は，物販分野が52%，サービス分野が37%，デジタル分野が11%）で，物販分野におけるEC化率（全ての商取引金額に対する電子商取引市場規模の割合）は8.08%でした。物販のスマートフォン経由の購入は51%に達しました。ちなみに，日本におけるB2B EC市場規模は334兆9,106億円（EC化率33.5%），C2C EC市場規模は１兆9,586億円（前年比12.5%増）でした。一方，eMarketer.comの調査によると，2021年度の世界におけるEC市場規模（旅行，チケット売り上げを除く）の予測推計値は約537兆円に達したとのことですが，その約半分を中国が占めています。

うになってきました（注21）。ECによる購買を牽引しているのは，買い物に行く足がない高齢者，買い物に行く時間がない共働き夫婦と単身生活者，買い物においてネットとリアルを区別せずショールーミング的な購買行動をごく自然なことと捉える若年者です。

B2C ECの拡大は，従来は店舗へのB2B配送までで完結していたサプライチェーンを，顧客の自宅や指定場所へのB2C配送にまで拡張させました。ECには社会的な必要性があり，広い世代の支持があるから伸びているわけですが，それは必ずしも実店舗と単純に対立するものではありません。むしろ，インターネットに繋がるデバイスがPCからタブレット，スマートフォンへと移行し，Facebookに代表されるSNS（Social networking service）が人々の日々の情報交換の場として重要性を増すにつれ，商品やサービス，デジタルコンテンツの認知→興味→比較・検討→購買→受取の場は，実店舗，デバイス上のEC店舗，SNSなどの間を行き交うようになってきています。今日の小売業界では，こうした消費者の購買行動の変化に対応すべくオムニチャネルの構築を進めており，それを支えるロジスティクスが求められています（注22）。

ECを含む通信販売では，受注処理，商品の在庫保管，流通加工，包装，発送，決済，カスタマーサービスなどのことをフルフィルメント（Fulfillment）と総称しますが，その物流センターをフルフィルメントセンターと呼ぶことも多いです。B2CのEC物流においては，商品の種類が多岐にわたる上に注文単位が小さく，入荷，入庫（棚入れ），保管，出庫（ピッキング），包装，出荷の作業や検品，流通加工，返品対応などを行うフルフィルメントセンターでは，きめ細かい作業を効率的に行うことが求められます。また，フルフィルメントセンターはECサイトに掲載する商品の撮影，採寸，原稿書きを行うスタジオ機能（注23）やオンデマンド印刷・丁合機能を持っているケースもあります。

（注21）　2020年に起こった新型コロナウイルス（COVID-19）のパンデミックにより，感染拡大防止のために外出の禁止・自粛が求められる状況下において，ECによる食品や日用品などの宅配サービスが全世代からさらに広く求められるようになっています。

（注22）　オムニチャネルを支えるロジスティクス構築においては，販売チャネルに縛られない在庫の共通化とリアルタイムでの可視化（店舗在庫を含む）が重要で，その為のITシステム設計が必要ですが，物流センターの設計においても店舗向け（B2B）とEC向け（B2C）を効果的に融合したハイブリッドなものが求められます。また，オムニチャネルを成功させるためには，販売チャネル同士が単純に競い合うのではなく，それぞれのチャネルが相互に導線を引き合って販売シナジーを起こせるようにするなど，販売とマーケティングのあり方を変える必要があります。

ロボットストレージシステム「オートストア（AutoStore）」　ノルウェーのヤコブハットランドコンピューターが開発したもので，日本では岡村製作所が販売しています。（写真提供：ヤコブハットランドコンピューター）

出荷波動が大きいのもEC物流の特徴で，物流現場におけるムダ・ムラ・ムリを抑えるためにはEC事業者とフルフィルメントセンター，ラストマイル配送を担う宅配便企業間での戦略・情報連携が不可欠です。宅配便のコスト増要因の一つとして，受取人不在による商品再配達の繰り返しが挙げられますが（日本では宅配便の2割近くが再配達となっています），これはコストだけではなく交通混雑・渋滞やCO_2の増大をも招きます（注24）。これからのEC物流においては顧客ニーズと関わりなしに漫然とスピード配送を行うのではなく，顧客

作業・搬送ロボット　部品や商品が保管されている棚を指定位置まで自動搬送する低床式無人搬送ロボット「ラックル（Racrew）」（左）と，専用レールや移動ガイドなしでも自律的かつ高精度に走行してピッキングなどの作業ができる産業用作業ロボット「ハイモベロ（HiMoveRO）」（右）。（写真提供：日立製作所）

（注23）　日本のEC業界では，撮影・採寸・原稿書きの頭文字を取って「ササゲ」と通称されます。
（注24）　2020年には，新型コロナウイルス（COVID-19）によるパンデミック下において，人と人の接触を少しでも減らすために置き配サービスを行う宅配便企業も増えています。

が欲しい日時・場所に，顧客が複数店舗から買った商品を1回でまとめて届ける仕組みを構築していくことが，サービスとコスト，そしてエコロジーの観点からも求められるでしょう。一方，都心部においては，受注してから数時間以内といった超スピード配送サービスも登場していますが，それを実現するためにはフルフィルメントセンターに置く商品の品揃えと配置，出荷と配送の緊密な連携が鍵となります。

多品種の商品を小ロットで大量に出荷するECのフルフィルメントセンターは多くの作業者を必要としますが，その確保に悩むセンターは少なくありません。また，輸配送の現場においてもドライバー不足は深刻化してきています。こうした物流の仕事全般における労働者不足という社会問題に対処していくためにはシェアリングなどのさまざまな知恵と工夫が必要ですが，オペレーションの機械化，自動化も処方の一つでしょう。ただし，フルフィルメントセンターに重厚過ぎる自動倉庫を導入してしまうとその投下資金回収に長年月を要してしまい，その間の市場の変化に合わせてオペレーションを変化・進化させられないという問題が生じることもあります。さほど重厚ではないマテリアルハンドリング機器（荷役・運搬機器）と作業・搬送ロボットを組み合わせて導入するなどの工夫も必要でしょう（注25）。また，輸配送においても無人自動車やドローン，3Dプリンター，スカイカー（空飛ぶ自動車），配達ロボットなど，まだ開発途上の新たなテクノロジーが解を提供する可能性があります（注26）。

ところで，今後はクロスボーダー（越境）ECがもっと伸びてくるものと思わ

(注25)　物流センター内のオペレーションを機械化，自動化する際に起こりがちな問題として，機械化，自動化した部分だけを見れば生産性が向上していても，その前工程や後工程との連携が不十分であるためにセンター全体の生産性が十分高くならなかったり，機械の能力を十分に発揮させられなかったりすることがあります。また，機械化，自動化した工程や空間が全体の生産性や効率性に対する制約となることも知っておく必要があるでしょう。

(注26)　特に自動運転技術による無人自動車は，今後の物流と自動車産業を大きく変えていくものと思われます。GMのLyftへの出資，FCA（フィアット・クライスラー・オートモービルズ）とGoogleの提携，トヨタのUberへの出資などは，それを見越した動きです。また，3Dプリンターは製造業の試作と製造のプロセス及び物流を一部短縮するでしょう。他にも，スイスのCST（Cargo Sous Terrain）が発表した地下に自律的な物流網を張り巡らせる構想や，Amazonによる飛行船倉庫に保管した商品をドローンを用いて配送する構想，日本のJRが進めている貨物新幹線構想，ヤマトホールディングスがJAXAと共に空力形状を開発した航空・陸上輸送それぞれの要求を同時に満たす「PUPA（ピューパ）®8801」など，ロジスティクスに関連するテクノロジーの開発・利用構想には興味深いものが多々あります。

宇宙航空研究開発機構（JAXA）とヤマトホールディングスが共同開発した，「PUPA（ピューパ）®8801」（写真提供：ヤマトホールディングス）

ヤマト運輸が実用化に向けて実証実験中のドローン（写真提供：ヤマトホールディングス）

機械化・自動化の進む今日のフルフィルメントセンター（写真提供：モノタロウ）

低床式無人搬送ロボットが運ぶ棚（写真提供：モノタロウ）

低床式無人搬送ロボットが運んできた棚への荷役（入庫（棚入れ）と出庫（ピッキング））。（写真提供：モノタロウ）

れます（注27）。クロスボーダーECの課題は，ECサイトとカスタマーサービスの多言語化，多通貨・多手段対応の決済プラットフォーム構築などに加えて，輸入国の各種規制への事前対応，DDP（仕向地持込渡し（関税込み））価格設定の容易化，送料と関税の抑制，スムーズな通関と配送及び返品・交換の仕組み作りといったロジスティクスに関することが多くあります。近年，こうしたさまざまな課題へのソリューションを提供するクロスボーダーEC支援事業者（EC Enabler）やロジスティクス企業が増えており，クロスボーダーEC市場の成長を支えています（注28）。

（注27）　経済産業省は，日本の消費者のアメリカ・中国事業者からのクロスボーダーEC（越境EC）による購入額が3,416億円，アメリカの消費者の日本・中国事業者からのクロスボーダーECによる購入額が１兆7,108億円，中国の消費者の日本・アメリカ事業者からのクロスボーダーECによる購入額が４兆2,617億円（前年比16.3％増）に達したと発表しています（2020年度の統計）。

§4．ロジスティクス企業

1980年代から加速したグローバル化と1990年代半ばから拡大したインターネット化は，世界のあらゆる事象に影響を与えてきましたが，これらはサプライチェーンの世界も大きく変えました。開発，調達，製造，販売のグローバル化によって物流のパイプラインは世界をめぐる長いものとなり，EC（e-Commerce）の登場によって従来はB2Bの世界で完結していたサプライチェーンがB2CやC2Cにまで拡張しました。これによってSCMは複雑さを増すと共に，サプライチェーン上でのムダ・ムラ・ムリも増幅されやすくなりました。

こうした背景により，ロジスティクスにはさまざまな課題が生じてきました。「ロジスティクス・ネットワークのグローバル化」，「ロジスティクスにおける諸機能の統合化」，「多様化，複雑化したサプライチェーンの最適化あるいは準最適化」，「物流現場の労働者不足に対応する物流オペレーションの省力化，機械化，自動化」などがそうです。また，企業が物流によって競争することで自らを他社と差別化していくということはありえますが，業界全体，社会全体といったマクロなSCMの観点から見ると，そのインフラやリソースを共有・共同化し，協働そして協創化していく方が社会的意義は高く，それもロジスティクスの課題となりました。ただし，これを進めていくためには，規格などの標準・共通化も欠かせません。

ロジスティクス企業もこうしたロジスティクスの課題解決に向けて進化していく必要があるため，グローバル・ローカル両方のネットワークを持つグローカルプレーヤーや，ロジスティクスの諸機能を統合して提供するインテグレーター，サプライチェーンの最適化・準最適化をリードするサプライチェーン・ソリューション・プロバイダー，物流オペレーションのデジタル化とエンジニアリングをリードするデジタル&エンジニアリング・ソリューション・プロバイダー，また共同のプラットフォームを提供するロジスティクス・プラットフォーマーといった業態が生まれてきました。

（注28）　現在，日本発のクロスボーダーECにおける最も大きな市場は中国です。いずれも少し内容が古くなっていますが，中国の物流・通関事情については，日通総合研究所編『必携中国物流の基礎』，パワートレーディング編『中国進出企業経営戦略ガイドブック』，岩見辰彦著『中国税関実務マニュアル』，岩見辰彦，石原伸志著『日中貿易物流のABC』，水野真澄著『中国保税開発区・倉庫活用実践マニュアル』，近藤義雄著『中国増値税の実務詳解』などが参考になります。

サプライチェーンの拡張と複雑化・多様化

グローバル化 (1980年代〜)
(開発・調達・製造・販売)

インターネット化 (1990年代〜)
(BtoB + BtoC + CtoC) (PtoP)

▼

ロジスティクスの課題

グローバル
ネットワーク

統合化
(インテグレーション)

最適化
準最適化

省力化
機械化
自動化

標準・共通化
共有・共同化
協働・協創化

▼

ロジスティクス企業の進化（競争戦略と協創戦略）

❶グローカルプレーヤー (グローバル&ローカル・ネットワーク)
❷インテグレーター (DtoD) (BtoB + BtoC / CtoC) (物流 + VAS (注29) + 商流)
❸サプライチェーン・ソリューション・プロバイダー (3PL / 4PL / LLP)
❹デジタル&エンジニアリング・ソリューション・プロバイダー
❺ロジスティクス・プラットフォーマー

▲

新たな社会と産業の変化

インダストリー4.0 (2000年代〜)
ブロックチェーン (2010年代〜)
(IoT, AI&ビッグデータ, ロボティクス)

▶

SCMとロジスティクスの歴史的変化

社会の変化とロジスティクス企業の進化

そして，2000年代に入ってからはIoT（Internet of Things：モノのインターネット）の拡がりや，AI（Artificial Intelligence：人工知能）の進化とビッグデータの活用，ロボティクスなどが，また近年ではブロックチェーン技術が（第17章8項参照），上記したロジスティクスにおける諸課題の解決やロジスティクス企業の進化に資するようになってきました。これらは製品やサービスの開発，製品の製造と販売，ビジネスの

スイスのベルンにある万国郵便連合（UPU）本部
近年はUPUにおいても，伝統的な郵便業務についてだけではなく，国際宅配便やECに対応した物流サービスの開発に関する議論が交わされるようになっており，筆者もここで開催されたECロジスティクスに関する国際シンポジウムにおいて講演したことがあります。

（注29） VAS（Value Added Services）の定義はそれを提供するロジスティクス企業によってさまざまですが，物流（輸配送，保管，包装，荷役，流通加工，その情報管理）に＋αの付加価値を与えるサービスを意味します。テクニカルサービス（注30）もVASの一つです。

プロセスと効率，カスタマー／ユーザーエクスペリエンスなどと共に，これからのSCMとロジスティクスのあり方を大きく変えていくでしょう（注31）。

DHL（注32），UPS（注33），FedEx（注34），TNT（注35）など，世界を代表するロジス

(注30)　大型家電製品や業務機器，医療機器などを個人宅や企業のオフィス，外食チェーン店，ホテル，病院，研究施設などに配送する際の設置・工事や，製品の修理・検査・保守をロジスティクス企業が一括して請け負う場合がありますが，こうしたサービスのことをテクニカルサービスと称します。家電製品の製配販連携ロジスティクス・プラットフォームとテクニカル・ロジスティクス・プラットフォームの構築を目指す三井倉庫ロジスティクスでは，配送及び設置・工事作業の全体効率を上げるために，独自に開発したシステムを用いてそれらのキャパシティ・マッチングを行っています。また，同社はスイスのFrankeが製造するエスプレッソ・マシーンの販売店も務めており，その商流と物流をテクニカルサービスと組み合わせたサプライチェーンソリューションによって，納入先であるコンビニエンスストアやカフェ，レストラン，ホテルなどの経営を支援しています。

Frankeエスプレッソ・マシーンのショールーム（日本橋箱崎町の三井倉庫ロジスティクス本社内）

(注31)　IoTについては，ジェレミー・リフキンの非常に刺激的な著作『限界費用ゼロ社会』をはじめ，山田太郎著『日本版インダストリー4.0の教科書』，クリス・アンダーソン著『MAKERS』，小笠原治著『メイカーズ進化論』などが，またAIについては，小林雅一著『クラウドからAIへ』『AIの衝撃』，松尾豊著『人工知能は人間を超えるか』，レイ・カーツワイル著『ポスト・ヒューマン誕生』，松田卓也著『2045年問題』，西森秀稔，大関真之著『量子コンピュータが人工知能を加速する』，ジョージ・ジョンソン著『量子コンピュータとは何か』，井上智洋著『人工知能と経済の未来』，落合陽一著『超AI時代の生存戦略』などが参考になります。ジェレミー・リフキンは，エネルギー，コミュニケーション，ロジスティクスが同じレベルで変化したときに産業革命が起きたと指摘し，今後はそれらの限界費用がゼロに近づく社会が到来すると語っています。また，山田太郎は，インダストリー4.0において重要なこととして，スペック，スループット，アセットの３つのマネジメントを挙げていますが，いずれもSCMと重要な関係があります。

(注32)　DHLは，1969年にアメリカのカリフォルニア州で創立されました。社名は，３人の創業者Adrian Dalsey，Larry Hillblom，Robert Lynnの姓の頭文字に由来します。DHLは世界最初の国際宅配便企業で，ホノルル～サンフランシスコ間でのB/L（Bill of lading:船荷証券）（第17章２項参照）など船積書類の緊急輸送サービス（クーリエ（Courier）とも称します）を皮切りに，アジア，オーストラリア，ヨーロッパにも進出し，国際宅配便の最大手企業へと成長しました。DHLは1998年にドイツ郵便の傘下に入り，現在は世界最大の総合的なロジスティクス企業となっています。

(注33)　UPS（United Parcel Service）のルーツは，1907年にジム・ケイシーがアメリカのシアトル（ワシントン州）で創業したアメリカン・メッセンジャー・カンパニーで，1919年に現在の社名になりました。アメリカ国内の宅配便事業において大きな成功を収めた後，1970年代後半より国際宅配便にも事業拡大しています。

(注34)　FedExは，1971年にフレッド・スミスがアメリカのリトルロック（アーカンソー州）でFederal Expressとして創業しました。1973年にテネシー州メンフィスのメンフィス国際空港に拠点を移し，米国主要25都市への翌日配達サービスを開始しています。その後国際宅配便にも事業拡大し，2000年にFedExと社名変更しました。FedExは2016年にTNTを買収し，従来弱かったヨーロッパでの輸配送ネットワークを獲得しました。

ティクス企業の多くが1980年代以降に行ってきたのは，グローバルな拠点ネットワーク構築，陸海空をまたぐ国際複合一貫輸送網構築，シームレスなDoor to Door輸送網構築（宅配便），宅配便と郵便の機能統合，物流と金融・商流機能を組み合わせたサービス構築（注36），サプライチェーン・ソリューションの設計・構築・運営を担う3PL（3rd party logistics。欧州ではContract logistics）機能の拡充（注38），共同のロジスティクス・プラットフォーム構築，それらを支えるITシステム構築です。そして，その実現を加速するために数多くのロジスティクス企業間で合併・買収や提携が行われてきました。ロジスティクス企業のグローバル・ネットワーク強化，統合化（インテグレーター化），サプライチェーン・ソリューション機能強化，デジタル＆エンジニアリング機能強化，プラットフォーム構築，そしてその手段としてのテクノロジー活用とM&Aは今後さらに加速するものと思われます。

（注35） DHL，UPS，FedExがアメリカで宅配便事業を創業したのは，かつてアメリカの郵便サービスの質が低かったことと無縁ではありません。一方，TNTは1946年にケン・トーマスがオーストラリアで創業したThomas Nationwide Transportをルーツとする宅配便企業ですが，3PL（Contract logistics）事業にも力を入れてきました。TNTはヨーロッパで大きく事業拡大し，1996年にはオランダ郵便の傘下に入りましたが，2016年にFedExに買収されました。TNTは2006年に3PL部門を売却しましたが，それをルーツとするCEVAロジスティクスは，2019年にCMA CGMに買収されました。

（注36） 近年，郵便，物流，金融の三事業が一体化してきている背景には，SCMの考え方が浸透するにつれてB2B（企業間商取引）とB2C（企業・一般消費者間商取引）をシームレスに一元管理する必要性が高まってきたことや，製造業を営む企業が自らのコア業務であるモノ作りに専念する傾向が強くなり，ロジスティクス関連業務については3PL企業にアウトソースするケースが増えてきたことがあります（注37）。これにより，3PL企業には大口輸送が主流となるB2B物流と小口輸送が主流となるB2C物流の機能を併せ持つことや，代金回収，受発注，輸出入代行，在庫の一時買い取り，販売代理など，金融・商流機能を要する業務の受託も求められるようになってきたのです。日系のロジスティクス企業では，伊藤忠ロジスティクスなどが商流と物流を組み合わせたサプライチェーン・ソリューションを積極的に提供しています。

（注37） こうしたこととは別に，郵便側にはインターネットや電子メールの普及によって郵便需要が減り，宅配便企業の成長によって郵便事業を国家が独占する必然性がなくなってきたという事情もあります。多くのフォワーダーはヨーロッパを発祥地としていますが，EUが誕生したことで域内流通における通関は不要となり，フォワーダーの主たる収益源だった通関取扱収入がなくなりました。また，先進諸国の規制緩和などによって通関業務のEDI化，簡素化が進んだため，フォワーダーは海運・航空・陸運・鉄道キャリアから運賃を仕入れて荷主に販売する利用運送業による販売・混載差益を主たる収益源とすることとなりました。フォワーダーはキャリアとの関係を優位にするために規模を追求せざるを得なくなり，M&Aによる合従連衡が繰り広げられています。フォワーディングと3PLを合わせた売上規模における世界第１位は現在DHLですが，２位のKuehne + Nagel（スイス），３位のDB Schenker（ドイツ），４位のDSV（デンマーク）もM&Aによる規模拡大によってDHLを猛追しています。

こうした中で見逃せないのは，先進諸国における郵便事業の民営化により，旧郵政省・公社がロジスティクス企業に変貌を遂げてきたことです。特にドイツ郵便は，大手宅配便企業のDHLとエアボーン，大手フォワーダーのダンザス，AEI，ASG，大手3PLのエクセルなどを買収し，売上８兆７千億円，社員数55万人を超す世界最大のロジスティクス企業となりました。同社は傘下企業をDHLブランドの下に統合した上で，ポスト／メール（郵便），エクスプレス（宅配便），フォワーディング，サプライチェーン・ソリューション（3PL（Contract Logistics）/LLP）の４事業会社に再編しています。他にも，イギリスのロイヤルメール，フランスのラ・ポスト，シンガポール郵便，日本郵政傘下の日本郵便などは，宅配便をはじめとするロジスティクス事業の拡大を図っています(注39)。

ところで，既存のロジスティクス企業の多くは従来B2B取引を対象としてき

(注38)　3PLとは，顧客の物流業務を包括的に受託して運営し，その物流と在庫を最適化することで顧客から物流のオペレーションフィーとサービスフィーに加えてマネジメントフィーとゲインシェア（効果の分配）を受け取る事業です。しかし，物流のオペレーションとその管理を請け負うだけでは，高いレベルでの全体最適化を実現するのは困難です。そこで，3PLよりも高次のLLP（Lead logistics provider あるいは partner）というビジネスモデルが登場しました。LLPは物流オペレーションとその管理だけではなく，従来は顧客のロジスティクス部門が担っていたロジスティクス企画をも受託し，顧客のSCM戦略構築まで関与・支援するものです。

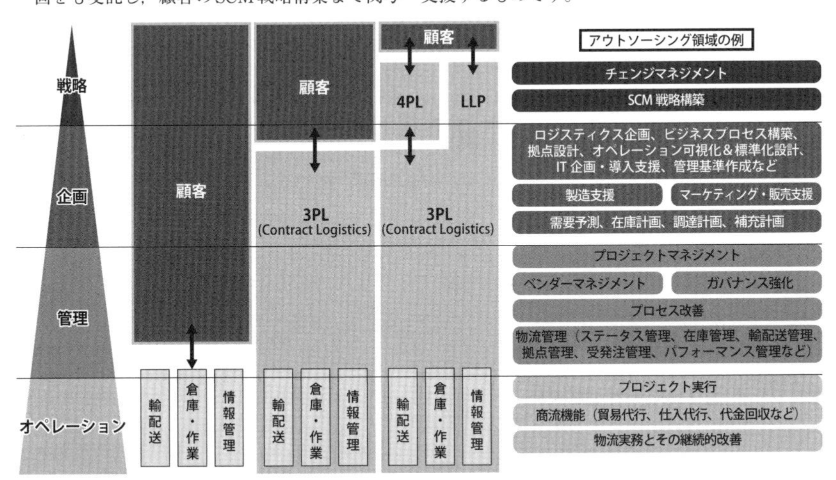

LLPの概念図　LLP（Lead logistics provider あるいは partner）は顧客の物流オペレーションとその管理に加えて，ロジスティクス企画やSCM戦略構築まで関与・支援します。

生田正治（1935～）　商船三井の社長，会長を歴任後，2003年4月から2007年3月まで日本郵政公社の総裁を務め，同年10月の郵政民営化に向けての道筋をつけました。（写真提供：商船三井）

ました。日本では「宅急便」というC2Cの宅配便サービスを生み出したヤマト運輸などが積極的にB2C EC物流サービス構築に取り組んでいますが（注40），世界を見渡してもB2C EC物流に本格的に取り組んでいる大手ロジスティクス企業はまだ限られています。そこで，国・地域によってはAmazonやアリババ（阿里巴巴集団），楽天のようなECプラットフォーマーがそのロジスティクス・プラットフォーム構築に取り組むケースや，ロジスティクス企業ではない企業がECロジスティクス分野に新規参入するケースが多く見ら

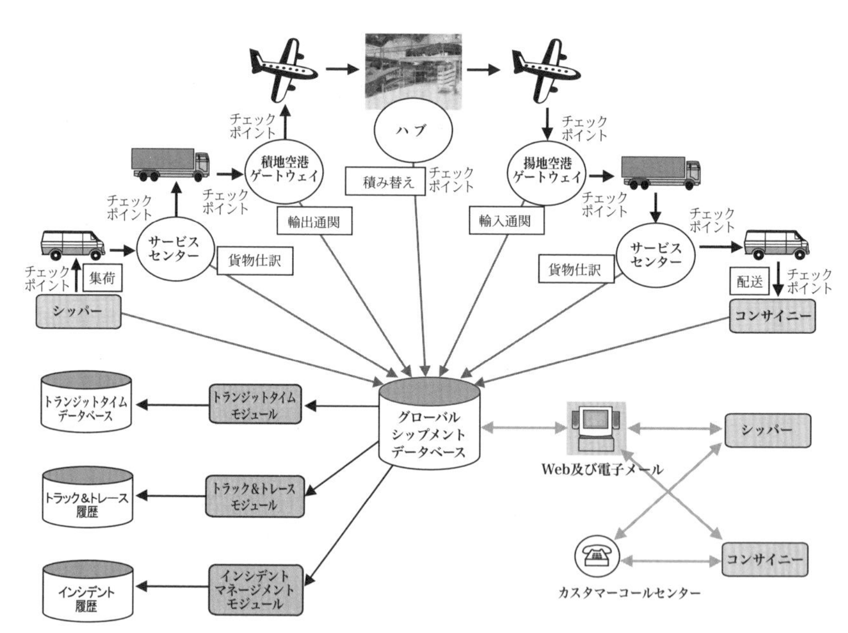

国際宅配便のフロー　国際宅配便サービスではチェックポイントごとにステータス情報を入力しますので，貨物のロケーションと通関などの作業状況をリアルタイムでつかむことができます。ロジスティクス企業による貨物追跡や在庫管理の効率と制度が飛躍的に向上した背景に，ITの進歩があることは言うまでもありません。近年では，従来のバーコードよりも多くの情報を付加できるICタグによるRFID（Radio Frequency Identification：非接触の無線通信による識別技術）やGPSを活用することで，そのさらなる効率化，情報化，リアルタイム化が進んでいます。

国際宅配便の貨物専用機（Freighter）
（写真提供：TNT）

国際宅配便の集配トラック（写真提供：TNT）

国際宅配便のリージョナルハブ（写真提供:DHL）

ヤマト運輸の集配車　ヤマト運輸は「2050年CO_2排出実質ゼロ」実現のための一手として，小型BEV（バッテリーEV）導入に向けての実証実験を行っています。

れます（注41）。

ロジスティクス産業はインフラ産業でもあり，ロジスティクス企業が提供する輸配送ネットワークは社会インフラそのものだと言えます。DHLや

（注39）　日本郵便は2015年にオーストラリアのトールを約6,200億円で買収しましたが，2017年３月期決算で約4,200億円を減損処理しています。その後，2021年に同社のエクスプレス事業を売却し，現在のトールはフォワーディング事業と3PL事業に専念しています。

（注40）　アメリカのUPSを参考にしながらも，日本独自とも言える「宅急便」を生み出したヤマト運輸の小倉昌男は，『経営学』『経営はロマンだ！』という著書も遺しています。ヤマト運輸の宅急便はC2Cをターゲットとして作られたという点において世界的に見てもユニークで，それによる日本人の生活革命や旅行革命（手軽に贈り物ができる，手ぶらで旅行ができる，など）を生み出しました。しかし，ECプラットフォーマーや大手のEC事業者の物流センターから大量出荷されるB2C ECに求められるサービス，相応しいネットワークは，C2Cや小規模なB2Cのそれらとは異なる点もあるため，ヤマト運輸ではB2C EC向けのサービスとネットワークの構築も進めてきています。

（注41）　中国のEC事業でアリババと競い合うテンセント（騰訊控股）と京東商城（J.D.com）も，自社物流機能を拡充させています。また，ナイジェリアでEC事業を牽引するKonga.Comも自社のフルフィルメントセンターを有し，1,000万人都市ラゴス市内での配送は自社のトラックやオートバイで行っています。Amazonはアメリカにおいて自社の航空輸送ネットワーク及びラストマイル配送ネットワークの構築を進めています。最近の日本におけるECロジスティクスの状況については，角井亮一著『アマゾンと物流大戦争』がわかりやすく紹介しています。

UPS, FedEx, TNTのようにグローバルな輸配送ネットワークを有するロジスティクス企業は，そのネットワークとロジスティクス運営ノウハウ，現場でのオペレーション能力を駆使し，世界各地で起こる災害に際して救援物資の緊急輸送や被災地での物資の保管・配送などのマネジメントを行っています。また，ヤマト運輸は多くの地方自治体から委託を受けて，高齢者の見守りサポートなどのサービスを提供しています。日常・非日常時を問わず，ロジスティクス企業が社会に提供する価値はかつてよりも大きくなってきていますが，それも今後のロジスティクス企業の存在意義の明確化や差別化のポイントとなってくるでしょう（注42）。

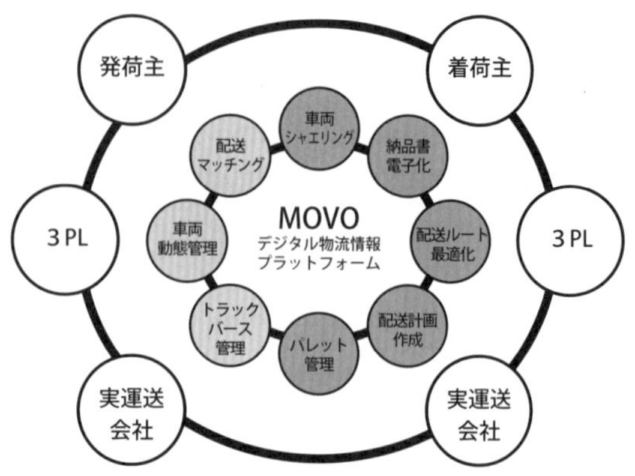

デジタル物流情報プラットフォーム例　アナログな情報交換によって業務が行われ，デジタルデータが存在しない業界や企業においては，その業務を最適化することができません。hacobuはトラックの動きをデジタルデータ化することによって可視化し，車両動態管理と配送マッチング，また物流センターにおける効果的なトラックバース管理を可能とするプラットフォームMOVOを構築しています。（図版提供：hacobu）

§5．ロジスティクスのマッチングとシェアリング

前頁でも触れましたが，ロジスティクスは企業間の競争における有効な差別化の武器であり，企業はその戦略や機能を研ぎ澄ますことによって日々他社と戦っています。しかし，サプライチェーン全体や社会全体を見渡したときに，一社単独でロジスティクスを運営することによって生じるムダ・ムラ・ムリについても考える必要があります。SCMの本質がミクロ（企業・個人）とマクロ（社会全体）の両レベルにおいてさまざまな需給の最適化を行うことだとすれば，需給のマッチングはSCMにおける本質的な課題だと言えます。また，保管・輸送・作業に関わるインフラや在庫，業務などをシェアリングすることに

（注42）　本項の補足資料として，科学技術と経済の会編『技術と経済2021年11月号』所収の記事「コロナ渦によって加速するサプライチェーン・ロジスティクス変革」，ライノス・パブリケーションズ編『月刊ロジスティクスビジネス2021年8月号～9月号』所収の記事「シーオスのDXカッティングエッジ・物流DX人材のキャリアから時代を読む」などを参照してください。

より，ロジスティクスにおけるムダ・ムラ・ムリを削減することは，社会的に重要な課題です。マッチングやシェアリングを効果的に行うためには，需給の状況がリアルタイムに可視化されていなければなりませんが，昨今のテクノロジーの進化がそれを可能にしつつあります。ただし，そうした情報に基づいて企業内でリアルタイムに意思決定できる仕組作りも不可欠です。

被災地への救援物資輸送　地震，台風，津波，噴火などの天災に見舞われることの多い日本では，災害救援ロジスティクス（Disaster relief logistics）も重要な課題です。被災地の避難所などへの救援物資輸送においては自衛隊が活躍することが多いですが，災害対策基本法で指定されたロジスティクス企業や流通企業にも災害救援ロジスティクスへの協力が求められます。ちなみにこの写真は，東日本震災後にボランティア山形が生活クラブやまがたと協力して，米沢から近隣県の被災地の避難所に救援物資を運んだときのものですが，普段生活クラブやまがたのトラックは食品を共同購買する地域の人々への配送を担っています。（写真提供者：ボランティア山形）

外航コンテナ船社や国際航空会社は以前よりコンソーシアムやアライアンスによる共同化を行ってきましたが，ドライバー不足が深刻化する日本の陸運業界においては幹線輸送はもちろんのことラストマイル配送の共同化についても促進すべきでしょう（注43）。また，同業種による共同物流センターや共同配送，製造業，卸売業，小売業による製配販共同物流センターや共同配送などといった（注44），共同のロジスティクス・プラットフォームは今後増えてくるものと思われます。そして，ECにおいてもこれまではロジスティ

（注43）　日本の陸運業においては，ドライバー不足が深刻化しているにもかかわらず，営業用トラックの積載効率（輸送トンキロ／能力トンキロ）が40％程度にとどまっているため，求車・求貨のマッチングは重要な課題だと言えます。また，海上コンテナのドレージ輸送においては，輸入時には港のCY（コンテナヤード）から実入りコンテナを運び出し，コンテナをデバンした後に空コンテナを港のCYに戻す。輸出時には港のCYまで空コンテナを引き取りに行き，バンニングした実入りコンテナを港のCYに搬入するというラウンド輸送が基本となっており（第16章４項参照），ここにも輸送の半分は空荷だという大きなムダがあります。ICD（Inland Container Depot：内陸コンテナデポ）や内陸に設けたCY（Inland Port，Dry Port，Off-Dock CYなどと呼ばれます）を活用することによって，空コンテナを運ばないようにすることをCRU（Container Round Use：コンテナラウンドユース）と称しますが，これも社会的に意義のある取り組みだと言えます。軽貨物については，香港にGoGoVanというスマートフォン・アプリによる求車・求貨マッチングサービスがありますが，日本でも2015年末にラクスルがハコベルというサービスを開始しています。また，ヤマト運輸は地方の路線バスや路面電車の空きスペースを宅配便の輸送に用いています。

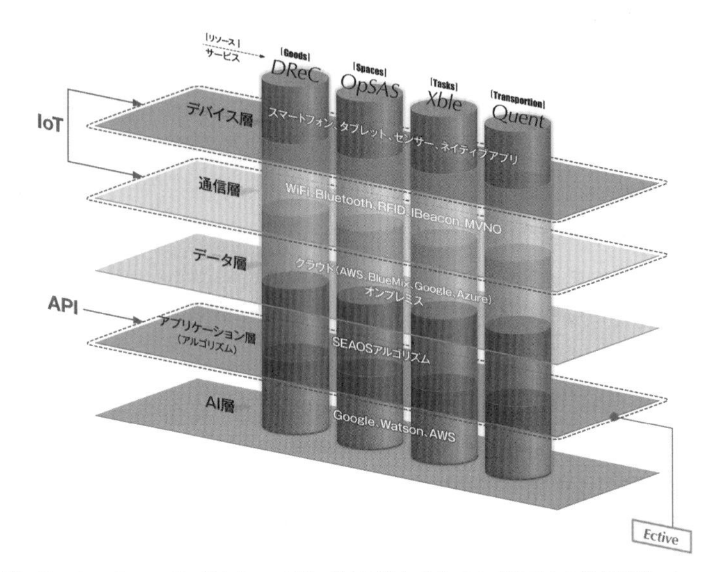

ロジスティクスのマッチングとシェアリングを可能にするアルゴリズムの概念図例　シーオスは，Goods（商品・在庫）をコントロールする「DReC」，Spaces（在庫を保管する空間）をコントロールする「OpSAS」，Tasks（仕事（人や機械））をコントロールする「Xble」，Transportation（配送手段）をコントロールする「Quent」と，それらを統合して意思決定を迅速化するダッシュボードの「Ective」という計5つのアルゴリズムを提供しています。（図版提供：シーオス）

クスによる差別化が課題でしたが，これからはむしろEC事業者間の一括配送などの共同化が課題となってくることでしょう。

企業がこうした共同化を進める際には，それよりも高次のバトルフィールド（戦場）において差別化できる競争戦略があることが前提になりますが，同時にプラットフォームに参画することでさまざまな企業との間でお互いを補完し，共に成長できるエコシステムを作っていくという意思と戦略も必要でしょう。また，IoTの進展，AIの進化とビッグデータの活用，ロボティクスの進化，ブロックチェーン技術の応用などがSCMとロジスティクスに大きな影響を与えつつあることについて前項で触れました。それらは個々の企業の差別化の武器ともなりますが，同時に社会全体でのロジスティクスのマッチングとシェアリングによるプラットフォーム作りを促すものともなり，オープン・イノベーション型の企業間連携がそれを加速する可能性があります（注45, 46, 47）。

宅配便のハブ　ヤマト運輸は宅急便をはじめとする輸送サービスのハブとなるベースを全国に約70ケ所以上設けています。（写真提供：ヤマトホールディングス）

§6．広域流通と域内流通

現在の日本における私たちの暮らしを見直すと，そこで使われているものの

（注44）　日本において製造業，卸売業，小売業による製配販共同物流センターや共同配送を推進する際に，障害となりがちなのがセンターフィー問題です。小売量販店が製造企業や卸売企業に対して自社の物流センターに商品を納入するよう指示し，その物流センターの運営費とセンターから各店舗への配送費の負担を製造企業や卸売企業に求めるのがセンターフィーです。しかし，そのフィーは多くの場合実際の物流原価に基づいて算出されておらず，それを大幅に上回る額が一種のリベートとして請求されるケースもあるため，公正取引委員会はかねてよりセンターフィー問題を調査対象としてきました。また，小売量販店は物流センターの運営を委託するロジスティクス企業に対しても，保管や荷役，輸配送などの原価と関わりなく流通額の何パーセントというセンターフィーの形で物流費を設定するよう求めることがあり，それがロジスティクス企業側の収支管理を難しくしています。このようなセンターフィーは，物流と在庫の最適化というロジスティクスの機能が発揮しにくい状況を作り，製配販連携の共同物流を阻害する要因ともなります。センターフィー問題については，流通研究社編『月刊マテリアルフロー2019年５月号』所収の記事「サプライチェーンの全体最適へ，産官連携・企業協働で壁を破れ！」（https://ryuken-jmfi.or.jp/wp/wp-content/uploads/2019/04/aslf201904_theme_symposium.pdf)，『同2019年月号』所収の記事「コネクト＆シェアによるサプライチェーン・ロジスティクス全体最適の未来～協調・協働と先端テクノロジー活用で壁を破れ！」（https://ryuken-jmfi.or.jp/wp/wp-content/uploads/2019/08/1908_shareloji_kiji.pdf）などを参照してください。

（注45）　孫子の「（兵）勢篇」には，「凡そ戦いは正を以って合い奇を以って勝つ」「奇正の環りて相い生ずることは環の端なきが如し」という記述があります。これは定石通りの正法に奇法あるいは差別化戦略を組み合わせることの重要性について語ったものですが，奇法や差別化戦略はそのままだとすぐに相手に見抜かれ，場合によっては真似されてしまいます。正法と奇法の組み合わせは無限であり，相手とのやり取りの中で正法と奇法は円環し続けると孫子は語ります。企業のロジスティクスによる競争戦略についてもこの指摘は当てはまり，プラットフォームでの協創戦略によってその戦いは新たな次元に入っていくことでしょう。孫子については，金谷治訳注『新訂孫子』，松枝茂夫，竹内好監修，村山孚訳『孫子・呉子』，守屋淳著『孫子の兵法』『最高の戦略教科書孫子』『孫子・戦略・クラウゼヴィッツ』，浅野裕一著『孫子』，長尾一洋著『小さな会社こそが勝ち続ける孫子の兵法経営戦略』，海上知明著『孫子の盲点 信玄はなぜ敗れたか？』などが参考になります。

（注46）　オープン・イノベーションについては，星野達也著『オープン・イノベーションの教科書』，ヘンリー・チェスブロウ著『OPEN INNOVATION』が参考になります。

大半が世界と日本の各地から運ばれてきたものであることに気がつきます。つまり，今日の私たちの生活はモノの広域流通を前提に成り立っているわけです。そして，外航船社を含む大手物流企業の輸配送ネットワークは広域流通を経済的かつ効率的に，また，よりスピーディーかつ安全・確実にするために大きな貢献をしています。

しかし，世界には一定の地域における域内流通によって食糧や日用品の大半を得ている人々もたくさんいます。また，日本でも環境問題や食の安全に対する関心の高まりと，第一次産品（農作物や海産物，木材など）の高付加価値化によって地方経済の発展を促す動きなどが連動し，特に日常的な食料品において地産地消の域内流通を活性化することの必要性が説かれています（注48）。これからの物流業を考える上で，こうした地域内の流通への貢献という視点も必要になってくるでしょう。

集荷した荷物をいったんハブに集約してから別のハブまでは大口輸送し，そこから個々の仕向先に向けて小口配送するというハブ・アンド・スポーク方式は広域流通における輸送サービスの基本コンセプトです（注49）。しかし，域内流通においてはミルクラン（巡回集荷）的な方式による共同集配の方が効果的となるケースもよくあります（注50）。また，Uberがアメリカなどで実現したタクシーの求車システムと同様に，今後は日本の域内流通におけるトラックの求

（注47）　マッチングとシェアリング，またそれを生み出すテクノロジーとプラットフォームに関する考察として，第4項の（注30）で紹介したジェレミー・リフキン著『限界費用ゼロ社会』の他に，レイチェル・ボッツマン，ルー・ロジャース著『シェア』，クリス・アンダーソン著『フリー』，宮崎康二著『シェアリングエコノミー』，長沼博之著『Business Model 2025』，松島聡著『UXの時代』，尾原和啓著『ザ・プラットフォーム』，アナベル・ガワー，マイケル・A・クスマノ著『プラットフォームリーダーシップ』，流通研究社編『月刊マテリアルフロー2016年8月号』所収の記事「サプライチェーン・ロジスティクスにおけるシェアリング・エコノミー」(https://ryuken-jmfi.or.jp/etani_pdf/2016_kiji.pdf)，『同2017年8月号』所収の記事「IoTによるリアルタイム見える化&マッチング／シェアリングが切り開くサプライチェーン・ロジスティクスの未来」(https://ryuken-jmfi.or.jp/etani_pdf/2017_kiji.pdf)，『同2018年8月号』所収の記事「マッチング&シェアリングが切り拓くサプライチェーン・ロジスティクスの未来」(https://ryuken-jmfi.or.jp/etani_pdf/2018_kiji.pdf) などが参考になります。

（注48）　農林水産省によると，2018年度の日本の食料自給率は，カロリーベースで37%，生産額ベースで66%。食料国産率は，カロリーベースで46%，生産額ベースで69%。飼料自給率は25%でした。食料自給率とは，国内の食料消費が，国内の食料生産でどの程度賄えるかを示す指標で，飼料自給率も反映しています。分子を国内生産，分母を国内消費仕向（国内生産＋輸入－輸出±在庫増減）として計算されます。食料国産率は，国内に供給される食料のうちの国内生産の割合で，飼料自給率は反映していません。

車・求貨システムがもっと発展・普及し，その効率性向上に寄与するだろうと思います。こうした域内物流においては，小回りのきく地域のロジスティクス企業に活躍のチャンスがあるでしょう。

日本全国を画一的な商品，サービスでカバーしてきたコンビニエンスストアの経営方針にも変化が起きており，より地域性のある商品開発とそれに応じた流通網の整備も図られてます。もちろん，地域スーパーなどは以前から域内流通網の整備に力を入れています。従来，域内輸送は広域輸送に比べて割高感(距離と料金の対比において）がありましたが，これからの域内流通を支えるロジスティクス企業がそれをどのように変えていけるのかは注目に値することです。

§7．サプライチェーン・レジリエンス

近年SCMの課題として重要度が高まっているのが，サプライチェーン・レジリエンス（Resilience：強靭性）です。企業のサプライチェーンがグローバルに拡がる一方で，それに対するリスク要因が以前よりも大幅に増えていることがその背景にあります。こうしたリスクに対する備えをサプライチェーンに持たせ，万一の時に速やかに対処できるようにすることが企業には求められています。

リスクにはさまざまなものがありますが，それらは自然，政治，経済，社会，犯罪の５つに大別されます。自然リスクとは，気候変動による影響，台風，地震，津波などの自然災害，COVID-19によって現実のものとなったパンデミックなどです。政治リスクとは，各国の保護主義化，政治的対立，それによる経済的対立，戦争や地域紛争などです。経済リスクとは，産業構造の変化，エネルギー価格の高騰，国や地方自治体の財政破綻，為替の変動，取引先（特にサプライヤー）の廃業などです。社会リスクには，人口の減少や市場の縮小，消

(注49) ハブ・アンド・スポーク方式による貨物輸送の仕組みを，在学していたイェール大学において論文の形で提案したのがFedEx創業者のフレッド・スミスです。当時，その論文に対する担当教授の評価は芳しくなかったそうですが，大学を卒業した彼は航空宅配業において自らのコンセプトの有効性を見事に実証してみせました。しかし近年では，ハブ・アンド・スポーク方式で成り立っていたかつての通信ネットワークがインターネットに取って代わられたように，物流もさまざまなインフラをオープン・シェアリングすることによってハブ・アンド・スポーク方式よりも効率を高めることができるとする，フィジカル・インターネットという概念も登場しています。

(注50) 乳業メーカーが複数の酪農家を順番にまわって牛乳を集めていくのと似ていることから，巡回集荷のことをミルクランと呼びます。

費トレンドの変化，労働力の不足，労働者の人権問題などがあります。そして犯罪リスクには，テロやサイバー攻撃，盗難，破壊活動などが挙げられます。

直近で世界のサプライチェーンに最も大きな影響を与えたのは，COVID-19によるパンデミックです（第18章5項参照）。それは私たちの社会と生活を大きく揺るがしましたが，将来冷静に振り返った時にはごく短期的な事象だったということになるでしょう。

他方では，コロナ渦によって世界が断絶する中で，ポピュリズムの横行によって劣化する欧米由来の民主主義と自由主義の弱点を衝く形で権威主義と覇権主義を強める中国とロシアの政権に対する懸念から，米欧や日本では国の安全保障と生産に携わる人の人権を意識することによるサプライチェーンの変化が起こっています。しかし，世界には欧米由来の民主主義と自由主義を歓迎しない為政者が率いる国も少なくないため（注51），今後政治・経済・サプライチェーンのブロック化が進む可能性もあり，それへの対処が世界とサプライチェーンの中期的な課題となるでしょう。

近年の事例で言うと，ミャンマー国軍によるロヒンギャ迫害とクーデター（注52），中国ウイグル自治区での強制労働，ロシアによるウクライナ侵攻，また中国政府が表明している台湾併合に向けた動きなどが懸念を引き起こしています。

2011年に国連が「ビジネスと人権に関する指導原則」を採択してから，企業には人権リスクを軽減する人権デューデリジェンスの実施が求められています。アメリカは強制労働で生産された商品の輸入を禁止する改正関税法を施行していますが，2022年6月には新疆から調達された製品の輸入を禁止する新しい法律を施行する予定です。また，EU各国もサプライチェーン上の人権

（注51）　アメリカの行き過ぎた自由主義，資本主義によって経済格差が拡がったことへの批判，それがグローバルに拡がることに対する警鐘は以前から多く鳴らされています。ジョセフ・E・スティグリッツ著『フリーフォール』，トマ・ピケティ著『21世紀の資本』，ポール・クルーグマン著『格差はつくられた』『クルーグマンの視座』，アマルティア・セン著『人間の安全保障』『グローバリゼーションと人間の安全保障』など著名な経済学者たちの著作からもそれが読み取れます。しかし，アメリカ批判によって自らを正当化する為政者が率いる権威主義国家が増えていることもまた現代の問題だと言えるでしょう。権威主義については，エリカ・フランツ著『権威主義』が参考になります。

（注52）　中西嘉宏著『ロヒンギャ危機』，日下部尚徳，石川和雅著『ロヒンギャ問題とは何か』，北川成史著『ミャンマー政変』，永杉豊著『ミャンマー危機』など参照。

デューデリジェンスの報告を企業に求めるいわゆる「現代奴隷法」を次々に制定・施行しており，2022年2月にはEUの欧州委員会（EC：European Commission）が人権・環境デューデリジェンスを企業に義務付ける案を発表しました。企業がサプライチェーンを考える際に，最早こうした問題を避けて通ることはできません。

そして，長期的には気候変動によって引き起こされる地球環境問題が，地球社会と人類，経済とサプライチェーンにおける最も大きな課題になるでしょう(注53)。内戦や暴力，深刻な人権侵害や，自然・人為的災害などによって家を追われ，自国内での避難生活を余儀なくされている人々のことを国内避難民（IDPs：Internally Displaced Persons）と称します。2020年の世界の国内避難民数は5,500万人に達しましたが，この内で地球温暖化に伴う異常気象，自然災害による気候難民数は3,070万人となっており，紛争による難民数980万人の3倍以上となっています。世界気象機関（WMO：World Meteorological Organization）は気候変動による全世界の経済損失が2019年までの10年間で約1.4兆ドルに達したと試算しており，このまま手をこまねいていることはできません。

第1章3項に書いたように，第21回国連気候変動枠組条約締約国会議（COP21）での採択を受けて2016年に発効されたパリ協定を機に，脱炭素社会実現に向けてのエネルギーシフトの動きが強まっています。2021年4月時点で，日本を含む125か国と1地域が2050年までのカーボンニュートラル実現，すなわちGHG（Greenhouse gas：温室効果ガス）の排出ゼロを表明しています。これらの国・地域の，世界全体のCO2排出量に占める割合は37.7%ですが，2060年までのカーボンニュートラル実現を表明した中国も含めると，全世界の約3分の2相当となります。

カーボンニュートラルの実現に向けて注目されているのが，個々の企業だけではなく，企業のサプライチェーン全体を対象とするサプライチェーン排出量です。サプライチェーン排出量は，自社（製品の製造，燃料の燃焼や電気の使

(注53) グローバル・サプライチェーンにおける短期的リスクとしてCOVID-19によるパンデミック，中期的リスクとして政治・経済・サプライチェーンのブロック化，長期的リスクとして気候変動によって引き起こされる地球環境問題を挙げました。ただし，日本においては大規模震災も常在リスクとして捉え，常に備えておくべきでしょう。

用に伴う排出）と，その上流（原材料の調達に伴う排出），下流（製品の販売，その使用，回収・廃棄に伴う排出）に分けて算出されます。自社工程の内，燃料の燃焼によるものなど（自社内で直接排出しているもの）をScope1，電気の使用によるものなど（自社で間接的に排出しているもの）をScope2とします。上流と下流はScope3とされますが，本章１項にある「SCMの見取り図」で言うと，Scope1とScope2は製造物流と研究開発物流が関わる領域，Scope3はそれら以外，つまり調達物流，供給物流，B2BとB2Cの販売物流，修理・補修物流，回収物流が関わる領域となります。

Scope3には物流が大きく関わっているため，海運・空運・陸運企業のエネルギーシフトや，輸送・梱包資材の簡素化，リユース化などが求められます。また，サプライチェーンの最適化とは物流や在庫のムダをなくすことも意味していますので，Scope3はもちろんのこと，Scope1とScope2にも影響を及ぼすこととなります。この点においては，サプライチェーン・ソリューション・プロバイダー（本章４項参照）などの腕の見せどころでもあるでしょう。

おわりに

私事で恐縮ですが，私は明石海峡を望む西神戸の舞子という町で生まれ育ちました。子供の頃は海が毎日の遊び場で，友人たちや後年海上保安官になる弟と一緒に，急潮の流れる海で泳ぎ，海峡を行き交う大小さまざまな船を眺めながら，いつも海の向こうにある世界のことを思っていました。海の彼方にはどんな人たちがいて，どんな暮らしをしているのだろう？　その暮らしにはどんなモノが使われているのだろう？　そこではどんなモノが取れるのだろう？

本書の「はじめに」にも書きましたが，交易とは人間の集団が未知の世界やそこで暮らす別の人間集団に対して抱くこのような関心から始まったのではないかと思います。そして，交易はモノを媒介にして表現されますので，モノにはさまざまな物語が付加されていくのでしょう（注1）。太古より船は人とモノ，そして物語を運ぶ乗り物であり，それ故に船自体にもさまざまな物語が付加されてきました。このことはグローバル化が進んで狭くなったといわれる現代の世界においても変わりませんし，これからも多分変わらないでしょう。

私が多くの学恩を受けた鶴見良行（故人）は『バナナと日本人』や『マラッカ物語』，『ナマコの眼』（注2）といった著作の中で，モノの流通を通して人と人，人と社会の関係について思索することの重要性と楽しさを語りました。もちろん，私は船というモノに対して深い

明石海峡　ひっきりなしに船の行き交う，潮の流れの早い海峡です（第13章（注6）参照）。沖には鹿之瀬という好漁場があります。鹿之瀬での漁業の様子については，神戸新聞明石総局編『明石さかなの海峡』，鷲尾圭司著『明石海峡魚景色』，井上喜平治著『蛸の国』などが参考になります。

愛情と関心を持っていますが，実は私の本当の興味もまた船を介しての，あるいは船によって運ばれるモノを介しての，人と人，人と社会，人と自然の関係性にこそあります。特に私はモノの中でも食べ物に対する思い入れが強く，食を通して人と人，人と社会，人と自然がつながることを大切にしています。

チョコレート製の帆船 洋菓子店「羽根木AÉRIEN」（世田谷区）の清藤后大（パティシエ）の作品です（注2）。

ところで，私は世界と日本の各地を巡りながら，人と海のさまざまな関係のあり方について探求することをライフワークとしています。そして，そこで自分が学んだことを文章や詞・曲として表現すると共に，キャンプやセーリング，カヤッキング，ダイビングといったスポーツなどの自然体験活動などを通して次代を担う子どもや若者たちに伝えていくことを人生の楽しみとしています（注4）。そうした活動の中で，私はたくさんの海人（かいじん）たちと出会ってきました。民俗学では海人とは漁民のことを意味しますが，私にとっての海人とは，海で学び，海で働き，海で戦い，海で遊び，海で生きる全ての人を指すものです。

（注1） 世界のさまざまな地域，民族において観察されてきた沈黙交易が，人類の交易の原初的な形態なのか，あるいは客人歓待を前提とした特殊な交換のあり方なのかは，文化人類学者の間でも議論が分かれるところです。しかし，そこに未知の人間集団に対する関心と，モノを通して伝えようとした思いがあったことは間違いないでしょう。

（注2） ナマコに関する文献には，廣田将仁編著『ナマコ漁業とその管理』，本川達雄，今岡亨，楚山勇著『ナマコ ガイドブック』，大島広著『ナマコとウニ』，荒川好満著『なまこ読本』などがありますが，本格的なナマコの文化史となると『ナマコの眼』でしょう。伊勢神宮の神官を務めていた矢野憲一も，江戸時代にナマコ（イリコ）と共に俵物三品とされてきたサメ（フカヒレ），アワビ（ホシアワビ）については『ものと日本の文化史 鮫』『ものと日本の文化史 鮑』を書いていますが，ナマコについてはまとまったものは書かれておらず，『ナマコの眼』の存在は大きいです。『ナマコの眼』の関連書・記事には，鶴見良行，村井吉敬編著『道のアジア史』，村井吉敬，内海愛子，飯笹佐代子編著『海境を越える人びと：真珠とナマコとアラフラ海』，秋道智彌著『漁撈の民族誌』『イルカとナマコと海人たち』，赤嶺淳著『ナマコを歩く』，北窓時男著『地域漁業の社会と生態』，門田修著『海が見えるアジア』，『Hellosea World』記事「『ナマコの眼』を読む：鶴見良行さん」（https://helloseaworld.hatenablog.com/entry/20060927/p1）などがあります。また，1997年に開催された「アジア・パシフィック・ユース・フォーラム」（国際文化会館と国際交流基金アジアセンターの共催）において筆者が発表した『Watching the Asia-Pacific through Namako no Manako』は同フォーラムの報告書に掲載されています。

タッキング中の帆船「日本丸」 タッキングとは帆船が風に対して上手回しで進行方向を変えることで，下手に回すウェアリングよりも高度な技術と素早い作業を要します。筆者にとっても「日本丸」は学生時代に航海訓練を受けながら太平洋を横断した懐かしい船です。（写真提供：大森洋子）

帆走するランボ 風をはらんだ帆が描く曲線が美しくセクシーなのは，それが自然と人間のスリリングな関係を象徴するからなのでしょう。ランボやピニシの行き交うインドネシアの海については，村井吉敬，藤林泰編『ヌサンタラ航海記』，チャールズ・コーン著『インドネシア群島紀行』，門田修著『海が見えるアジア』などを参照。（写真提供：森拓也）

海人たちの海との関わり方は多様であっても，そこには一つの共通性があるように思います。その共通性を象徴するものとして私は「帆」を思い浮かべます。風上に向かって斜めに切り上がろうとするときの帆船の帆が描くしなやかな曲線はとても美しいものですが，そこには自然に立ち向かい，その力を利用して何事かを成し遂げようとする人間のしたたかな意志と，自然の懐に抱かれ

（注３） 第５章の（注14）でコーヒーについて少し触れましたが，かつてアラビアのイスラム教徒たちが飲んでいたコーヒーは17世紀にヨーロッパに伝えられました。一方，古代よりメソアメリカ（メキシコおよび中央アメリカ北西部）で珍重されていたカカオは，クリストファー・コロンブス（クリストバル・コロン）が「サンタマリア」で南北アメリカ大陸に渡った後（第１章３項参照），16世紀にスペインに伝えられました。ヨーロッパ人にとっての「大航海時代」は世界各地のさまざまな産物がヨーロッパに伝えられ，そこに集まる仕組みができた時代でした。チョコレートの歴史や文化についてはソフィー・D・コウ，マイケル・D・コウ著『チョコレートの歴史』，武田尚子著『チョコレートの世界史』，佐藤清隆，古谷野哲夫著『カカオとチョコレートのサイエンス・ロマン』，蕪木祐介著『チョコレートの手引』が参考になり，チョコレート菓子の製法についてはル・コルドン・ブルー著『チョコレートにとって基本的なこと』が詳しいです。また，カカオの栽培と流通における問題を指摘するキャロル・オフ著『チョコレートの真実』も一読の価値があります。

てそれと調和しなければ何事も成しえないことを知っている人間の謙虚さが同時に表現されています。「帆」の凛とした，そしてセクシーな美しさは，それが自然と人間がギリギリのところでうまく調和を保っているスリリングな関係のあり方を象徴していることによるのでしょう。また，それは多くの海人の生き方におけるプリンシプル（原理原則）のように私は感じています。

ヨット「Delphinus」でのセーリング　帆走は海との対話であり，地球との一体感を抱くことができます。夜航海をした後に，洋上で迎える日出は神々しいものです。

概説書という制約があったため，本書では商船と海運の仕事に関わりながら生きてきた海人たちの日々の労働や生活の様子については十分紹介できませんでした。今日までに数多くの素晴らしい海人たちと出会ってきた私にとって，そのことは少し心残りです。また，本書では商船と海運のことを中心に記述しましたが，当然のことながらそこだけが海人の生きる場ではありません。海があり，海と関わる人の暮らしや仕事があれば，そこには必ず海人がいます。いつかまた機会があれば，そんな多彩な海人たちから私が学んできたことについても書いてみたいと思います。

最後になりましたが，本書を作るにあたり多くの方々から貴重な写真をご提供いただきました。これまでに世界中でたくさんの海と船，港と港町，魚と漁村，魚市場，物流の現場，海事博物館や民俗資料館の展示物，そして海人たちを見てきたにもかかわらず，それらを自分の目と心に焼き付けることに精一杯で，旅先にカメラを持ち歩くという習慣を持たない私にとって，これは大きな助けとなりました。また，私の浅学と経験不足ゆえにやむを得ないことなのですが，本書は海の先達たちが残された数多くの文献や資料を参考とさせていただいています。この場をお借りしてお世話になった方々に対し心より御礼を申し上げます。

(注4)　ヨットやカヤックでの航海は，海を理解するための自然体験活動として有効です。本書は大型の商船を対象として書かれたものなので，ヨットやカヤックの構造，操縦，航海についてはその専門書を読んでください。ヨットの入門書には，高槻和宏著『ヨット百科』『新米ヨットマンのためのセーリングクルーザー虎の巻』『ヨットマンのためのレーシング・タクティス虎の巻』『ヨット用語ハンドブック』，青木洋著『外洋ヨットの教科書・インナーセーリング』第1巻～第3巻，ピーター・ジョンソン著『世界ヨット百科』，フランコ・ジョルジェッティ著『History and Evolution of Sailing Yachts』などがあります。また，14歳のときに太平洋をヨットで単独横断した高橋素晴の航海記『それから14歳太平洋単独横断』は興味深いです。シーカヤックの入門書には，エイムック編『ザ・シーカヤッキングマニュアル』，辰野勇著『カヤック＆カヌー入門』，西沢あつし，村田泰裕著『シーカヤックで海を遊ぼう』，山と渓谷社編『全国シーカヤッキング55マップ』などがあります。また，カヤックでの川旅の楽しさについては，野田知佑著『日本の川を旅する』がよく伝えてくれます。

索　引

〔欧文等〕

〔あ〕

〔か〕

〔こ〕

〔さ〕

著 者 紹 介

拓 海 広 志（Takumi Hiroshi）
1963年神戸生まれ。海洋ライター＆シンガーソングライター。人と海の関係性の探究をライフワークとし，世界各地の海と島，港町と漁村を巡ってきた。海人たちとの交流を通して学んだことを次代の担い手である子どもや若者たちに伝えるために，海や川での自然体験活動を推進し，講演や音楽ライブなどの活動も行っている。オリジナル曲を収録したCDとして，The Hyper Bad Boys『重陽の海 Live@TheGlee2018』がある。ヨットクラブ「Delphinus」代表。
国際・民際交流や社会・文化の多様性，自然体験活動，被災地支援を推進するNPOにも広く参画している。1989年には環境活動支援ネットワーク「アルバトロス・クラブ」を設立し，その代表を務めてきた。同クラブではミクロネシアにおいて「伝統的帆走カヌーによるヤップ～パラオ間の石貨交易航海再現プロジェクト（アルバトロス・プロジェクト）」（1989年～1994年）を行っている。
本名は恵谷洋（Etani Hiroshi）。神戸商船大学（現神戸大学海事科学部）航海科卒業。Warwick University にて Postgraduate Award in Management and Business Studies 取得。浙江大学国際総合商学院東アジアサプライチェーン＆国際貿易研究センター顧問委員。世界のさまざまな国・地域においてSCM，ロジスティクス，貿易，EC（e-Commerce），飲食などに関する仕事に携わり，伊藤忠ロジスティクスシンガポール社長，DHL Global Customer Solutions グローバル営業本部長，TNT Express 取締役営業本部長，楽天物流代表取締役社長，三井倉庫ロジスティクス取締役執行役員社長補佐，CMA CGM JAPAN 代表取締役社長，ヤマト運輸専務執行役員法人営業・グローバル戦略統括などを務めてきた。
連絡先：sailing.hellosea@gmail.com

新訂　ビジュアルでわかる
船（ふね）と海運（かいうん）のはなし（増補２訂版）　　定価はカバーに表示してあります。

2006年５月18日　初版発行
2017年３月18日　新訂初版発行
2022年６月28日　増補２訂初版発行

著　者　拓　海　広　志
発行者　小　川　典　子
印　刷　亜細亜印刷株式会社
製　本　東京美術紙工協業組合

発行所 株式会社 成山堂書店
〒160-0012　東京都新宿区南元町４番51　成山堂ビル
TEL：03（3357）5861　FAX：03（3357）5867
URL　https://www.seizando.co.jp
落丁・乱丁本はお取り換えいたしますので，小社営業チーム宛にお送り下さい。

Printed in Japan　　ISBN978-4-425-91126-4